线性代数学习指导

主编　胡建华　程林凤　魏琦瑛

中国矿业大学出版社

内 容 提 要

本书是学习线性代数的辅导书,与本书作者编写的《线性代数》(高等教育出版社,2013)配套使用。全书共分六章,内容包括线性方程组、矩阵、行列式及其应用、向量空间、特征值与特征向量、实对称矩阵与实二次型,同时每章配有内容提要、典型例题,章末还有综合例题解析及总习题解答。

本书可作为高等学校非数学类各专业本科生同步学习、复习应试和备考研究生的参考用书,也可供教师、科技工作者参考使用。

图书在版编目(C I P)数据

线性代数学习指导 / 胡建华,程林凤,魏琦瑛主编.
—徐州:中国矿业大学出版社,2019.8
ISBN 978 - 7 - 5646 - 4539 - 7

Ⅰ. ①线… Ⅱ. ①胡… ②程… ③魏… Ⅲ. ①线性代数—高等学校—教学参考资料 Ⅳ. ①O151.2

中国版本图书馆 CIP 数据核字(2019)第 165817 号

书　　名	线性代数学习指导
主　　编	胡建华　程林凤　魏琦瑛
责任编辑	何晓明
出版发行	中国矿业大学出版社有限责任公司
	(江苏省徐州市解放南路　邮编 221008)
营销热线	(0516)83884103　83885105
出版服务	(0516)83995789　83884920
网　　址	http://www.cumtp.com　E-mail:cumtpvip@cumtp.com
印　　刷	江苏淮阴新华印务有限公司
开　　本	787 mm×1092 mm　1/16　印张 10.25　字数 200 千字
版次印次	2019 年 8 月第 1 版　2019 年 8 月第 1 次印刷
定　　价	24.00 元

(图书出现印装质量问题,本社负责调换)

前　言

本书是学习线性代数的辅导书，与本书作者编写的《线性代数》(高等教育出版社，2013)配套使用。全书共分六章，内容包括线性方程组、矩阵、行列式及其应用、向量空间、特征值与特征向量、实对称矩阵与实二次型，同时每章配有内容提要、典型例题，章末还有综合例题解析及总习题解答。

本书的主要架构如下：

一、每节分为两部分。第一部分是内容提要，把本节主要知识简明扼要地进行归纳总结；第二部分是典型例题，选择一定数量的典型例题进行分析解答，其中包括本节有一定难度的习题。

二、每章最后是综合例题解析，选择大量的综合例题给予分析解答；然后是对总习题解答，这部分对总习题进行了详细解答。

由于编者水平所限，书中难免有疏漏之处，欢迎读者及同行批评指正。

编　者

2019 年 6 月

目 录

第一章 线性方程组 …… 1
本章导读 …… 1
§1.1 线性方程组 …… 2
§1.2 矩阵及其初等变换 …… 4
§1.3 线性方程组的矩阵解法 …… 6
综合例题解析 …… 9
习题一解答 …… 11

第二章 矩阵 …… 17
本章导读 …… 17
§2.1 矩阵的运算 …… 17
§2.2 可逆矩阵 …… 22
§2.3 分块矩阵 …… 27
综合例题解析 …… 30
习题二解答 …… 34

第三章 行列式及其应用 …… 42
本章导读 …… 42
§3.1 行列式的定义 …… 43
§3.2 行列式的性质 …… 44
§3.3 行列式的应用 …… 51
综合例题解析 …… 55
习题三解答 …… 62

第四章 向量空间 …… 72
本章导读 …… 72
§4.1 向量及其线性组合 …… 73
§4.2 向量组的线性相关性 …… 76

§4.3　向量组的秩……………………………………………… 79
§4.4　矩阵的秩……………………………………………… 81
§4.5　向量空间……………………………………………… 84
§4.6　线性方程组解的结构……………………………… 86
综合例题解析 ……………………………………………… 90
习题四解答 ………………………………………………… 92

第五章　特征值与特征向量……………………………… 106
本章导读……………………………………………………… 106
§5.1　特征值与特征向量 ………………………………… 106
§5.2　方阵的对角化 ……………………………………… 109
综合例题解析………………………………………………… 113
习题五解答…………………………………………………… 116

第六章　实对称矩阵与实二次型………………………… 122
本章导读……………………………………………………… 122
§6.1　欧氏空间 …………………………………………… 123
§6.2　实对称矩阵的对角化 ……………………………… 127
§6.3　二次型及其标准形 ………………………………… 131
§6.4　正定二次型与正定矩阵 …………………………… 135
综合例题解析………………………………………………… 138
习题六解答…………………………………………………… 142

第一章　线性方程组

本章导读

线性方程组的求解方法以及有无解的判别理论是线性代数的核心内容之一. 本章主要解决线性方程组的以下两个问题:

(1) 解的存在性,即如何判别线性方程组有无解. 若有解,其解是否唯一.

(2) 如何求通解,即若有解,如何求出全部解.

解决以上两个问题所采用的方法都是初等行变换法,其中心思想是把复杂的方程组化为与之等价的简单方程组来判别或求解.

本章的理论体系

(1) 等价方程组同时有解或同时无解. 当有解时,它们的解集是相同的,此时又称它们是同解方程组.

(2) 任一矩阵都可通过初等行变换化为阶梯形矩阵,进而再化为行最简阶梯形矩阵.

(3) 线性方程组解的情况只有三种:① 无解;② 有唯一解;③ 有无穷多解.

这里需要指出的是,本章所讨论的线性方程组都是“具体的”线性方程组(即其系数与右端项由数字或参数具体给出),至于“抽象的”线性方程组(其形式为 $\boldsymbol{Ax}=\boldsymbol{b}$)的求解问题以及有无解的判别涉及矩阵的秩等知识,将在第四章中讨论.

本章的学习重点与基本要求

(1) 理解等价方程组同时有解或同时无解. 当有解时,它们的解集是相同的.

(2) 熟练掌握用初等行变换法将矩阵化为阶梯形矩阵和行最简阶梯形矩阵.

(3) 熟练掌握用初等行变换法来判别线性方程组有无解以及当方程组有无穷多解时求出其通解.

§1.1 线性方程组

一、内容提要

(1) 含有 m 个方程 n 个未知量的线性方程组的一般形式为

$$\begin{cases} a_{11}x_1+a_{12}x_2+\cdots+a_{1n}x_n=b_1 \\ a_{21}x_1+a_{22}x_2+\cdots+a_{2n}x_n=b_2 \\ \qquad\cdots\cdots \\ a_{m1}x_1+a_{m2}x_2+\cdots+a_{mn}x_n=b_m \end{cases} \tag{1.1}$$

其中,系数 a_{ij} 及常数项 b_i 为实数. 若线性方程组中常数项全为 0,即 $b_i=0$ $(i=1,2,\cdots,m)$,则称方程组(1.1)为**齐次线性方程组**;否则,称为**非齐次线性方程组**.

(2) 若存在 n 元有序数组 $(s_1,s_2,\cdots,s_n)$ 满足方程组(1.1),即用它替换方程组(1.1)中的未知量 $(x_1,x_2,\cdots,x_n)$ 后每个方程都成立,则称方程组(1.1)**有解**,否则称方程组(1.1)**无解**. 称满足方程组(1.1)的数组 $(s_1,s_2,\cdots,s_n)$ 为该方程组的一个**解**,方程组(1.1) 的解的全体也称为该方程组的**通解**.

(3) 线性方程组的初等变换

① 交换两个方程的位置;

② 在某个方程的两边同乘上一个非零的数;

③ 把某个方程的倍数加到另一个方程上.

(4) 对一个方程组实施初等变换得到另一个方程组,则称这两个方程组为**等价方程组**.

(5) 等价方程组同时有解或同时无解. 当有解时,它们的解集是相同的,此时又称它们是**同解方程组**.

(6) 线性方程组解的情况只有三种:① 无解;② 有唯一解;③ 有无穷多解.

二、典型例题

例 1 判别方程组

$$\begin{cases} x_1+x_2-2x_3+3x_4=0 \\ 3x_1+2x_2-8x_3+7x_4=1 \\ x_1-x_2-6x_3-x_4=0 \end{cases}$$

是否有解.

解 对方程组进行初等变换(下面每次都用①、②、③表示前面方程组的第

1、2、3 个方程，后面例题相同）

$$\begin{cases}x_1+x_2-2x_3+3x_4=0\\3x_1+2x_2-8x_3+7x_4=1\\x_1-x_2-6x_3-x_4=0\end{cases}\xrightarrow[③-①]{②-3\times①}\begin{cases}x_1+x_2-2x_3+3x_4=0\\-x_2-2x_3-2x_4=1\\-2x_2-4x_3-4x_4=0\end{cases}$$

$$\xrightarrow[③+②]{③\times\left(-\frac{1}{2}\right)}\begin{cases}x_1+x_2-2x_3+3x_4=0\\-x_2-2x_3-2x_4=1\\0=1\end{cases}$$

原方程组的等价方程组中出现了矛盾方程“0＝1”，故原方程组无解.

例 2　解方程组

$$\begin{cases}x_1+2x_2+x_3=3\\3x_1-x_2-3x_3=-1\\2x_1+3x_2+x_3=4\end{cases}$$

解　对方程组进行初等变换

$$\begin{cases}x_1+2x_2+x_3=3\\3x_1-x_2-3x_3=-1\\2x_1+3x_2+x_3=4\end{cases}\xrightarrow[③-2\times①]{②-3\times①}\begin{cases}x_1+2x_2+x_3=3\\-7x_2-6x_3=-10\\-x_2-x_3=-2\end{cases}$$

$$\xrightarrow{②\leftrightarrow③}\begin{cases}x_1+2x_2+x_3=3\\-x_2-x_3=-2\\-7x_2-6x_3=-10\end{cases}\xrightarrow{-1\times②}\begin{cases}x_1+2x_2+x_3=3\\x_2+x_3=2\\-7x_2-6x_3=-10\end{cases}$$

$$\xrightarrow{③+7\times②}\begin{cases}x_1+2x_2+x_3=3\\x_2+x_3=2\\x_3=4\end{cases}\xrightarrow[②-1\times③]{①-1\times③}\begin{cases}x_1+2x_2=-1\\x_2=-2\\x_3=4\end{cases}$$

$$\xrightarrow{①-2\times②}\begin{cases}x_1=3\\x_2=-2\\x_3=4\end{cases}$$

因此，原方程组有唯一解：$x_1=3, x_2=-2, x_3=4$.

例 3　解方程组

$$\begin{cases}2x_1+3x_2+x_3=4\\x_1-2x_2+4x_3=-5\\3x_1+8x_2-2x_3=13\\4x_1-x_2+9x_3=-6\end{cases}$$

解　对方程组进行初等变换

$$\begin{cases}2x_1+3x_2+\ \ x_3=4\\ \ \ x_1-2x_2+4x_3=-5\\ 3x_1+8x_2-2x_3=13\\ 4x_1-\ \ x_2+9x_3=-6\end{cases}\xrightarrow{②\leftrightarrow①}\begin{cases}\ \ x_1-2x_2+4x_3=-5\\ 2x_1+3x_2+\ \ x_3=4\\ 3x_1+8x_2-2x_3=13\\ 4x_1-\ \ x_2+9x_3=-6\end{cases}$$

$$\xrightarrow[④-4\times①]{\substack{②-2\times①\\ ③-3\times①}}\begin{cases}x_1-\ 2x_2+\ 4x_3=-5\\ \qquad 7x_2-\ 7x_3=14\\ \qquad 14x_2-14x_3=28\\ \qquad 7x_2-\ 7x_3=14\end{cases}\xrightarrow[②\times\frac{1}{7}]{\substack{③-2\times②\\ ④-②}}\begin{cases}x_1-2x_2+4x_3=-5\\ \qquad x_2-\ x_3=2\end{cases}$$

$$\xrightarrow{①+2\times②}\begin{cases}x_1 \qquad\quad +\ 2x_3=-1\\ \qquad x_2-\ \ x_3=2\end{cases}$$

移项得

$$\begin{cases}x_1=-1-2x_3\\ x_2=2+x_3\end{cases}$$

令 $x_3=k$，则原方程组的通解为

$$\begin{cases}x_1=-1-2k\\ x_2=2+k\\ x_3=k\end{cases}\qquad (k\in\mathbf{R})$$

§1.2 矩阵及其初等变换

一、内容提要

1. 矩阵

一个 m 行 n 列的数表

$$\mathbf{A}=\begin{pmatrix}a_{11} & a_{12} & \cdots & a_{1n}\\ a_{21} & a_{22} & \cdots & a_{2n}\\ \vdots & \vdots & & \vdots\\ a_{m1} & a_{m2} & \cdots & a_{mn}\end{pmatrix}$$

称为一个 m 行 n 列的**矩阵**，简称为 $\boldsymbol{m}\times\boldsymbol{n}$ **矩阵**，简记为 $\mathbf{A}=[a_{ij}]_{m\times n}$ 或 $\mathbf{A}=[a_{ij}]$.

只有一行的矩阵 $\mathbf{A}=[a_1,a_2,\cdots,a_n]$ 称为**行矩阵**或 $\boldsymbol{n}$ **维行向量**；只有一列的

矩阵 $\boldsymbol{A}=\begin{pmatrix} a_1 \\ a_2 \\ \vdots \\ a_m \end{pmatrix}$ 称为**列矩阵**或 **m 维列向量**.

当 $\boldsymbol{A}$ 的元素全为零时，称 $\boldsymbol{A}$ 为**零矩阵**，记为 $\boldsymbol{O}$.

2. 矩阵的初等行变换

下列变换称为矩阵的**初等行变换**：

(1) 对调行变换：对调矩阵的某两行(对调第 i 行与第 j 行，记作 $r_i \leftrightarrow r_j$)；

(2) 倍乘行变换：以数 $k(k\neq 0)$ 乘某行中的所有元素(第 i 行乘非零数 k，记作 kr_i)；

(3) 倍加行变换：以数 k 乘某行的每个元素加到另一行的对应元素上去(用数 k 乘第 j 行加到第 i 行上去，记作 r_i+kr_j).

3. (行)阶梯形矩阵、(行)最简阶梯形矩阵

称形如下面的矩阵

$$\boldsymbol{A}=\begin{pmatrix} 1 & 2 & 3 & 4 \\ 0 & 5 & 0 & 6 \\ 0 & 0 & 0 & 7 \\ 0 & 0 & 0 & 0 \\ 0 & 0 & 0 & 0 \end{pmatrix},\boldsymbol{B}=\begin{pmatrix} 0 & 1 & 2 & 3 \\ 0 & 0 & 4 & 5 \\ 0 & 0 & 0 & 0 \end{pmatrix}$$

为**(行)阶梯形矩阵**. 其特点是：非零行都在上方且每个非零行的第一个非零元素的左方、下方、左下方的元素全为零.

称形如下面的阶梯形矩阵

$$\boldsymbol{A}=\begin{pmatrix} 1 & 0 & 5 & 0 \\ 0 & 1 & 2 & 0 \\ 0 & 0 & 0 & 1 \\ 0 & 0 & 0 & 0 \end{pmatrix},\boldsymbol{B}=\begin{pmatrix} 1 & 2 & 0 \\ 0 & 0 & 1 \\ 0 & 0 & 0 \end{pmatrix}$$

为**(行)最简阶梯形矩阵**. 其特点是：阶梯形矩阵非零行第一个非零元素为 1，且这个 1 所在列的其他元素全为零.

对任一矩阵，总可以使用初等行变换化为阶梯形矩阵，进而再化为最简阶梯形矩阵.

二、典型例题

例 1 将矩阵

$$A=\begin{pmatrix}1&0&3&1&2\\-1&3&0&-2&1\\2&1&7&2&5\\4&2&14&0&10\end{pmatrix}$$

用初等行变换化成行最简阶梯形矩阵.

解

$$A=\begin{pmatrix}1&0&3&1&2\\-1&3&0&-2&1\\2&1&7&2&5\\4&2&14&0&10\end{pmatrix}\xrightarrow[r_4-4r_1]{\substack{r_2+r_1\\r_3-2r_1}}\begin{pmatrix}1&0&3&1&2\\0&3&3&-1&3\\0&1&1&0&1\\0&2&2&-4&2\end{pmatrix}$$

$$\xrightarrow[r_4-2r_3]{r_2-3r_3}\begin{pmatrix}1&0&3&1&2\\0&0&0&-1&0\\0&1&1&0&1\\0&0&0&-4&0\end{pmatrix}\xrightarrow{r_2\leftrightarrow r_3}\begin{pmatrix}1&0&3&1&2\\0&1&1&0&1\\0&0&0&-1&0\\0&0&0&-4&0\end{pmatrix}$$

$$\xrightarrow[(-1)\times r_3]{\substack{r_1+r_3\\r_4-4r_3}}\begin{pmatrix}1&0&3&0&2\\0&1&1&0&1\\0&0&0&1&0\\0&0&0&0&0\end{pmatrix}$$

§1.3 线性方程组的矩阵解法

一、内容提要

1. 系数矩阵与增广矩阵

称矩阵

$$\begin{pmatrix}a_{11}&a_{12}&\cdots&a_{1n}\\a_{21}&a_{22}&\cdots&a_{2n}\\\vdots&\vdots&&\vdots\\a_{m1}&a_{m2}&\cdots&a_{mn}\end{pmatrix}$$

为线性方程组(1.1) 的**系数矩阵**;称矩阵

$$\begin{pmatrix}a_{11}&a_{12}&\cdots&a_{1n}&b_1\\a_{21}&a_{22}&\cdots&a_{2n}&b_2\\\vdots&\vdots&&\vdots&\vdots\\a_{m1}&a_{m2}&\cdots&a_{mn}&b_m\end{pmatrix}$$

为线性方程组(1.1)的**增广矩阵**.

2. 线性方程组解的存在性

(1) 非齐次线性方程组有解的充分必要条件是其增广矩阵的阶梯形矩阵中没有形如$(0,0,\cdots,0,b)$ $(b\neq 0)$的行.

(2) 若非齐次线性方程组有解，则当其增广矩阵的阶梯形矩阵的非零行数等于未知量个数时，该方程组有唯一解；当其增广矩阵的阶梯形矩阵的非零行数小于未知量个数时，该方程组有无穷多解.

(3) 齐次线性方程组至少有一个零解. 当其系数矩阵的阶梯形矩阵的非零行数等于未知量个数时，该方程组有唯一的零解；当其系数矩阵的阶梯形矩阵的非零行数小于未知量个数时，该方程组有非零解，也即有无穷多解.

(4) 若齐次线性方程组中未知量的个数大于方程的个数(即系数矩阵的列数大于行数)，则必有非零解.

二、典型例题

例 1　解线性方程组

$$\begin{cases} x_1+x_2+2x_3+3x_4=1 \\ 2x_1+3x_2+5x_3+2x_4=-3 \\ 3x_1-x_2-x_3-2x_4=-4 \\ 3x_1+5x_2+2x_3-2x_4=-10 \end{cases}$$

解　分三步进行:

第一步:对方程组的增广矩阵 $\tilde{\boldsymbol{A}}$ 作初等行变换，化为阶梯形矩阵.

$$\tilde{\boldsymbol{A}}=\begin{pmatrix} 1 & 1 & 2 & 3 & 1 \\ 2 & 3 & 5 & 2 & -3 \\ 3 & -1 & -1 & -2 & -4 \\ 3 & 5 & 2 & -2 & -10 \end{pmatrix} \xrightarrow[r_4-3r_1]{\substack{r_2-2r_1 \\ r_3-3r_1}} \begin{pmatrix} 1 & 1 & 2 & 3 & 1 \\ 0 & 1 & 1 & -4 & -5 \\ 0 & -4 & -7 & -11 & -7 \\ 0 & 2 & -4 & -11 & -13 \end{pmatrix}$$

$$\xrightarrow[r_4-2r_2]{r_3+4r_2} \begin{pmatrix} 1 & 1 & 2 & 3 & 1 \\ 0 & 1 & 1 & -4 & -5 \\ 0 & 0 & -3 & -27 & -27 \\ 0 & 0 & -6 & -3 & -3 \end{pmatrix} \xrightarrow[-\frac{1}{3}r_3]{r_4-2r_3} \begin{pmatrix} 1 & 1 & 2 & 3 & 1 \\ 0 & 1 & 1 & -4 & -5 \\ 0 & 0 & 1 & 9 & 9 \\ 0 & 0 & 0 & 51 & 51 \end{pmatrix}$$

第二步:由阶梯形矩阵判断方程组解的情况. 上面阶梯形矩阵中没有出现形如$(0,0,0,0,b)$ $(b\neq 0)$的行. 故该方程组有解，且阶梯形矩阵的非零行数等于未知量个数，故有唯一解.

第三步:把阶梯形矩阵化为行最简阶梯形矩阵，写出同解方程组，求出方程组的解.

$$\text{续前}\xrightarrow{\frac{1}{51}r_4}\begin{pmatrix}1&1&2&3&1\\0&1&1&-4&-5\\0&0&1&9&9\\0&0&0&1&1\end{pmatrix}\xrightarrow[r_1-3r_4]{\substack{r_3-9r_4\\r_2+4r_4}}\begin{pmatrix}1&1&2&0&-2\\0&1&1&0&-1\\0&0&1&0&0\\0&0&0&1&1\end{pmatrix}$$

$$\xrightarrow[r_2-r_3]{r_1-2r_3}\begin{pmatrix}1&1&0&0&-2\\0&1&0&0&-1\\0&0&1&0&0\\0&0&0&1&1\end{pmatrix}\xrightarrow{r_1-r_2}\begin{pmatrix}1&0&0&0&-1\\0&1&0&0&-1\\0&0&1&0&0\\0&0&0&1&1\end{pmatrix}$$

所以,方程组的唯一解为

$$\begin{cases}x_1=-1\\x_2=-1\\x_3=0\\x_4=1\end{cases}$$

例 2 解线性方程组

$$\begin{cases}2x_1+3x_2-x_3=1\\3x_1+2x_2-2x_3=2\\5x_1\qquad\;-4x_3=4\end{cases}$$

解 求增广矩阵的最简阶梯形矩阵

$$\widetilde{\boldsymbol{A}}=\begin{pmatrix}2&3&-1&1\\3&2&-2&2\\5&0&-4&4\end{pmatrix}\rightarrow\cdots\rightarrow\begin{pmatrix}1&0&-\frac{4}{5}&\frac{4}{5}\\0&1&\frac{1}{5}&-\frac{1}{5}\\0&0&0&0\end{pmatrix}$$

由最简阶梯形矩阵知原方程组有解,根据最简阶梯形矩阵写出同解方程组

$$\begin{cases}x_1-\frac{4}{5}x_3=\frac{4}{5}\\x_2+\frac{1}{5}x_3=-\frac{1}{5}\end{cases}$$

把每个方程中出现的第一个未知量留在方程的左边,其余的未知量移到方程的右边

$$\begin{cases}x_1=\frac{4}{5}+\frac{4}{5}x_3\\x_2=-\frac{1}{5}-\frac{1}{5}x_3\end{cases}$$

被移到方程右边的未知量称为**自由未知量**. 令自由未知量为任意实数 k,得方程组的通解

$$\begin{cases}x_1=\frac{4}{5}+\frac{4}{5}k\\x_2=-\frac{1}{5}-\frac{1}{5}k\\x_3=k\end{cases}\quad(k\in\mathbf{R})$$

例 3 求下列齐次线性方程组的解

$$\begin{cases}x_1+2x_2+x_3-x_4=0\\3x_1+6x_2-x_3-3x_4=0\\5x_1+10x_2+x_3-5x_4=0\end{cases}$$

解 对方程组的系数矩阵 $\boldsymbol{A}$ 作初等行变换化为最简阶梯形矩阵

$$\boldsymbol{A}=\begin{pmatrix}1&2&1&-1\\3&6&-1&-3\\5&10&1&-5\end{pmatrix}\rightarrow\cdots\rightarrow\begin{pmatrix}1&2&0&-1\\0&0&1&0\\0&0&0&0\end{pmatrix}$$

原方程组的同解方程组为

$$\begin{cases}x_1+2x_2-x_4=0\\x_3=0\end{cases}$$

移项,得

$$\begin{cases}x_1=-2x_2+x_4\\x_3=0\end{cases}$$

令 $x_2=k_1,x_4=k_2$,得原方程组的通解为

$$\begin{cases}x_1=-2k_1+k_2\\x_2=k_1\\x_3=0\\x_4=k_2\end{cases}\quad(k_1,k_2\in\mathbf{R})$$

综合例题解析

例 1 解线性方程组

$$\begin{cases}x_1+x_2-x_3+x_4=1\\x_1-x_2+2x_3-x_4=2\\2x_1+x_3=3\end{cases}$$

解 对方程组的增广矩阵 $\widetilde{\boldsymbol{A}}$ 进行初等行变换

$$\tilde{\mathbf{A}}=\begin{pmatrix}1&1&-1&1&1\\1&-1&2&-1&2\\2&0&1&0&3\end{pmatrix}\xrightarrow[r_3-2r_1]{r_2-r_1}\begin{pmatrix}1&1&-1&1&1\\0&-2&3&-2&1\\0&-2&3&-2&1\end{pmatrix}\xrightarrow[r_3-r_2]{r_1+\frac{1}{2}r_2}$$

$$\begin{pmatrix}1&0&\frac{1}{2}&0&\frac{3}{2}\\0&-2&3&-2&1\\0&0&0&0&0\end{pmatrix}\xrightarrow{\left(-\frac{1}{2}\right)r_2}\begin{pmatrix}1&0&\frac{1}{2}&0&\frac{3}{2}\\0&1&-\frac{3}{2}&1&-\frac{1}{2}\\0&0&0&0&0\end{pmatrix}$$

则原方程组的同解方程组为

$$\begin{cases}x_1+\dfrac{1}{2}x_3=\dfrac{3}{2}\\x_2-\dfrac{3}{2}x_3+x_4=-\dfrac{1}{2}\end{cases}$$

移项，得

$$\begin{cases}x_1=\dfrac{3}{2}-\dfrac{1}{2}x_3\\x_2=-\dfrac{1}{2}+\dfrac{3}{2}x_3-x_4\end{cases}$$

原方程的通解为

$$\begin{cases}x_1=\dfrac{3}{2}-\dfrac{1}{2}k_1\\x_2=-\dfrac{1}{2}+\dfrac{3}{2}k_1-k_2\\x_3=k_1\\x_4=k_2\end{cases}\quad(k_1,k_2\in\mathbf{R})$$

例 2 问 a,b 为何值时，方程组

$$\begin{cases}x_1+x_2+x_3+x_4=0\\x_2+2x_3+2x_4=1\\-x_2+(a-3)x_3-2x_4=b\\3x_1+2x_2+x_3+ax_4=-1\end{cases}$$

有唯一解，无解，有无穷多解？在有解时，求出其解.

解 对方程组的增广矩阵进行初等行变换

$$\tilde{\mathbf{A}}=\begin{pmatrix}1&1&1&1&0\\0&1&2&2&1\\0&-1&a-3&-2&b\\3&2&1&a&-1\end{pmatrix}\xrightarrow{r_4-3r_1}\begin{pmatrix}1&1&1&1&0\\0&1&2&2&1\\0&-1&a-3&-2&b\\0&-1&-2&a-3&-1\end{pmatrix}$$

$$\xrightarrow[r_4+r_2]{r_3+r_2}\begin{pmatrix}1 & 1 & 1 & 1 & 0\\0 & 1 & 2 & 2 & 1\\0 & 0 & a-1 & 0 & b+1\\0 & 0 & 0 & a-1 & 0\end{pmatrix}$$

(1) 当 $a\neq1$ 时,方程组有唯一解

$$\begin{cases}x_1=\dfrac{b-a+2}{a-1}\\x_2=\dfrac{a-2b-3}{a-1}\\x_3=\dfrac{b+1}{a-1}\\x_4=0\end{cases}$$

(2) 当 $a=1,b\neq-1$ 时,方程组无解

(3) 当 $a=1,b=-1$ 时,方程组有无穷多解

$$\widetilde{\mathbf{A}}=\begin{pmatrix}1 & 1 & 1 & 1 & 0\\0 & 1 & 2 & 2 & 1\\0 & -1 & -2 & -2 & -1\\3 & 2 & 1 & 1 & -1\end{pmatrix}\to\begin{pmatrix}1 & 0 & -1 & -1 & -1\\0 & 1 & 2 & 2 & 1\\0 & 0 & 0 & 0 & 0\\0 & 0 & 0 & 0 & 0\end{pmatrix}$$

原方程组的同解方程组为

$$\begin{cases}x_1-x_3-x_4=-1\\x_2+2x_3+2x_4=1\end{cases}$$

移项得

$$\begin{cases}x_1=-1+x_3+x_4\\x_2=1-2x_3-2x_4\end{cases}$$

原方程组的通解为

$$\begin{cases}x_1=-1+k_1+k_2\\x_2=1-2k_1-2k_2\\x_3=k_1\\x_4=k_2\end{cases}\quad(k_1,k_2\in\mathbf{R})$$

习题一解答

1. 利用初等行变换将下列矩阵化为最简阶梯形矩阵:

(1) $\begin{pmatrix}1&0&2&-1\\2&0&3&1\\3&0&4&3\end{pmatrix}$； (2) $\begin{pmatrix}0&2&-3&1\\0&3&-4&3\\0&4&-7&-1\end{pmatrix}$；

(3) $\begin{pmatrix}1&-1&3&-4&3\\3&-3&5&-4&1\\2&-2&3&-2&0\\3&-3&4&-2&-1\end{pmatrix}$； (4) $\begin{pmatrix}2&3&1&-3&-7\\1&2&0&-2&-4\\3&-2&8&3&0\\2&-3&7&4&3\end{pmatrix}$

解 (1) $\begin{pmatrix}1&0&0&5\\0&0&1&-3\\0&0&0&0\end{pmatrix}$； (2) $\begin{pmatrix}0&1&0&5\\0&0&1&3\\0&0&0&0\end{pmatrix}$；

(3) $\begin{pmatrix}1&-1&0&2&-3\\0&0&1&-2&2\\0&0&0&0&0\\0&0&0&0&0\end{pmatrix}$； (4) $\begin{pmatrix}1&0&2&0&-2\\0&1&-1&0&3\\0&0&0&1&4\\0&0&0&0&0\end{pmatrix}$

2. 设非齐次线性方程组的增广矩阵为

$$\begin{pmatrix}1&2&1&1\\-1&4&3&2\\2&-2&a&3\end{pmatrix}$$

试确定当 a 取何值时，该方程组有唯一解？

解 将增广矩阵利用初等行变换化为阶梯形矩阵：

$$\begin{pmatrix}1&2&1&1\\-1&4&3&2\\2&-2&a&3\end{pmatrix}\xrightarrow[r_3-2r_1]{r_2+r_1}\begin{pmatrix}1&2&1&1\\0&6&4&3\\0&-6&a-2&1\end{pmatrix}\xrightarrow{r_3+r_2}\begin{pmatrix}1&2&1&1\\0&6&4&3\\0&0&a+2&4\end{pmatrix}$$

因此，当 $a\neq-2$ 时方程组有唯一解.

3. 设齐次线性方程组的系数矩阵为

$$\begin{pmatrix}1&2&1\\2&5&3\\-1&1&\beta\end{pmatrix}$$

试确定当 β 取何值时，该方程组有非零解？

解 将系数矩阵利用初等行变换化为阶梯形矩阵：

$$\begin{pmatrix}1&2&1\\2&5&3\\-1&1&\beta\end{pmatrix}\xrightarrow[r_3+r_1]{r_2-2r_1}\begin{pmatrix}1&2&1\\0&1&1\\0&3&\beta+1\end{pmatrix}\xrightarrow{r_3-3r_1}\begin{pmatrix}1&2&1\\0&1&1\\0&0&\beta-2\end{pmatrix}$$

因此，当 $\beta=2$ 时方程组有非零解.

4. 设非齐次线性方程组的增广矩阵为

$$\begin{pmatrix}1&1&3&2\\1&2&4&3\\1&3&a&b\end{pmatrix}$$

(1) 当 a 和 b 取何值时，该方程组有无穷多解？

(2) 当 a 和 b 取何值时，该方程组无解？

解　将增广矩阵利用初等行变换化为阶梯形矩阵：

$$\begin{pmatrix}1&1&3&2\\1&2&4&3\\1&3&a&b\end{pmatrix}\xrightarrow[r_3-r_1]{r_2-r_1}\begin{pmatrix}1&1&3&2\\0&1&1&1\\0&2&a-3&b-2\end{pmatrix}\xrightarrow{r_3-2r_2}\begin{pmatrix}1&1&3&2\\0&1&1&1\\0&0&a-5&b-4\end{pmatrix}$$

因此，(1) 当 $a=5,b=4$ 时，方程组有无穷多解；

(2) 当 $a=5,b\neq 4$ 时，方程组无解.

5. 求解下列线性方程组

(1) $\begin{cases}x_1+x_2=-1\\4x_1-3x_2=3\end{cases}$；　　(2) $\begin{cases}x_1+3x_2+x_3+x_4=3\\2x_1-2x_2+x_3+2x_4=8\\3x_1+x_2+2x_3-x_4=-1\end{cases}$；

(3) $\begin{cases}x_1+x_2+x_3=0\\x_1-x_2-x_3=0\end{cases}$；　　(4) $\begin{cases}x_1+x_2+x_3+x_4=0\\2x_1+x_2-x_3+3x_4=0\\x_1-2x_2+x_3+x_4=0\end{cases}$

解　(1) 将方程组的增广矩阵进行初等行变换：

$$\begin{bmatrix}1&1&-1\\4&-3&3\end{bmatrix}\xrightarrow{r_2-4r_1}\begin{bmatrix}1&1&-1\\0&-7&7\end{bmatrix}\xrightarrow{-\frac{1}{7}r_2}\begin{bmatrix}1&1&-1\\0&1&-1\end{bmatrix}$$

$$\xrightarrow{r_1-r_2}\begin{bmatrix}1&0&0\\0&1&-1\end{bmatrix}$$

则原方程组有唯一解

$$\begin{cases}x_1=0\\x_2=-1\end{cases}$$

(2) 将方程组的增广矩阵进行初等行变换：

$$\begin{pmatrix}1&3&1&1&3\\2&-2&1&2&8\\3&1&2&-1&-1\end{pmatrix}\xrightarrow[r_3-3r_1]{r_2-2r_1}\begin{pmatrix}1&3&1&1&3\\0&-8&-1&0&2\\0&-8&-1&-4&-10\end{pmatrix}\xrightarrow{r_3-r_2}$$

$$\begin{pmatrix}1&3&1&1&3\\0&-8&-1&0&2\\0&0&0&-4&-12\end{pmatrix}\xrightarrow{-\frac{1}{4}r_3}\begin{pmatrix}1&3&1&1&3\\0&-8&-1&0&2\\0&0&0&1&3\end{pmatrix}\xrightarrow[-\frac{1}{8}r_2]{r_1-r_3}$$

$$\begin{pmatrix}1&3&1&0&0\\0&1&\frac{1}{8}&0&-\frac{1}{4}\\0&0&0&1&3\end{pmatrix}\xrightarrow{r_1-3r_2}\begin{pmatrix}1&0&\frac{5}{8}&0&\frac{3}{4}\\0&1&\frac{1}{8}&0&-\frac{1}{4}\\0&0&0&1&3\end{pmatrix}$$

则原方程组的通解为

$$\begin{cases}x_1=\frac{3}{4}-\frac{5}{8}k\\x_2=-\frac{1}{4}-\frac{1}{8}k\\x_3=k\\x_4=3\end{cases}\quad(k\in\mathbf{R})$$

（3）将方程组的系数矩阵进行初等行变换：

$$\begin{bmatrix}1&1&1\\1&-1&-1\end{bmatrix}\xrightarrow{r_2-r_1}\begin{bmatrix}1&1&1\\0&-2&-2\end{bmatrix}\xrightarrow{-\frac{1}{2}r_2}\begin{bmatrix}1&1&1\\0&1&1\end{bmatrix}\xrightarrow{r_1-r_2}\begin{bmatrix}1&0&0\\0&1&1\end{bmatrix}$$

则原方程组的通解为

$$\begin{cases}x_1=0\\x_2=k\\x_3=-k\end{cases}\quad(k\in\mathbf{R})$$

（4）将方程组的系数矩阵进行初等行变换：

$$\begin{pmatrix}1&1&1&1\\2&1&-1&3\\1&-2&1&1\end{pmatrix}\xrightarrow[r_3-r_1]{r_2-2r_1}\begin{pmatrix}1&1&1&1\\0&-1&-3&1\\0&-3&0&0\end{pmatrix}\xrightarrow{-\frac{1}{3}r_3}$$

$$\begin{pmatrix}1&1&1&1\\0&-1&-3&1\\0&1&0&0\end{pmatrix}\xrightarrow{r_3+r_2}\begin{pmatrix}1&1&1&1\\0&-1&-3&1\\0&0&-3&1\end{pmatrix}\xrightarrow[-r_2]{-\frac{1}{3}r_3}$$

$$\begin{pmatrix}1&1&1&1\\0&1&3&-1\\0&0&1&-\frac{1}{3}\end{pmatrix}\xrightarrow[r_2-3r_3]{r_1-r_3}\begin{pmatrix}1&1&0&\frac{4}{3}\\0&1&0&0\\0&0&1&-\frac{1}{3}\end{pmatrix}\xrightarrow{r_1-r_2}\begin{pmatrix}1&0&0&\frac{4}{3}\\0&1&0&0\\0&0&1&-\frac{1}{3}\end{pmatrix}$$

则原方程组的通解为

$$\begin{cases} x_1=-\frac{4}{3}k \\ x_2=0 \\ x_3=\frac{1}{3}k \\ x_4=k \end{cases} \quad (k\in\mathbf{R})$$

6. λ 取何值时，非齐次线性方程组

$$\begin{cases} -2x_1+x_2+x_3=-2 \\ x_1-2x_2+x_3=\lambda \\ x_1+x_2-2x_3=\lambda^2 \end{cases}$$

有解？并求出它的通解.

解　将增广矩阵利用初等行变换化为阶梯形矩阵：

$$\begin{pmatrix} -2 & 1 & 1 & -2 \\ 1 & -2 & 1 & \lambda \\ 1 & 1 & -2 & \lambda^2 \end{pmatrix} \xrightarrow{r_2\leftrightarrow r_1} \begin{pmatrix} 1 & -2 & 1 & \lambda \\ -2 & 1 & 1 & -2 \\ 1 & 1 & -2 & \lambda^2 \end{pmatrix} \xrightarrow[r_3-r_1]{r_2+2r_1}$$

$$\begin{pmatrix} 1 & -2 & 1 & \lambda \\ 0 & -3 & 3 & -2+2\lambda \\ 0 & 3 & -3 & \lambda^2-\lambda \end{pmatrix} \xrightarrow{r_3+r_2} \begin{pmatrix} 1 & -2 & 1 & \lambda \\ 0 & -3 & 3 & 2(\lambda-1) \\ 0 & 0 & 0 & (\lambda+2)(\lambda-1) \end{pmatrix}$$

(1) 当 $\lambda=1$ 时，方程组有解，其解为

$$\begin{cases} x_1=1+k \\ x_2=k \\ x_3=k \end{cases} \quad (k\in\mathbf{R})$$

(2) 当 $\lambda=-2$ 时，方程组有解，其解为

$$\begin{cases} x_1=2+k \\ x_2=2+k \\ x_3=k \end{cases} \quad (k\in\mathbf{R})$$

7. 液态苯在空气中可以燃烧. 如果将一个冷的物体直接放在燃烧的苯上部，则水蒸气就会在物体上凝结，同时烟灰(碳)也会在该物体上沉积. 这个化学反应的方程式为

$$x_1 C_6H_6 + x_2 O_2 \longrightarrow x_3 C + x_4 H_2O$$

求 x_1,x_2,x_3,x_4，使得方程式两边的碳、氢和氧原子分别相等.

解　依题意，得方程组

$$\begin{cases} 6x_1=x_3 \\ 6x_1=2x_4 \\ 2x_2=x_4 \end{cases}$$

则方程组的通解为

$$\begin{cases} x_1 = \frac{1}{3}k \\ x_2 = \frac{1}{2}k \\ x_3 = 2k \\ x_4 = k \end{cases} \quad (k=6n, n \text{ 是正整数})$$

第二章 矩 阵

本章导读

在第一章,我们已经看到矩阵给求解线性方程组带来诸多方便.实际上,矩阵的作用远不止于此.矩阵是现代数学中最基本的概念之一,矩阵理论的研究大大推动了数学各个分支的发展.用矩阵来表述和求解数学问题常常会特别简单、清晰,给理论推导带来极大的方便.因此,本章要重点学习矩阵的基本知识.

本章的理论体系

(1) 初等矩阵都是可逆矩阵,且其逆矩阵是同一类型的初等矩阵.

(2) 对矩阵作一次初等行(列)变换等价于对这个矩阵左(右)乘一个相应的初等矩阵.

(3) 矩阵 $\boldsymbol{A}$ 可逆⇔齐次方程组 $\boldsymbol{Ax}=\boldsymbol{0}$ 只有零解⇔$\boldsymbol{A}\xrightarrow{r}\boldsymbol{E}$.

本章的学习重点与基本要求

(1) 熟练掌握矩阵的各种运算以及运算规律.

(2) 深刻理解可逆矩阵的概念和可逆矩阵的性质,熟练掌握求逆矩阵的初等变换法.

(3) 会利用可逆矩阵的性质进行理论证明.

(4) 掌握分块矩阵的各种运算.

§2.1 矩阵的运算

一、内容提要

加法运算法则

设 $\boldsymbol{A},\boldsymbol{B}\in\mathbf{R}^{m\times n}$,$\boldsymbol{O}\in\mathbf{R}^{m\times n}$ 是零矩阵,则

(1) $\boldsymbol{A}+\boldsymbol{B}=\boldsymbol{B}+\boldsymbol{A}$(交换律)

(2) $(\boldsymbol{A}+\boldsymbol{B})+\boldsymbol{C}=\boldsymbol{A}+(\boldsymbol{B}+\boldsymbol{C})$(结合律)

(3) $\boldsymbol{A}+\boldsymbol{O}=\boldsymbol{A}$

(4) $\boldsymbol{A}+(-\boldsymbol{A})=\boldsymbol{O}$

数乘运算法则

设 $\boldsymbol{A},\boldsymbol{B}\in\mathbf{R}^{m\times n}$;$\lambda,\mu\in\mathbf{R}$,则

(1) $\lambda(\boldsymbol{A}+\boldsymbol{B})=\lambda\boldsymbol{A}+\lambda\boldsymbol{B}$(数对矩阵的分配律)

(2) $(\lambda+\mu)\boldsymbol{A}=\lambda\boldsymbol{A}+\mu\boldsymbol{A}$(矩阵对数的分配律)

(3) $(\lambda\mu)\boldsymbol{A}=\lambda(\mu\boldsymbol{A})$(结合律)

(4) $1\cdot\boldsymbol{A}=\boldsymbol{A}$

乘法运算法则

(设下面出现的矩阵乘法都是有意义的)

(1) $\boldsymbol{A}(\boldsymbol{B}+\boldsymbol{C})=\boldsymbol{AB}+\boldsymbol{AC}$;$(\boldsymbol{B}+\boldsymbol{C})\boldsymbol{A}=\boldsymbol{BA}+\boldsymbol{CA}$(分配律)

(2) $(\boldsymbol{AB})\boldsymbol{C}=\boldsymbol{A}(\boldsymbol{BC})$(结合律)

(3) $\lambda(\boldsymbol{AB})=(\lambda\boldsymbol{A})\boldsymbol{B}=\boldsymbol{A}(\lambda\boldsymbol{B})$(数乘结合律)

幂运算法则

设 $\boldsymbol{A}$ 是方阵,k 和 l 是非负整数,则

(1) $\boldsymbol{A}^{k+l}=\boldsymbol{A}^k\boldsymbol{A}^l$

(2) $(\boldsymbol{A}^k)^l=\boldsymbol{A}^{kl}$

(3) 当 $\boldsymbol{AB}=\boldsymbol{BA}$ 时,下面二项展开式成立

$$(\boldsymbol{A}+\boldsymbol{B})^k=\mathrm{C}_k^0\boldsymbol{A}^k+\mathrm{C}_k^1\boldsymbol{A}^{k-1}\boldsymbol{B}+\cdots+\mathrm{C}_k^{k-1}\boldsymbol{A}\boldsymbol{B}^{k-1}+\mathrm{C}_k^k\boldsymbol{B}^k$$

转置运算法则

(1) $(\boldsymbol{A}^{\mathrm{T}})^{\mathrm{T}}=\boldsymbol{A}$

(2) $(\boldsymbol{A}+\boldsymbol{B})^{\mathrm{T}}=\boldsymbol{A}^{\mathrm{T}}+\boldsymbol{B}^{\mathrm{T}}$

(3) $(\lambda\boldsymbol{A})^{\mathrm{T}}=\lambda\boldsymbol{A}^{\mathrm{T}}$

(4) $(\boldsymbol{AB})^{\mathrm{T}}=\boldsymbol{B}^{\mathrm{T}}\boldsymbol{A}^{\mathrm{T}}$

二、典型例题

例 1 设矩阵 $\boldsymbol{A}=\begin{bmatrix}2 & 2\\ -3 & -3\end{bmatrix}$,$\boldsymbol{B}=\begin{pmatrix}1 & -\frac{1}{3}\\ -1 & \frac{1}{3}\end{pmatrix}$,$\boldsymbol{C}=\begin{bmatrix}3 & -1\\ 7 & 5\end{bmatrix}$,

$\boldsymbol{D}=\begin{bmatrix}3 & 3\\ -3 & -3\end{bmatrix}$,求 $\boldsymbol{A}+2\boldsymbol{B}$,$\boldsymbol{A}-3\boldsymbol{B}^{\mathrm{T}}$,$\boldsymbol{AB}$,$\boldsymbol{BA}$,$\boldsymbol{CD}$,$\boldsymbol{DC}$.

解　$\boldsymbol{A}+2\boldsymbol{B}=\begin{pmatrix}4 & \frac{4}{3}\\ -5 & -\frac{7}{3}\end{pmatrix}$，$\boldsymbol{A}-3\boldsymbol{B}^{\mathrm{T}}=\begin{bmatrix}-1 & 5\\ -2 & -4\end{bmatrix}$，$\boldsymbol{AB}=\begin{bmatrix}0 & 0\\ 0 & 0\end{bmatrix}$，

$\boldsymbol{BA}=\begin{bmatrix}3 & 3\\ -3 & -3\end{bmatrix}$，$\boldsymbol{CD}=\begin{bmatrix}12 & 12\\ 6 & 6\end{bmatrix}$，$\boldsymbol{DC}=\begin{bmatrix}30 & 12\\ -30 & -12\end{bmatrix}$.

注　解决这类问题的关键在于要搞清楚矩阵的加法、减法、数乘及矩阵乘法的定义及其性质.

例 2　设 $\boldsymbol{X}=\begin{pmatrix}x_1\\ x_2\\ \vdots\\ x_n\end{pmatrix}$，$\boldsymbol{Y}=[y_1,y_2,\cdots,y_n]$，计算 $\boldsymbol{YX}$，$\boldsymbol{XY}$.

解　$\boldsymbol{YX}=[y_1,y_2,\cdots,y_n]\begin{pmatrix}x_1\\ x_2\\ \vdots\\ x_n\end{pmatrix}=\sum\limits_{i=1}^{n}x_iy_i$（结果为一个数）；

$\boldsymbol{XY}=\begin{pmatrix}x_1\\ x_2\\ \vdots\\ x_n\end{pmatrix}[y_1,y_2,\cdots,y_n]=\begin{pmatrix}x_1y_1 & x_1y_2 & \cdots & x_1y_n\\ x_2y_1 & x_2y_2 & \cdots & x_2y_n\\ \vdots & \vdots & & \vdots\\ x_ny_1 & x_ny_2 & \cdots & x_ny_n\end{pmatrix}$（结果为一 n 阶方阵）.

例 3　已知 $\boldsymbol{A}=\boldsymbol{PQ}$，$\boldsymbol{P}=[1,2,1]^{\mathrm{T}}$，$\boldsymbol{Q}=[2,-1,2]$，求 $\boldsymbol{A}$，$\boldsymbol{A}^2$，$\boldsymbol{A}^{101}$.

解
$$\boldsymbol{A}=\boldsymbol{PQ}=\begin{pmatrix}1\\ 2\\ 1\end{pmatrix}[2,-1,2]=\begin{pmatrix}2 & -1 & 2\\ 4 & -2 & 4\\ 2 & -1 & 2\end{pmatrix}$$

$$\boldsymbol{A}^2=(\boldsymbol{PQ})(\boldsymbol{PQ})=\boldsymbol{P}(\boldsymbol{QP})\boldsymbol{Q}=2\boldsymbol{PQ}=2\boldsymbol{A}$$

又由
$$\boldsymbol{A}^3=(\boldsymbol{PQ})(\boldsymbol{PQ})(\boldsymbol{PQ})=\boldsymbol{P}(\boldsymbol{QP})(\boldsymbol{QP})\boldsymbol{Q}=2^2\boldsymbol{A}$$

及
$$\boldsymbol{A}^4=\boldsymbol{A}^3\boldsymbol{A}=2^2\boldsymbol{A}\cdot\boldsymbol{A}=2^3\boldsymbol{A},\quad\cdots$$

由此推得
$$\boldsymbol{A}^n=2^{n-1}\boldsymbol{A}$$

故
$$\boldsymbol{A}^{101}=2^{100}\boldsymbol{A}=2^{100}\begin{pmatrix}2 & -1 & 2\\ 4 & -2 & 4\\ 2 & -1 & 2\end{pmatrix}$$

注　由于矩阵乘法运算满足结合律，所以在运算中可以任意加括号和去括

号. 在上面例题的计算中,就应用了这一结论. 由于 $\boldsymbol{QP}$ 是 1×1 的矩阵,故可以当作数来运算,并把它移到前面,这是矩阵运算中常用的技巧.

例 4 设 $\boldsymbol{A},\boldsymbol{B},\boldsymbol{C}$ 都是方阵,举例说明下面命题不成立:

(1) $\boldsymbol{AB}=\boldsymbol{BA}$;

(2) $\boldsymbol{AB}=\boldsymbol{AC}\Rightarrow\boldsymbol{B}=\boldsymbol{C}$;

(3) $\boldsymbol{BA}=\boldsymbol{O}\Rightarrow\boldsymbol{A}=\boldsymbol{O}$ 或 $\boldsymbol{B}=\boldsymbol{O}$;

(4) $\boldsymbol{A}^2=\boldsymbol{O}\Rightarrow\boldsymbol{A}=\boldsymbol{O}$;

(5) $(\boldsymbol{A}\pm\boldsymbol{B})^2=\boldsymbol{A}^2\pm2\boldsymbol{AB}+\boldsymbol{B}^2$;

(6) $\boldsymbol{A}^2-\boldsymbol{B}^2=(\boldsymbol{A}+\boldsymbol{B})(\boldsymbol{A}-\boldsymbol{B})=(\boldsymbol{A}-\boldsymbol{B})(\boldsymbol{A}+\boldsymbol{B})$.

解 取

$$\boldsymbol{A}=\begin{bmatrix}1&1\\-1&-1\end{bmatrix},\boldsymbol{B}=\begin{bmatrix}1&1\\1&1\end{bmatrix},\boldsymbol{C}=\begin{bmatrix}-1&2\\3&0\end{bmatrix}$$

经计算得

$$\boldsymbol{AB}=\begin{bmatrix}2&2\\-2&-2\end{bmatrix},\boldsymbol{BA}=\begin{bmatrix}0&0\\0&0\end{bmatrix},\boldsymbol{AC}=\begin{bmatrix}2&2\\-2&-2\end{bmatrix},\boldsymbol{A}^2=\begin{bmatrix}0&0\\0&0\end{bmatrix},$$

$$(\boldsymbol{A}+\boldsymbol{B})^2=\begin{bmatrix}4&4\\0&0\end{bmatrix},\ \boldsymbol{A}^2+2\boldsymbol{AB}+\boldsymbol{B}^2=\begin{bmatrix}6&6\\-2&-2\end{bmatrix},$$

$$(\boldsymbol{A}-\boldsymbol{B})^2=\begin{bmatrix}0&0\\4&4\end{bmatrix},\ \boldsymbol{A}^2-2\boldsymbol{AB}+\boldsymbol{B}^2=\begin{bmatrix}-2&-2\\6&6\end{bmatrix},$$

$$\boldsymbol{A}^2-\boldsymbol{B}^2=\begin{bmatrix}-2&-2\\-2&-2\end{bmatrix},\ (\boldsymbol{A}+\boldsymbol{B})(\boldsymbol{A}-\boldsymbol{B})=\begin{bmatrix}-4&-4\\0&0\end{bmatrix},$$

$$(\boldsymbol{A}-\boldsymbol{B})(\boldsymbol{A}+\boldsymbol{B})=\begin{bmatrix}0&0\\-4&-4\end{bmatrix}$$

由此知

$\boldsymbol{AB}\neq\boldsymbol{BA}$,(1)不成立;

$\boldsymbol{AB}=\boldsymbol{AC}$,但 $\boldsymbol{B}\neq\boldsymbol{C}$,(2)不成立;

$\boldsymbol{BA}=\boldsymbol{O}$,但 $\boldsymbol{A}\neq\boldsymbol{O},\boldsymbol{B}\neq\boldsymbol{O}$,(3)不成立;

$\boldsymbol{A}^2=\boldsymbol{O}$,但 $\boldsymbol{A}\neq\boldsymbol{O}$,(4)不成立;

$(\boldsymbol{A}+\boldsymbol{B})^2\neq\boldsymbol{A}^2+2\boldsymbol{AB}+\boldsymbol{B}^2$,$(\boldsymbol{A}-\boldsymbol{B})^2\neq\boldsymbol{A}^2-2\boldsymbol{AB}+\boldsymbol{B}^2$,(5)不成立;

$\boldsymbol{A}^2-\boldsymbol{B}^2$,$(\boldsymbol{A}+\boldsymbol{B})(\boldsymbol{A}-\boldsymbol{B})$,$(\boldsymbol{A}-\boldsymbol{B})(\boldsymbol{A}+\boldsymbol{B})$,三者互不等,(6)不成立.

注 矩阵乘法运算一般不满足交换律、消去律等运算法则,初学者要特别注意.

例 5 设 $\boldsymbol{A}=\begin{pmatrix}\lambda&1&0\\0&\lambda&1\\0&0&\lambda\end{pmatrix}$,求 $\boldsymbol{A}^{100}$.

解法 1

$$A^2=\begin{pmatrix}\lambda&1&0\\0&\lambda&1\\0&0&\lambda\end{pmatrix}^2=\begin{pmatrix}\lambda^2&2\lambda&1\\0&\lambda^2&2\lambda\\0&0&\lambda^2\end{pmatrix}$$

$$A^3=\begin{pmatrix}\lambda&1&0\\0&\lambda&1\\0&0&\lambda\end{pmatrix}^3=\begin{pmatrix}\lambda^3&3\lambda^2&3\lambda\\0&\lambda^3&3\lambda^2\\0&0&\lambda^3\end{pmatrix}$$

$$A^4=\begin{pmatrix}\lambda&1&0\\0&\lambda&1\\0&0&\lambda\end{pmatrix}^4=\begin{pmatrix}\lambda^4&4\lambda^3&6\lambda^2\\0&\lambda^4&4\lambda^3\\0&0&\lambda^4\end{pmatrix}$$

$$A^5=\begin{pmatrix}\lambda&1&0\\0&\lambda&1\\0&0&\lambda\end{pmatrix}^5=\begin{pmatrix}\lambda^5&5\lambda^4&10\lambda^3\\0&\lambda^5&5\lambda^4\\0&0&\lambda^5\end{pmatrix}$$

利用数学归纳法可以证明

$$A^n=\begin{pmatrix}\lambda&1&0\\0&\lambda&1\\0&0&\lambda\end{pmatrix}^n=\begin{pmatrix}\lambda^n&n\lambda^{n-1}&\frac{1}{2}n(n-1)\lambda^{n-2}\\0&\lambda^n&n\lambda^{n-1}\\0&0&\lambda^n\end{pmatrix}$$

故
$$A^{100}=\begin{pmatrix}\lambda&1&0\\0&\lambda&1\\0&0&\lambda\end{pmatrix}^{100}=\begin{pmatrix}\lambda^{100}&100\lambda^{99}&4\ 950\lambda^{98}\\0&\lambda^{100}&100\lambda^{99}\\0&0&\lambda^{100}\end{pmatrix}$$

解法 2 由于 $A=\lambda E+B$，其中 $B=\begin{pmatrix}0&1&0\\0&0&1\\0&0&0\end{pmatrix}$，则

$$B^2=\begin{pmatrix}0&1&0\\0&0&1\\0&0&0\end{pmatrix}^2=\begin{pmatrix}0&0&1\\0&0&0\\0&0&0\end{pmatrix},B^3=B^4=\cdots=O$$

于是
$$A^n=(\lambda E+B)^n=\lambda^n E+C_n^1\lambda^{n-1}B+C_n^2\lambda^{n-2}B^2=\begin{pmatrix}\lambda^n&C_n^1\lambda^{n-1}&C_n^2\lambda^{n-2}\\0&\lambda^n&C_n^1\lambda^{n-1}\\0&0&\lambda^n\end{pmatrix}$$

故
$$A^{100}=\begin{pmatrix}\lambda&1&0\\0&\lambda&1\\0&0&\lambda\end{pmatrix}^{100}=\begin{pmatrix}\lambda^{100}&100\lambda^{99}&4\ 950\lambda^{98}\\0&\lambda^{100}&100\lambda^{99}\\0&0&\lambda^{100}\end{pmatrix}$$

例 6(本节习题 10) 求解矩阵方程

$$\begin{bmatrix}1 & -1 & 0\\2 & 0 & 1\end{bmatrix}X=\begin{bmatrix}2 & 5\\1 & 4\end{bmatrix}$$

解 设 $X=\begin{pmatrix}x_1 & x_2\\x_3 & x_4\\x_5 & x_6\end{pmatrix}$,由已知得方程组

$$\begin{cases}x_1-x_3=2\\x_2-x_4=5\\2x_1+x_5=1\\2x_2+x_6=4\end{cases}$$

设 $x_1=a,x_2=b$,则所求矩阵为

$$X=\begin{pmatrix}a & b\\a-2 & b-5\\-2a+1 & -2b+4\end{pmatrix}$$

§2.2 可逆矩阵

一、内容提要

1. 可逆矩阵的定义

设 A 是 n 阶方阵，如果存在 n 阶方阵 B，使得

$$AB=BA=E$$

则称方阵 A 是**可逆的**，并称 B 是 A 的**逆矩阵**. 否则，称 A 是不可逆的.

如果 A 可逆,易知 A 的逆矩阵是唯一的,我们用 A^{-1} 记 A 的逆矩阵.

2. 可逆矩阵的性质

(1) A 可逆$\Rightarrow A^{-1}$也可逆,且$(A^{-1})^{-1}=A$;

(2) A 可逆$\Rightarrow A^{\mathrm{T}}$ 也可逆,且$(A^{\mathrm{T}})^{-1}=(A^{-1})^{\mathrm{T}}$;

(3) A 可逆,$k\neq0\Rightarrow kA$ 也可逆,且$(kA)^{-1}=\dfrac{1}{k}A^{-1}$;

(4) A、B 都可逆$\Rightarrow AB$ 也可逆,且$(AB)^{-1}=B^{-1}A^{-1}$.

3. 初等矩阵

由单位矩阵经过一次初等变换而得到的矩阵称为**初等矩阵**. 对应于矩阵的 6 种初等变换,得到 3 种初等矩阵. 它们分别记为 E_{ij},$E_i(k)$,$E_{ij}(k)$,其定义如下:

$$E\xrightarrow{r_i\leftrightarrow r_j}E_{ij}\xleftarrow{c_i\leftrightarrow c_j}E;$$

$$\boldsymbol{E} \xrightarrow[k\neq 0]{kr_i} \boldsymbol{E}_i(k) \xleftarrow[k\neq 0]{kc_i} \boldsymbol{E};$$

$$\boldsymbol{E} \xrightarrow{r_j+kr_i} \boldsymbol{E}_{ij}(k) \xleftarrow{c_i+kc_j} \boldsymbol{E}$$

4. 几个重要的结论

定理 1 初等矩阵都是可逆的,其逆矩阵是同一类型的初等矩阵. 具体的有:

$$\boldsymbol{E}_{ij}^{-1}=\boldsymbol{E}_{ij},\ \boldsymbol{E}_i(k)^{-1}=\boldsymbol{E}_i\left(\frac{1}{k}\right),\ \boldsymbol{E}_{ij}(k)^{-1}=\boldsymbol{E}_{ij}(-k)$$

定理 2 对矩阵 $\boldsymbol{A}$ 作一次初等行(列)变换等价于对 $\boldsymbol{A}$ 左(右)乘一个相应的初等矩阵.

定理 3 设 $\boldsymbol{A}$ 是 n 阶方阵,则下面三个命题等价:

(1) $\boldsymbol{A}$ 为可逆矩阵;

(2) 齐次线性方程组 $\boldsymbol{Ax}=\boldsymbol{0}$ 只有零解;

(3) 只用初等行变换即可把 $\boldsymbol{A}$ 化为单位矩阵.

推论 1 $\boldsymbol{A}$ 可逆$\Leftrightarrow$$\boldsymbol{A}$ 可分解为有限个初等矩阵的乘积.

推论 2 $\boldsymbol{A}$ 可逆$\Leftrightarrow$存在方阵 $\boldsymbol{B}$,使 $\boldsymbol{BA}=\boldsymbol{E}$ 或 $\boldsymbol{AB}=\boldsymbol{E}$.

5. 求逆矩阵的初等行变换法

设$[\boldsymbol{A} \mid \boldsymbol{E}] \xrightarrow{r} [\boldsymbol{E} \mid \boldsymbol{X}]$,则 $\boldsymbol{A}^{-1}=\boldsymbol{X}$.

6. 矩阵的等价标准形

定理 4 设 $\boldsymbol{A}$ 是 $m\times n$ 的矩阵,则 $\boldsymbol{A}$ 必可通过初等变换化为如下形式:

$$\boldsymbol{A}\to\begin{bmatrix}\boldsymbol{E}_r & \boldsymbol{O}\\ \boldsymbol{O} & \boldsymbol{O}\end{bmatrix}$$

由定理 3 及其推论,即必存在 m 阶的可逆矩阵 $\boldsymbol{P}$ 和 n 阶的可逆矩阵 $\boldsymbol{Q}$ 使得

$$\boldsymbol{PAQ}=\begin{bmatrix}\boldsymbol{E}_r & \boldsymbol{O}\\ \boldsymbol{O} & \boldsymbol{O}\end{bmatrix}$$

二、典型例题

例 1 求矩阵 $\boldsymbol{A}=\begin{pmatrix}-\frac{7}{3} & 2 & -\frac{1}{3}\\ \frac{5}{3} & -1 & -\frac{1}{3}\\ -2 & 1 & 1\end{pmatrix}$的逆矩阵.

解

$$[\boldsymbol{A} \vdots \boldsymbol{E}]=\begin{pmatrix}-\frac{7}{3} & 2 & -\frac{1}{3} & 1 & 0 & 0\\ \frac{5}{3} & -1 & -\frac{1}{3} & 0 & 1 & 0\\ -2 & 1 & 1 & 0 & 0 & 1\end{pmatrix}$$

$$\xrightarrow[3r_2]{3r_1}\begin{pmatrix}-7 & 6 & -1 & 3 & 0 & 0\\ 5 & -3 & -1 & 0 & 3 & 0\\ -2 & 1 & 1 & 0 & 0 & 1\end{pmatrix}$$

$$\xrightarrow[r_2+2r_3]{r_1-4r_3}\begin{pmatrix}1 & 2 & -5 & 3 & 0 & -4\\ 1 & -1 & 1 & 0 & 3 & 2\\ -2 & 1 & 1 & 0 & 0 & 1\end{pmatrix}$$

$$\xrightarrow[r_3+2r_1]{r_2-r_1}\begin{pmatrix}1 & 2 & -5 & 3 & 0 & -4\\ 0 & -3 & 6 & -3 & 3 & 6\\ 0 & 5 & -9 & 6 & 0 & -7\end{pmatrix}$$

$$\xrightarrow{-\frac{1}{3}r_2}\begin{pmatrix}1 & 2 & -5 & 3 & 0 & -4\\ 0 & 1 & -2 & 1 & -1 & -2\\ 0 & 5 & -9 & 6 & 0 & -7\end{pmatrix}$$

$$\xrightarrow[r_3-5r_2]{r_1-2r_2}\begin{pmatrix}1 & 0 & -1 & 1 & 2 & 0\\ 0 & 1 & -2 & 1 & -1 & -2\\ 0 & 0 & 1 & 1 & 5 & 3\end{pmatrix}$$

$$\xrightarrow[r_2+2r_3]{r_1+r_3}\begin{pmatrix}1 & 0 & 0 & 2 & 7 & 3\\ 0 & 1 & 0 & 3 & 9 & 4\\ 0 & 0 & 1 & 1 & 5 & 3\end{pmatrix}$$

所以

$$\boldsymbol{A}^{-1}=\begin{pmatrix}2 & 7 & 3\\ 3 & 9 & 4\\ 1 & 5 & 3\end{pmatrix}$$

注 在用初等变换法求逆矩阵时，对矩阵$[\boldsymbol{A} \vdots \boldsymbol{E}]$只能使用初等行变换，不能使用列变换.

例 2 已知n阶方阵$\boldsymbol{A}$满足$\boldsymbol{A}^3-2\boldsymbol{A}^2+3\boldsymbol{A}-4\boldsymbol{E}=\boldsymbol{O}$，证明$\boldsymbol{A}$可逆，并求$\boldsymbol{A}^{-1}$.

解 由

$$\boldsymbol{A}^3-2\boldsymbol{A}^2+3\boldsymbol{A}-4\boldsymbol{E}=\boldsymbol{O}$$

得

$$A\left[\frac{1}{4}(A^2-2A+3E)\right]=E$$

所以 A 可逆，且

$$A^{-1}=\frac{1}{4}(A^2-2A+3E)$$

注 根据逆矩阵的定义，要证明矩阵 A 可逆，只要证明存在矩阵 B，使得 $AB=E$ 或 $BA=E$ 即可，同时也证明了 $A^{-1}=B$.

例 3 已知 $A=\begin{pmatrix}1 & -2 & 0\\ 4 & -2 & -1\\ -3 & 1 & 2\end{pmatrix}$，$B=\begin{pmatrix}-1 & 4\\ 2 & 5\\ 1 & -3\end{pmatrix}$，矩阵 X 满足 $AX=B$，求矩阵 X.

解法 1 利用初等行变换法可求得

$$A^{-1}=\begin{pmatrix}1 & -2 & 0\\ 4 & -2 & -1\\ -3 & 1 & 2\end{pmatrix}^{-1}=\frac{1}{7}\begin{pmatrix}-3 & 4 & 2\\ -5 & 2 & 1\\ -2 & 5 & 6\end{pmatrix}$$

由 $AX=B$，得

$$X=A^{-1}B=\frac{1}{7}\begin{pmatrix}-3 & 4 & 2\\ -5 & 2 & 1\\ -2 & 5 & 6\end{pmatrix}\begin{pmatrix}-1 & 4\\ 2 & 5\\ 1 & -3\end{pmatrix}=\frac{1}{7}\begin{pmatrix}13 & 2\\ 10 & -13\\ 18 & -1\end{pmatrix}$$

解法 2 由 $[A \vdots B]\xrightarrow{r}\left[\begin{array}{ccc:cc}1 & 0 & 0 & \frac{13}{7} & \frac{2}{7}\\ 0 & 1 & 0 & \frac{10}{7} & -\frac{13}{7}\\ 0 & 0 & 1 & \frac{18}{7} & -\frac{1}{7}\end{array}\right]$

则
$$X=A^{-1}B=\frac{1}{7}\begin{bmatrix}13 & 2\\ 10 & -13\\ 18 & -1\end{bmatrix}$$

注 对于形如 $XA=B$（其中 A 可逆）的方程，可按解法 1 先求 A^{-1} 得 $X=BA^{-1}$，也可由 $A^{\mathrm{T}}X^{\mathrm{T}}=B^{\mathrm{T}}$，按方法 2 求解，即由 $[A^{\mathrm{T}} \vdots B^{\mathrm{T}}]\xrightarrow{r}[E \vdots Y]$ 得 $X=Y^{\mathrm{T}}$.

例 4 已知矩阵 $A=\begin{pmatrix}1 & 1 & -1\\ 0 & 1 & 1\\ 0 & 0 & 1\end{pmatrix}$，且 $A^2-AB=E$，求矩阵 B.

解 由 $\boldsymbol{A}^2-\boldsymbol{AB}=\boldsymbol{E}$,得 $\boldsymbol{A}(\boldsymbol{A}-\boldsymbol{B})=\boldsymbol{E}$,$\boldsymbol{A}-\boldsymbol{B}=\boldsymbol{A}^{-1}$,$\boldsymbol{B}=\boldsymbol{A}-\boldsymbol{A}^{-1}$
由于

$$\boldsymbol{A}^{-1}=\begin{pmatrix}1&-1&2\\0&1&-1\\0&0&1\end{pmatrix}$$

因此

$$\boldsymbol{B}=\boldsymbol{A}-\boldsymbol{A}^{-1}=\begin{pmatrix}1&1&-1\\0&1&1\\0&0&1\end{pmatrix}-\begin{pmatrix}1&-1&2\\0&1&-1\\0&0&1\end{pmatrix}=\begin{pmatrix}0&2&-3\\0&0&2\\0&0&0\end{pmatrix}$$

例 5 已知 $\boldsymbol{A}=\begin{pmatrix}1&-2&0\\4&-2&-1\\-3&1&2\end{pmatrix}$,$\boldsymbol{B}=\begin{pmatrix}3&-1&2\\1&0&-1\\-2&1&4\end{pmatrix}$,$\boldsymbol{C}=\begin{pmatrix}5&0&-1\\1&-3&0\\2&1&3\end{pmatrix}$,且 $\boldsymbol{AXB}=\boldsymbol{C}$,求 $\boldsymbol{X}$.

解

$$\boldsymbol{A}^{-1}=\begin{pmatrix}1&-2&0\\4&-2&-1\\-3&1&2\end{pmatrix}^{-1}=\frac{1}{7}\begin{pmatrix}-3&4&2\\-5&2&1\\-2&5&6\end{pmatrix}$$

$$\boldsymbol{B}^{-1}=\begin{pmatrix}3&-1&2\\1&0&-1\\-2&1&4\end{pmatrix}^{-1}=\frac{1}{7}\begin{pmatrix}1&6&1\\-2&16&5\\1&-1&1\end{pmatrix}$$

由 $\boldsymbol{AXB}=\boldsymbol{C}$,得

$$\boldsymbol{X}=\boldsymbol{A}^{-1}\boldsymbol{C}\boldsymbol{B}^{-1}=\frac{1}{7}\begin{pmatrix}-3&4&2\\-5&2&1\\-2&5&6\end{pmatrix}\cdot\begin{pmatrix}5&0&-1\\1&-3&0\\2&1&3\end{pmatrix}\cdot\frac{1}{7}\begin{pmatrix}1&6&1\\-2&16&5\\1&-1&1\end{pmatrix}$$

$$=\frac{1}{7}\begin{pmatrix}2&-37&-8\\-1&-34&-6\\3&-38&-6\end{pmatrix}$$

注 矩阵方程有三种基本形式

$$\boldsymbol{AX}=\boldsymbol{B},\quad \boldsymbol{XA}=\boldsymbol{B},\quad \boldsymbol{AXB}=\boldsymbol{C}$$

当矩阵 $\boldsymbol{A}$ 和 $\boldsymbol{B}$ 可逆时,其解分别为 $\boldsymbol{X}=\boldsymbol{A}^{-1}\boldsymbol{B}$,$\boldsymbol{X}=\boldsymbol{B}\boldsymbol{A}^{-1}$,$\boldsymbol{X}=\boldsymbol{A}^{-1}\boldsymbol{C}\boldsymbol{B}^{-1}$.建议使用例 3 的解法 2 求解.

§2.3 分块矩阵

一、内容提要

1. 分块矩阵的运算法则

设 $\boldsymbol{A},\boldsymbol{B}$ 均为 $m\times n$ 矩阵，对 $\boldsymbol{A},\boldsymbol{B}$ 采用完全相同的分块方法得到

$$\boldsymbol{A}=\begin{pmatrix}\boldsymbol{A}_{11} & \boldsymbol{A}_{12} & \cdots & \boldsymbol{A}_{1s}\\ \boldsymbol{A}_{21} & \boldsymbol{A}_{22} & \cdots & \boldsymbol{A}_{2s}\\ \vdots & \vdots & & \vdots\\ \boldsymbol{A}_{r1} & \boldsymbol{A}_{r2} & \cdots & \boldsymbol{A}_{rs}\end{pmatrix},\ \boldsymbol{B}=\begin{pmatrix}\boldsymbol{B}_{11} & \boldsymbol{B}_{12} & \cdots & \boldsymbol{B}_{1s}\\ \boldsymbol{B}_{21} & \boldsymbol{B}_{22} & \cdots & \boldsymbol{B}_{2s}\\ \vdots & \vdots & & \vdots\\ \boldsymbol{B}_{r1} & \boldsymbol{B}_{r2} & \cdots & \boldsymbol{B}_{rs}\end{pmatrix}$$

则

(1) $\boldsymbol{A}=\boldsymbol{B}\Leftrightarrow\boldsymbol{A}_{ij}=\boldsymbol{B}_{ij}\quad(i=1,2,\cdots,r;j=1,2,\cdots,s)$；

(2) $\boldsymbol{A}+\boldsymbol{B}=\begin{pmatrix}\boldsymbol{A}_{11}+\boldsymbol{B}_{11} & \boldsymbol{A}_{12}+\boldsymbol{B}_{12} & \cdots & \boldsymbol{A}_{1s}+\boldsymbol{B}_{1s}\\ \boldsymbol{A}_{21}+\boldsymbol{B}_{21} & \boldsymbol{A}_{22}+\boldsymbol{B}_{22} & \cdots & \boldsymbol{A}_{2s}+\boldsymbol{B}_{2s}\\ \vdots & \vdots & & \vdots\\ \boldsymbol{A}_{r1}+\boldsymbol{B}_{r1} & \boldsymbol{A}_{r2}+\boldsymbol{B}_{r2} & \cdots & \boldsymbol{A}_{rs}+\boldsymbol{B}_{rs}\end{pmatrix}$；

(3) $k\boldsymbol{A}=\begin{pmatrix}k\boldsymbol{A}_{11} & k\boldsymbol{A}_{12} & \cdots & k\boldsymbol{A}_{1s}\\ k\boldsymbol{A}_{21} & k\boldsymbol{A}_{22} & \cdots & k\boldsymbol{A}_{2s}\\ \vdots & \vdots & & \vdots\\ k\boldsymbol{A}_{r1} & k\boldsymbol{A}_{r2} & \cdots & k\boldsymbol{A}_{rs}\end{pmatrix}$；

(4) $\boldsymbol{A}^{\mathrm{T}}=\begin{pmatrix}\boldsymbol{A}_{11}^{\mathrm{T}} & \boldsymbol{A}_{21}^{\mathrm{T}} & \cdots & \boldsymbol{A}_{r1}^{\mathrm{T}}\\ \boldsymbol{A}_{12}^{\mathrm{T}} & \boldsymbol{A}_{22}^{\mathrm{T}} & \cdots & \boldsymbol{A}_{r2}^{\mathrm{T}}\\ \vdots & \vdots & & \vdots\\ \boldsymbol{A}_{1s}^{\mathrm{T}} & \boldsymbol{A}_{2s}^{\mathrm{T}} & \cdots & \boldsymbol{A}_{rs}^{\mathrm{T}}\end{pmatrix}$

设 $\boldsymbol{A}$ 为 $m\times n$ 矩阵，$\boldsymbol{B}$ 为 $n\times p$ 矩阵，对 $\boldsymbol{A}$ 的列与 $\boldsymbol{B}$ 的行采用完全相同的分块方法分别得到分块矩阵

$$\boldsymbol{A}=\begin{pmatrix}\boldsymbol{A}_{11} & \boldsymbol{A}_{12} & \cdots & \boldsymbol{A}_{1s}\\ \boldsymbol{A}_{21} & \boldsymbol{A}_{22} & \cdots & \boldsymbol{A}_{2s}\\ \vdots & \vdots & & \vdots\\ \boldsymbol{A}_{r1} & \boldsymbol{A}_{r2} & \cdots & \boldsymbol{A}_{rs}\end{pmatrix},\ \boldsymbol{B}=\begin{pmatrix}\boldsymbol{B}_{11} & \boldsymbol{B}_{12} & \cdots & \boldsymbol{B}_{1t}\\ \boldsymbol{B}_{21} & \boldsymbol{B}_{22} & \cdots & \boldsymbol{B}_{2t}\\ \vdots & \vdots & & \vdots\\ \boldsymbol{B}_{s1} & \boldsymbol{B}_{s2} & \cdots & \boldsymbol{B}_{st}\end{pmatrix}$$

其中 $\boldsymbol{A}_{ik}$ 的列数与 $\boldsymbol{B}_{kj}$ 的行数相同$(k=1,2,\cdots,s)$，则

$$\boldsymbol{AB}=\begin{pmatrix}\boldsymbol{C}_{11} & \boldsymbol{C}_{12} & \cdots & \boldsymbol{C}_{1t}\\ \boldsymbol{C}_{21} & \boldsymbol{C}_{22} & \cdots & \boldsymbol{C}_{2t}\\ \vdots & \vdots & & \vdots\\ \boldsymbol{C}_{r1} & \boldsymbol{C}_{r2} & \cdots & \boldsymbol{C}_{rt}\end{pmatrix}$$

其中

$$\boldsymbol{C}_{ij}=\sum_{k=1}^{s}\boldsymbol{A}_{ik}\boldsymbol{B}_{kj}\quad(i=1,2,\cdots,r;j=1,2,\cdots,t)$$

2. 几种常用的分块方法

对于两个矩阵相乘 $\boldsymbol{A}_{m\times n}\boldsymbol{B}_{n\times p}$，

(1) 常把 $\boldsymbol{B}$ 按列分块

$$\boldsymbol{B}=[\boldsymbol{\beta}_1,\boldsymbol{\beta}_2,\cdots,\boldsymbol{\beta}_p]$$

则

$$\boldsymbol{AB}=[\boldsymbol{A\beta}_1,\boldsymbol{A\beta}_2,\cdots,\boldsymbol{A\beta}_p]$$

(2) 也常把 $\boldsymbol{A}$ 按行分块

$$\boldsymbol{A}=\begin{pmatrix}\boldsymbol{\alpha}_1^{\mathrm{T}}\\ \boldsymbol{\alpha}_2^{\mathrm{T}}\\ \vdots\\ \boldsymbol{\alpha}_m^{\mathrm{T}}\end{pmatrix}$$

则

$$\boldsymbol{AB}=\begin{pmatrix}\boldsymbol{\alpha}_1^{\mathrm{T}}\\ \boldsymbol{\alpha}_2^{\mathrm{T}}\\ \vdots\\ \boldsymbol{\alpha}_m^{\mathrm{T}}\end{pmatrix}\boldsymbol{B}=\begin{pmatrix}\boldsymbol{\alpha}_1^{\mathrm{T}}\boldsymbol{B}\\ \boldsymbol{\alpha}_2^{\mathrm{T}}\boldsymbol{B}\\ \vdots\\ \boldsymbol{\alpha}_m^{\mathrm{T}}\boldsymbol{B}\end{pmatrix}$$

(3) 或同时把 $\boldsymbol{A}$ 按行分块，$\boldsymbol{B}$ 按列分块，这时

$$\boldsymbol{AB}=\begin{pmatrix}\boldsymbol{\alpha}_1^{\mathrm{T}}\\ \boldsymbol{\alpha}_2^{\mathrm{T}}\\ \vdots\\ \boldsymbol{\alpha}_m^{\mathrm{T}}\end{pmatrix}[\boldsymbol{\beta}_1,\boldsymbol{\beta}_2,\cdots,\boldsymbol{\beta}_p]=\begin{pmatrix}\boldsymbol{\alpha}_1^{\mathrm{T}}\boldsymbol{\beta}_1 & \boldsymbol{\alpha}_1^{\mathrm{T}}\boldsymbol{\beta}_2 & \cdots & \boldsymbol{\alpha}_1^{\mathrm{T}}\boldsymbol{\beta}_p\\ \boldsymbol{\alpha}_2^{\mathrm{T}}\boldsymbol{\beta}_1 & \boldsymbol{\alpha}_2^{\mathrm{T}}\boldsymbol{\beta}_2 & \cdots & \boldsymbol{\alpha}_2^{\mathrm{T}}\boldsymbol{\beta}_p\\ \vdots & \vdots & & \vdots\\ \boldsymbol{\alpha}_m^{\mathrm{T}}\boldsymbol{\beta}_1 & \boldsymbol{\alpha}_m^{\mathrm{T}}\boldsymbol{\beta}_2 & \cdots & \boldsymbol{\alpha}_m^{\mathrm{T}}\boldsymbol{\beta}_p\end{pmatrix}$$

3. 分块对角矩阵的性质

称分块矩阵

$$\boldsymbol{A}=\begin{pmatrix}\boldsymbol{A}_1 & & & \\ & \boldsymbol{A}_2 & & \\ & & \ddots & \\ & & & \boldsymbol{A}_s\end{pmatrix}$$

为**分块对角矩阵**，其中 $\boldsymbol{A}_i(i=1,2,\cdots,s)$ 均为方阵. 记为

$$\boldsymbol{A}=\mathrm{diag}(\boldsymbol{A}_1,\boldsymbol{A}_2,\cdots,\boldsymbol{A}_s)$$

(1) 设 $\boldsymbol{A}=\mathrm{diag}(\boldsymbol{A}_1,\boldsymbol{A}_2,\cdots,\boldsymbol{A}_s)$，$\boldsymbol{B}=\mathrm{diag}(\boldsymbol{B}_1,\boldsymbol{B}_2,\cdots,\boldsymbol{B}_s)$，其中 $\boldsymbol{A}_i$ 与 $\boldsymbol{B}_i$ 为同阶方阵$(i=1,2,\cdots,s)$. 则

$$\boldsymbol{AB}=\mathrm{diag}(\boldsymbol{A}_1\boldsymbol{B}_1,\boldsymbol{A}_2\boldsymbol{B}_2,\cdots,\boldsymbol{A}_s\boldsymbol{B}_s)$$

(2) 设 $\boldsymbol{A}=\mathrm{diag}(\boldsymbol{A}_1,\boldsymbol{A}_2,\cdots,\boldsymbol{A}_s)$，$\boldsymbol{A}_i(i=1,2,\cdots,s)$均可逆，则 $\boldsymbol{A}$ 可逆，且

$$\boldsymbol{A}^{-1}=\mathrm{diag}(\boldsymbol{A}_1^{-1},\boldsymbol{A}_2^{-1},\cdots,\boldsymbol{A}_s^{-1})$$

二、典型例题

例 1 设 $\boldsymbol{A}=\begin{pmatrix}3&-2&0&0\\5&-3&0&0\\0&0&3&4\\0&0&1&1\end{pmatrix}$，求 $\boldsymbol{A}^{-1}$.

解 令 $\boldsymbol{A}_1=\begin{bmatrix}3&-2\\5&-3\end{bmatrix}$，$\boldsymbol{A}_2=\begin{bmatrix}3&4\\1&1\end{bmatrix}$，则

$$\boldsymbol{A}=\begin{bmatrix}\boldsymbol{A}_1&\boldsymbol{O}\\\boldsymbol{O}&\boldsymbol{A}_2\end{bmatrix}$$

由于 $\boldsymbol{A}_1$ 和 $\boldsymbol{A}_2$ 都可逆，且

$$\boldsymbol{A}_1^{-1}=\begin{bmatrix}-3&2\\-5&3\end{bmatrix},\boldsymbol{A}_2^{-1}=\begin{bmatrix}-1&4\\1&-3\end{bmatrix}$$

因此

$$\boldsymbol{A}^{-1}=\begin{bmatrix}\boldsymbol{A}_1&\boldsymbol{O}\\\boldsymbol{O}&\boldsymbol{A}_2\end{bmatrix}^{-1}=\begin{bmatrix}\boldsymbol{A}_1^{-1}&\boldsymbol{O}\\\boldsymbol{O}&\boldsymbol{A}_2^{-1}\end{bmatrix}=\begin{pmatrix}-3&2&0&0\\-5&3&0&0\\0&0&-1&4\\0&0&1&-3\end{pmatrix}$$

例 2 设 $\boldsymbol{A}=\begin{pmatrix}0&1&&&\\&0&1&&\\&&0&\ddots&\\&&&\ddots&1\\1&&&&0\end{pmatrix}_{n\times n}$，证明 $\boldsymbol{A}^n=\boldsymbol{E}$.

证明 把 $\boldsymbol{A}$ 按列分块 $\boldsymbol{A}=[\boldsymbol{e}_n,\boldsymbol{e}_1,\boldsymbol{e}_2,\cdots,\boldsymbol{e}_{n-1}]$，则

$\boldsymbol{A}^2=\boldsymbol{A}[\boldsymbol{e}_n,\boldsymbol{e}_1,\boldsymbol{e}_2,\cdots,\boldsymbol{e}_{n-1}]=[\boldsymbol{Ae}_n,\boldsymbol{Ae}_1,\boldsymbol{Ae}_2,\cdots,\boldsymbol{Ae}_{n-1}]=[\boldsymbol{e}_{n-1},\boldsymbol{e}_n,\boldsymbol{e}_1,\cdots,\boldsymbol{e}_{n-2}]$

$\boldsymbol{A}^3=[\boldsymbol{Ae}_{n-1},\boldsymbol{Ae}_n,\boldsymbol{Ae}_1,\boldsymbol{Ae}_2,\cdots,\boldsymbol{Ae}_{n-2}]=[\boldsymbol{e}_{n-2},\boldsymbol{e}_{n-1},\boldsymbol{e}_n,\boldsymbol{e}_1,\cdots,\boldsymbol{e}_{n-3}]$

以此类推，则

$$\boldsymbol{A}^n=[\boldsymbol{e}_1,\boldsymbol{e}_2,\cdots,\boldsymbol{e}_n]=\boldsymbol{E}$$

例 3(本节习题 3) 设 $\boldsymbol{A}$ 为 $m\times n$ 阶实矩阵，且满足 $\boldsymbol{A}^{\mathrm{T}}\boldsymbol{A}=\boldsymbol{O}$，证明 $\boldsymbol{A}=\boldsymbol{O}$.

证明 将矩阵 $\boldsymbol{A}$ 按列分块得

$$\boldsymbol{A}=[\boldsymbol{\alpha}_1,\boldsymbol{\alpha}_2,\cdots,\boldsymbol{\alpha}_n]$$

则

$$\boldsymbol{A}^{\mathrm{T}}\boldsymbol{A}=\begin{bmatrix}\boldsymbol{\alpha}_1^{\mathrm{T}}\\\boldsymbol{\alpha}_2^{\mathrm{T}}\\\vdots\\\boldsymbol{\alpha}_n^{\mathrm{T}}\end{bmatrix}[\boldsymbol{\alpha}_1,\boldsymbol{\alpha}_2,\cdots,\boldsymbol{\alpha}_n]$$

$$=\begin{bmatrix}\boldsymbol{\alpha}_1^{\mathrm{T}}\boldsymbol{\alpha}_1 & \boldsymbol{\alpha}_1^{\mathrm{T}}\boldsymbol{\alpha}_2 & \cdots & \boldsymbol{\alpha}_1^{\mathrm{T}}\boldsymbol{\alpha}_n\\\boldsymbol{\alpha}_2^{\mathrm{T}}\boldsymbol{\alpha}_1 & \boldsymbol{\alpha}_2^{\mathrm{T}}\boldsymbol{\alpha}_2 & \cdots & \boldsymbol{\alpha}_2^{\mathrm{T}}\boldsymbol{\alpha}_n\\\vdots & \vdots & & \vdots\\\boldsymbol{\alpha}_n^{\mathrm{T}}\boldsymbol{\alpha}_1 & \boldsymbol{\alpha}_n^{\mathrm{T}}\boldsymbol{\alpha}_2 & \cdots & \boldsymbol{\alpha}_n^{\mathrm{T}}\boldsymbol{\alpha}_n\end{bmatrix}=\boldsymbol{O}$$

从而

$$\boldsymbol{\alpha}_i^{\mathrm{T}}\boldsymbol{\alpha}_i=\sum_{j=1}^{m}a_{ij}^2=0\quad(i=1,2,\cdots,n)$$

所以 $a_{ij}=0(i=1,2,\cdots,n;j=1,2,\cdots,m)$，即 $\boldsymbol{A}=\boldsymbol{O}$.

注 同理可证

(1) 若 $\boldsymbol{A}\boldsymbol{A}^{\mathrm{T}}=\boldsymbol{O}$，则 $\boldsymbol{A}=\boldsymbol{O}$.

(2) 如果 $\boldsymbol{A}$ 是对称矩阵，即 $\boldsymbol{A}^{\mathrm{T}}=\boldsymbol{A}$，且 $\boldsymbol{A}^2=\boldsymbol{O}$，则 $\boldsymbol{A}=\boldsymbol{O}$.

综合例题解析

例 1 $\boldsymbol{A}=\begin{bmatrix}1 & 2\\0 & 1\end{bmatrix}$，$\boldsymbol{B}=\begin{bmatrix}1 & 0 & 1\\2 & 1 & 3\end{bmatrix}$，$\boldsymbol{C}=\begin{bmatrix}2 & 1 & 1\\0 & 1 & 2\end{bmatrix}$，计算 $[\boldsymbol{C}^{\mathrm{T}}-2\boldsymbol{B}^{\mathrm{T}}\boldsymbol{A}]^{\mathrm{T}}+\boldsymbol{A}^{\mathrm{T}}\boldsymbol{B}$.

解 $(\boldsymbol{C}^{\mathrm{T}}-2\boldsymbol{B}^{\mathrm{T}}\boldsymbol{A})^{\mathrm{T}}+\boldsymbol{A}^{\mathrm{T}}\boldsymbol{B}=\boldsymbol{C}-2\boldsymbol{A}^{\mathrm{T}}\boldsymbol{B}+\boldsymbol{A}^{\mathrm{T}}\boldsymbol{B}=\boldsymbol{C}-\boldsymbol{A}^{\mathrm{T}}\boldsymbol{B}$

$$=\begin{bmatrix}2 & 1 & 1\\0 & 1 & 2\end{bmatrix}-\begin{bmatrix}1 & 0\\2 & 1\end{bmatrix}\begin{bmatrix}1 & 0 & 1\\2 & 1 & 3\end{bmatrix}$$

$$=\begin{bmatrix}2 & 1 & 1\\0 & 1 & 2\end{bmatrix}-\begin{bmatrix}1 & 0 & 1\\4 & 1 & 5\end{bmatrix}=\begin{bmatrix}1 & 1 & 0\\-4 & 0 & -3\end{bmatrix}$$

例 2 设 $1\times n$ 阶矩阵 $\boldsymbol{X}=\left[\frac{1}{2},0,\cdots,0,\frac{1}{2}\right]$，$\boldsymbol{A}=\boldsymbol{E}-\boldsymbol{X}^{\mathrm{T}}\boldsymbol{X}$，$\boldsymbol{B}=\boldsymbol{E}+2\boldsymbol{X}^{\mathrm{T}}\boldsymbol{X}$，其中 $\boldsymbol{E}$ 为 n 阶单位矩阵，求 $\boldsymbol{AB}$.

解 $\boldsymbol{AB}=(\boldsymbol{E}-\boldsymbol{X}^{\mathrm{T}}\boldsymbol{X})(\boldsymbol{E}+2\boldsymbol{X}^{\mathrm{T}}\boldsymbol{X})$

$$=\boldsymbol{E}+2\boldsymbol{X}^{\mathrm{T}}\boldsymbol{X}-\boldsymbol{X}^{\mathrm{T}}\boldsymbol{X}-\boldsymbol{X}^{\mathrm{T}}\boldsymbol{X}(2\boldsymbol{X}^{\mathrm{T}}\boldsymbol{X})$$
$$=\boldsymbol{E}+\boldsymbol{X}^{\mathrm{T}}\boldsymbol{X}-2(\boldsymbol{X}\boldsymbol{X}^{\mathrm{T}})\boldsymbol{X}^{\mathrm{T}}\boldsymbol{X}$$

而

$$\boldsymbol{X}\boldsymbol{X}^{\mathrm{T}}=\left[\frac{1}{2},0,\cdots,0,\frac{1}{2}\right]\begin{bmatrix}\frac{1}{2}\\0\\\vdots\\0\\\frac{1}{2}\end{bmatrix}=\frac{1}{4}+\frac{1}{4}=\frac{1}{2}$$

所以

$$\boldsymbol{AB}=\boldsymbol{E}+\boldsymbol{X}^{\mathrm{T}}\boldsymbol{X}-2\cdot\frac{1}{2}\boldsymbol{X}^{\mathrm{T}}\boldsymbol{X}=\boldsymbol{E}$$

例 3 证明任一方阵必可唯一地分解为一个对称矩阵与一个反对称矩阵的和.

证明 令 $\boldsymbol{B}=\frac{1}{2}(\boldsymbol{A}+\boldsymbol{A}^{\mathrm{T}})$，$\boldsymbol{C}=\frac{1}{2}(\boldsymbol{A}-\boldsymbol{A}^{\mathrm{T}})$，则 $\boldsymbol{A}=\boldsymbol{B}+\boldsymbol{C}$，直接验证可知 $\boldsymbol{B}$ 是对称矩阵，$\boldsymbol{C}$ 是反对称矩阵.

再证唯一性. 如果 $\boldsymbol{A}=\boldsymbol{M}+\boldsymbol{N}$（其中 $\boldsymbol{M}$ 为对称矩阵，$\boldsymbol{N}$ 为反对称矩阵）. 两边取转置

$$\boldsymbol{A}^{\mathrm{T}}=(\boldsymbol{M}+\boldsymbol{N})^{\mathrm{T}}=\boldsymbol{M}^{\mathrm{T}}+\boldsymbol{N}^{\mathrm{T}}=\boldsymbol{M}-\boldsymbol{N}$$

解得

$$\boldsymbol{M}=\frac{1}{2}(\boldsymbol{A}+\boldsymbol{A}^{\mathrm{T}})=\boldsymbol{B},\ \boldsymbol{N}=\frac{1}{2}(\boldsymbol{A}-\boldsymbol{A}^{\mathrm{T}})=\boldsymbol{C}$$

唯一性得证.

例 4 设 $\boldsymbol{A}=\begin{bmatrix}a_1b_1 & a_1b_2 & a_1b_3\\a_2b_1 & a_2b_2 & a_2b_3\\a_3b_1 & a_3b_2 & a_3b_3\end{bmatrix}$，求 $\boldsymbol{A}^{100}$.

解 记 $\boldsymbol{\alpha}=\begin{bmatrix}a_1\\a_2\\a_3\end{bmatrix}$，$\boldsymbol{\beta}^{\mathrm{T}}=[b_1,b_2,b_3]$，因此 $\boldsymbol{A}=\boldsymbol{\alpha}\boldsymbol{\beta}^{\mathrm{T}}$，

所以

$$\boldsymbol{A}^{100}=(\boldsymbol{\alpha}\boldsymbol{\beta}^{\mathrm{T}})(\boldsymbol{\alpha}\boldsymbol{\beta}^{\mathrm{T}})\cdots(\boldsymbol{\alpha}\boldsymbol{\beta}^{\mathrm{T}})$$
$$=\boldsymbol{\alpha}(\boldsymbol{\beta}^{\mathrm{T}}\boldsymbol{\alpha})(\boldsymbol{\beta}^{\mathrm{T}}\boldsymbol{\alpha})\cdots(\boldsymbol{\beta}^{\mathrm{T}}\boldsymbol{\alpha})\boldsymbol{\beta}^{\mathrm{T}}=\boldsymbol{\alpha}(\boldsymbol{\beta}^{\mathrm{T}}\boldsymbol{\alpha})^{99}\boldsymbol{\beta}^{\mathrm{T}}=(\boldsymbol{\beta}^{\mathrm{T}}\boldsymbol{\alpha})^{99}\boldsymbol{\alpha}\boldsymbol{\beta}^{\mathrm{T}}$$
$$=(\boldsymbol{\beta}^{\mathrm{T}}\boldsymbol{\alpha})^{99}\boldsymbol{A}$$

而

$$\boldsymbol{\beta}^{\mathrm{T}}\boldsymbol{\alpha}=[b_1,b_2,b_3]\begin{bmatrix}a_1\\a_2\\a_3\end{bmatrix}=a_1b_1+a_2b_2+a_3b_3$$

故

$$\boldsymbol{A}^{100}=(a_1b_1+a_2b_2+a_3b_3)^{99}\begin{bmatrix}a_1b_1 & a_1b_2 & a_1b_3\\a_2b_1 & a_2b_2 & a_2b_3\\a_3b_1 & a_3b_2 & a_3b_3\end{bmatrix}$$

例 5 已知 $\boldsymbol{A},\boldsymbol{B}$ 为 3 阶矩阵，且满足 $2\boldsymbol{A}^{-1}\boldsymbol{B}=\boldsymbol{B}-4\boldsymbol{E}$.

(1) 证明 $\boldsymbol{A}-2\boldsymbol{E}$ 可逆；

(2) 若 $\boldsymbol{B}=\begin{bmatrix}1 & -2 & 0\\1 & 2 & 0\\0 & 0 & 2\end{bmatrix}$，求 $\boldsymbol{A}$.

解 (1) 将 $2\boldsymbol{A}^{-1}\boldsymbol{B}=\boldsymbol{B}-4\boldsymbol{E}$ 两边同时左乘 $\boldsymbol{A}$，得

$$2\boldsymbol{B}=\boldsymbol{A}\boldsymbol{B}-4\boldsymbol{A}$$

即

$$\boldsymbol{A}\boldsymbol{B}-2\boldsymbol{B}-4\boldsymbol{A}=\boldsymbol{O}$$

因此有

$$(\boldsymbol{A}-2\boldsymbol{E})(\boldsymbol{B}-4\boldsymbol{E})=8\boldsymbol{E}$$

即 $\boldsymbol{A}-2\boldsymbol{E}$ 可逆，且

$$(\boldsymbol{A}-2\boldsymbol{E})^{-1}=\frac{1}{8}(\boldsymbol{B}-4\boldsymbol{E})$$

(2) 由 $(\boldsymbol{A}-2\boldsymbol{E})(\boldsymbol{B}-4\boldsymbol{E})=8\boldsymbol{E}$ 可得

$$\boldsymbol{A}=2\boldsymbol{E}+8(\boldsymbol{B}-4\boldsymbol{E})^{-1}$$

又

$$(\boldsymbol{B}-4\boldsymbol{E})^{-1}=\begin{bmatrix}-3 & -2 & 0\\1 & -2 & 0\\0 & 0 & -2\end{bmatrix}^{-1}=\begin{bmatrix}-\frac{1}{4} & \frac{1}{4} & 0\\-\frac{1}{8} & -\frac{3}{8} & 0\\0 & 0 & -\frac{1}{2}\end{bmatrix}$$

则

$$\boldsymbol{A}=2\boldsymbol{E}+8(\boldsymbol{B}-4\boldsymbol{E})^{-1}=\begin{bmatrix}0 & 2 & 0\\-1 & -1 & 0\\0 & 0 & -2\end{bmatrix}$$

例 6 设 $\boldsymbol{A}=\begin{pmatrix}3&0&0\\0&1&-1\\0&1&4\end{pmatrix}$，$\boldsymbol{B}=\begin{pmatrix}3&6\\1&1\\2&3\end{pmatrix}$，$\boldsymbol{X}$ 满足 $\boldsymbol{AX}=2\boldsymbol{X}+\boldsymbol{B}$，求 $\boldsymbol{X}$.

解 由 $\boldsymbol{AX}=2\boldsymbol{X}+\boldsymbol{B}$，得 $(\boldsymbol{A}-2\boldsymbol{E})\boldsymbol{X}=\boldsymbol{B}$，

而

$$(\boldsymbol{A}-2\boldsymbol{E})^{-1}=\begin{pmatrix}1&0&0\\0&-2&-1\\0&1&1\end{pmatrix}$$

所以

$$\boldsymbol{X}=(\boldsymbol{A}-2\boldsymbol{E})^{-1}\boldsymbol{B}=\begin{pmatrix}1&0&0\\0&-2&-1\\0&1&1\end{pmatrix}\begin{pmatrix}3&6\\1&1\\2&3\end{pmatrix}=\begin{pmatrix}3&6\\-4&-5\\3&4\end{pmatrix}$$

例 7 设 $\boldsymbol{A}$ 为 $m\times n$ 矩阵，如果对任一 n 维列向量 $\boldsymbol{x}$ 恒有 $\boldsymbol{Ax}=\boldsymbol{0}$，证明 $\boldsymbol{A}=\boldsymbol{O}$.

证明 由 $\boldsymbol{x}$ 的任意性，特别取 $\boldsymbol{x}=\boldsymbol{e}_j$，则 $\boldsymbol{Ax}=\boldsymbol{Ae}_j=\boldsymbol{\alpha}_j$（$\boldsymbol{\alpha}_j$ 为 $\boldsymbol{A}$ 的第 j 列）$=\boldsymbol{0}$ $(j=1,2,\cdots,n)$，说明 $\boldsymbol{A}$ 的 n 个列向量全为零，故 $\boldsymbol{A}=\boldsymbol{O}$.

例 8 设 $\boldsymbol{D}=\begin{pmatrix}2&1&0&0\\1&1&0&0\\-1&2&2&5\\1&-1&1&3\end{pmatrix}$，求 $\boldsymbol{D}$ 的逆矩阵 $\boldsymbol{D}^{-1}$.

解 设 $\boldsymbol{A}=\begin{bmatrix}2&1\\1&1\end{bmatrix}$，$\boldsymbol{B}=\begin{bmatrix}2&5\\1&3\end{bmatrix}$，$\boldsymbol{C}=\begin{bmatrix}-1&2\\1&-1\end{bmatrix}$，则

$$\boldsymbol{D}=\begin{bmatrix}\boldsymbol{A}&\boldsymbol{O}\\\boldsymbol{C}&\boldsymbol{B}\end{bmatrix}$$

因此

$$\boldsymbol{D}^{-1}=\begin{bmatrix}\boldsymbol{A}^{-1}&\boldsymbol{O}\\-\boldsymbol{B}^{-1}\boldsymbol{C}\boldsymbol{A}^{-1}&\boldsymbol{B}^{-1}\end{bmatrix}$$

而

$$\boldsymbol{A}^{-1}=\begin{bmatrix}1&-1\\-1&2\end{bmatrix},\boldsymbol{B}^{-1}=\begin{bmatrix}3&-5\\-1&2\end{bmatrix}$$

$$-\boldsymbol{B}^{-1}\boldsymbol{C}\boldsymbol{A}^{-1}=-\begin{bmatrix}3&-5\\-1&2\end{bmatrix}\begin{bmatrix}-1&2\\1&-1\end{bmatrix}\begin{bmatrix}1&-1\\-1&2\end{bmatrix}=\begin{bmatrix}19&-30\\-7&11\end{bmatrix}$$

从而

$$D^{-1}=\begin{bmatrix} A^{-1} & O \\ -B^{-1}CA^{-1} & B^{-1} \end{bmatrix}=\begin{pmatrix} 1 & -1 & 0 & 0 \\ -1 & 2 & 0 & 0 \\ 19 & -30 & 3 & -5 \\ -7 & 11 & -1 & 2 \end{pmatrix}$$

习题二解答

1. 已知 $A=\begin{pmatrix} 0 & 1 & 2 \\ -3 & 4 & 0 \\ -1 & 3 & -2 \end{pmatrix}$，$B=\begin{pmatrix} 4 & -1 & 2 \\ -1 & -4 & 0 \\ 1 & 5 & -2 \end{pmatrix}$，求 3 阶矩阵 X,Y，使 $\begin{cases} X+Y=A \\ 3X-Y=B \end{cases}$.

解 由已知得

$$X=\frac{1}{4}(A+B)=\begin{pmatrix} 1 & 0 & 1 \\ -1 & 0 & 0 \\ 0 & 2 & -1 \end{pmatrix}$$

$$Y=A-X=\begin{pmatrix} -1 & 1 & 1 \\ -2 & 4 & 0 \\ -1 & 1 & -1 \end{pmatrix}$$

2. 求与 $A=\begin{bmatrix} 1 & 1 \\ 0 & 1 \end{bmatrix}$可交换的全体 2 阶矩阵.

解 设 $X=\begin{bmatrix} x_1 & x_2 \\ x_3 & x_4 \end{bmatrix}$,由 $AX=XA$ 得

$$\begin{bmatrix} x_1+x_3 & x_2+x_4 \\ x_3 & x_4 \end{bmatrix}=\begin{bmatrix} x_1 & x_1+x_2 \\ x_3 & x_3+x_4 \end{bmatrix}$$

比较两边矩阵,得

$$x_3=0,\ x_1=x_4$$

则与 A 可交换的全体 2 阶矩阵为

$$X=\begin{bmatrix} x_1 & x_2 \\ 0 & x_1 \end{bmatrix}$$

3. 设行矩阵 $\boldsymbol{\alpha}=[a,b,c]$，$\boldsymbol{\beta}=[x,y,z]$，已知

$$\boldsymbol{\alpha}^{\mathrm{T}}\boldsymbol{\beta}=\begin{pmatrix}-2 & 4 & -6\\ 1 & -2 & 3\\ -1 & 2 & -3\end{pmatrix}$$

求 $\boldsymbol{\alpha}\boldsymbol{\beta}^{\mathrm{T}}$.

解法 1 因为$(\boldsymbol{\alpha}^{\mathrm{T}}\boldsymbol{\beta})(\boldsymbol{\alpha}^{\mathrm{T}}\boldsymbol{\beta})=\boldsymbol{\alpha}^{\mathrm{T}}(\boldsymbol{\beta}\boldsymbol{\alpha}^{\mathrm{T}})\boldsymbol{\beta}=(\boldsymbol{\beta}\boldsymbol{\alpha}^{\mathrm{T}})(\boldsymbol{\alpha}^{\mathrm{T}}\boldsymbol{\beta})$,即

$$\begin{pmatrix}-2 & 4 & -6\\ 1 & -2 & 3\\ -1 & 2 & -3\end{pmatrix}^2=-7\begin{pmatrix}-2 & 4 & -6\\ 1 & -2 & 3\\ -1 & 2 & -3\end{pmatrix}$$

所以 $\boldsymbol{\beta}\boldsymbol{\alpha}^{\mathrm{T}}=-7$,因此 $\boldsymbol{\alpha}\boldsymbol{\beta}^{\mathrm{T}}=(\boldsymbol{\beta}\boldsymbol{\alpha}^{\mathrm{T}})^{\mathrm{T}}=-7$.

解法 2 $$\boldsymbol{\alpha}^{\mathrm{T}}\boldsymbol{\beta}=\begin{bmatrix}a\\ b\\ c\end{bmatrix}[x,y,z]=\begin{bmatrix}ax & ay & az\\ bx & by & bz\\ cx & cy & cz\end{bmatrix}$$

因此 $$ax=-2,\ by=-2,\ cz=-3$$

$$\boldsymbol{\alpha}\boldsymbol{\beta}^{\mathrm{T}}=ax+by+cz=-2+(-2)+(-3)=-7$$

4. 设 n 阶方阵

$$\boldsymbol{A}=\begin{pmatrix}\lambda & 1 & & \\ & \lambda & \ddots & \\ & & \ddots & 1\\ & & & \lambda\end{pmatrix}$$

计算 $\boldsymbol{A}^k$(k 为正整数).

解 记

$$\boldsymbol{B}=\begin{pmatrix}0 & 1 & & \\ & 0 & \ddots & \\ & & \ddots & 1\\ & & & 0\end{pmatrix}$$

则 $\boldsymbol{A}=\lambda\boldsymbol{E}+\boldsymbol{B}$. 经直接计算,得

$$\boldsymbol{B}^2=\begin{pmatrix}0 & 0 & 1 & \ddots\\ & 0 & \ddots & 1\\ & & \ddots & 0\\ & & & 0\end{pmatrix},\cdots,\boldsymbol{B}^{n-1}=\begin{pmatrix}0 & \cdots & 0 & 1\\ & 0 & & 0\\ & & \ddots & \vdots\\ & & & 0\end{pmatrix},\boldsymbol{B}^n=\boldsymbol{O}$$

所以(见下面评注)

$$\begin{aligned}\boldsymbol{A}^k&=(\lambda\boldsymbol{E}+\boldsymbol{B})^k\\ &=\mathrm{C}_k^0(\lambda\boldsymbol{E})^k+\mathrm{C}_k^1(\lambda\boldsymbol{E})^{k-1}\boldsymbol{B}+\mathrm{C}_k^2(\lambda\boldsymbol{E})^{k-2}\boldsymbol{B}^2+\cdots+\mathrm{C}_k^{n-1}(\lambda\boldsymbol{E})^{k-n+1}\boldsymbol{B}^{n-1}\end{aligned}$$

$$=\begin{pmatrix}\lambda^k & C_k^1\lambda^{k-1} & C_k^2\lambda^{k-2} & \cdots & C_k^{n-1}\lambda^{k-n+1}\\ & \lambda^k & C_k^1\lambda^{k-1} & \ddots & \vdots\\ & & \lambda^k & \ddots & C_k^2\lambda^{k-2}\\ & & & \ddots & C_k^1\lambda^{k-1}\\ & & & & \lambda^k\end{pmatrix}$$

这里规定，当 $l>k$ 时，$C_k^l=0$.

注 二项展开式是有条件的. 本题中 $\lambda\boldsymbol{E}$（纯量矩阵）与任何 n 阶矩阵可交换，故二项展开式成立.

5. 设 $\boldsymbol{B}$ 为元素全是 1 的 $n(n\geqslant 2)$ 阶矩阵，证明

(1) $\boldsymbol{B}^k=n^{k-1}\boldsymbol{B}$（$k\geqslant 2$，且为正整数）；

(2) $(\boldsymbol{E}-\boldsymbol{B})^{-1}=\boldsymbol{E}-\dfrac{1}{n-1}\boldsymbol{B}$.

证明 (1) 设 $\boldsymbol{B}=\boldsymbol{\alpha}\boldsymbol{\alpha}^{\mathrm{T}}$，其中 $\boldsymbol{\alpha}=[1,1,\cdots,1]^{\mathrm{T}}$，则

$$\boldsymbol{B}^k=(\boldsymbol{\alpha}\boldsymbol{\alpha}^{\mathrm{T}})(\boldsymbol{\alpha}\boldsymbol{\alpha}^{\mathrm{T}})\cdots(\boldsymbol{\alpha}\boldsymbol{\alpha}^{\mathrm{T}})=(\boldsymbol{\alpha}^{\mathrm{T}}\boldsymbol{\alpha})^{k-1}\boldsymbol{\alpha}\boldsymbol{\alpha}^{\mathrm{T}}=n^{k-1}\boldsymbol{B}$$

(2) 由 $\boldsymbol{B}^k=n^{k-1}\boldsymbol{B}$ 可得 $\boldsymbol{B}^2=n\boldsymbol{B}$，从而

$$\begin{aligned}(\boldsymbol{E}-\boldsymbol{B})\left(\boldsymbol{E}-\frac{1}{n-1}\boldsymbol{B}\right)&=\boldsymbol{E}-\boldsymbol{B}-\frac{1}{n-1}\boldsymbol{B}+\frac{1}{n-1}\boldsymbol{B}^2\\&=\boldsymbol{E}-\frac{n}{n-1}\boldsymbol{B}+\frac{1}{n-1}\boldsymbol{B}^2=\boldsymbol{E}\end{aligned}$$

因此，$(\boldsymbol{E}-\boldsymbol{B})^{-1}=\boldsymbol{E}-\dfrac{1}{n-1}\boldsymbol{B}$.

6. 设 $\boldsymbol{A}$ 是 n 阶方阵，证明对任何 $n\times 1$ 非零列矩阵 $\boldsymbol{X}$，有 $\boldsymbol{X}^{\mathrm{T}}\boldsymbol{A}\boldsymbol{X}=0$ 的充分必要条件是 $\boldsymbol{A}$ 是反对称矩阵.

证明 (1) 充分性. 设 $\boldsymbol{A}$ 是反对称矩阵，即 $\boldsymbol{A}^{\mathrm{T}}=-\boldsymbol{A}$.

对任何 $n\times 1$ 非零列矩阵 $\boldsymbol{X}$，首先注意到 $\boldsymbol{X}^{\mathrm{T}}\boldsymbol{A}\boldsymbol{X}$ 是一个数，故 $(\boldsymbol{X}^{\mathrm{T}}\boldsymbol{A}\boldsymbol{X})^{\mathrm{T}}=\boldsymbol{X}^{\mathrm{T}}\boldsymbol{A}\boldsymbol{X}$.

再把 $\boldsymbol{X}^{\mathrm{T}}\boldsymbol{A}\boldsymbol{X}$ 看作矩阵的运算，故 $(\boldsymbol{X}^{\mathrm{T}}\boldsymbol{A}\boldsymbol{X})^{\mathrm{T}}=\boldsymbol{X}^{\mathrm{T}}\boldsymbol{A}^{\mathrm{T}}\boldsymbol{X}=-\boldsymbol{X}^{\mathrm{T}}\boldsymbol{A}\boldsymbol{X}$，从而

$$\boldsymbol{X}^{\mathrm{T}}\boldsymbol{A}\boldsymbol{X}=-\boldsymbol{X}^{\mathrm{T}}\boldsymbol{A}\boldsymbol{X}\Rightarrow\boldsymbol{X}^{\mathrm{T}}\boldsymbol{A}\boldsymbol{X}=0$$

(2) 必要性. 取 $\boldsymbol{X}=\boldsymbol{e}_i$，则

$$\boldsymbol{X}^{\mathrm{T}}\boldsymbol{A}\boldsymbol{X}=\boldsymbol{e}_i^{\mathrm{T}}\boldsymbol{A}\boldsymbol{e}_i=a_{ii}=0$$

再取 $\boldsymbol{X}=\boldsymbol{e}_i+\boldsymbol{e}_j\ (i\neq j)$，则

$$\begin{aligned}\boldsymbol{X}^{\mathrm{T}}\boldsymbol{A}\boldsymbol{X}&=(\boldsymbol{e}_i^{\mathrm{T}}+\boldsymbol{e}_j^{\mathrm{T}})\boldsymbol{A}(\boldsymbol{e}_i+\boldsymbol{e}_j)=\boldsymbol{e}_i^{\mathrm{T}}\boldsymbol{A}\boldsymbol{e}_i+\boldsymbol{e}_i^{\mathrm{T}}\boldsymbol{A}\boldsymbol{e}_j+\boldsymbol{e}_j^{\mathrm{T}}\boldsymbol{A}\boldsymbol{e}_i+\boldsymbol{e}_j^{\mathrm{T}}\boldsymbol{A}\boldsymbol{e}_j\\&=a_{ii}+a_{ij}+a_{ji}+a_{ii}=a_{ij}+a_{ji}=0\end{aligned}$$

从而，$a_{ij}=-a_{ji}$，这说明 $\boldsymbol{A}$ 是反对称矩阵.

7. 设 $\boldsymbol{A}^k=\boldsymbol{O}(k\geqslant 1)$，证明 $\boldsymbol{E}-\boldsymbol{A}$ 可逆，且

$$(\boldsymbol{E}-\boldsymbol{A})^{-1}=\boldsymbol{E}+\boldsymbol{A}+\boldsymbol{A}^2+\cdots+\boldsymbol{A}^{k-1}$$

证明 由 $\boldsymbol{A}^k=\boldsymbol{O}$,得

$$(\boldsymbol{E}-\boldsymbol{A})(\boldsymbol{E}+\boldsymbol{A}+\boldsymbol{A}^2+\cdots+\boldsymbol{A}^{k-1})=\boldsymbol{E}-\boldsymbol{A}^k=\boldsymbol{E}$$

于是 $\boldsymbol{E}-\boldsymbol{A}$ 可逆,且

$$(\boldsymbol{E}-\boldsymbol{A})^{-1}=\boldsymbol{E}+\boldsymbol{A}+\boldsymbol{A}^2+\cdots+\boldsymbol{A}^{k-1}$$

8. 设
$$\boldsymbol{A}=\begin{bmatrix}-1&1&1&-1\\1&-1&-1&1\\1&-1&-1&1\\-1&1&1&-1\end{bmatrix}$$

(1) 求 $\boldsymbol{A}^2$;

(2) 证明 $\boldsymbol{A}+2\boldsymbol{E}$ 可逆，并求 $(\boldsymbol{A}+2\boldsymbol{E})^{-1}$.

解 (1) 直接计算得 $\boldsymbol{A}^2=-4\boldsymbol{A}$.

(2) 由于 $\boldsymbol{A}^2=-4\boldsymbol{A}$,因此 $\boldsymbol{A}^2+4\boldsymbol{A}=\boldsymbol{O}$,从而 $\boldsymbol{A}^2+4\boldsymbol{A}+4\boldsymbol{E}=4\boldsymbol{E}$,即

$$(\boldsymbol{A}+2\boldsymbol{E})^2=4\boldsymbol{E}$$

亦即

$$(\boldsymbol{A}+2\boldsymbol{E})\left[\frac{1}{4}(\boldsymbol{A}+2\boldsymbol{E})\right]=\boldsymbol{E}$$

故

$$(\boldsymbol{A}+2\boldsymbol{E})^{-1}=\frac{1}{4}(\boldsymbol{A}+2\boldsymbol{E})$$

即

$$(\boldsymbol{A}+2\boldsymbol{E})^{-1}=\frac{1}{4}\begin{bmatrix}1&1&1&-1\\1&1&-1&1\\1&-1&1&1\\-1&1&1&1\end{bmatrix}$$

9. 证明 n 阶矩阵

$$\boldsymbol{A}=\begin{bmatrix}1+\frac{1}{n}&\frac{1}{n}&\cdots&\frac{1}{n}\\\frac{1}{n}&1+\frac{1}{n}&\cdots&\frac{1}{n}\\\vdots&\vdots&&\vdots\\\frac{1}{n}&\frac{1}{n}&\cdots&1+\frac{1}{n}\end{bmatrix}$$

可逆,并求 $\boldsymbol{A}^{-1}$.

证明 由已知 $\boldsymbol{A}=\boldsymbol{E}+\frac{1}{n}\boldsymbol{\alpha}\boldsymbol{\alpha}^{\mathrm{T}}$,其中 $\boldsymbol{\alpha}=[1,1,\cdots,1]^{\mathrm{T}}$. 记 $\boldsymbol{B}=\boldsymbol{\alpha}\boldsymbol{\alpha}^{\mathrm{T}}$,则

$\boldsymbol{B}^2=n\boldsymbol{B}$.

从而

$$\boldsymbol{A}-\boldsymbol{E}=\frac{1}{n}\boldsymbol{B},\ (\boldsymbol{A}-\boldsymbol{E})^2=\frac{1}{n^2}\boldsymbol{B}^2=\frac{1}{n}\boldsymbol{B}=\boldsymbol{A}-\boldsymbol{E}$$

即

$$\boldsymbol{A}^2-2\boldsymbol{A}+\boldsymbol{E}=\boldsymbol{A}-\boldsymbol{E}$$

从而

$$\boldsymbol{A}\left[\frac{1}{2}(3\boldsymbol{E}-\boldsymbol{A})\right]=\boldsymbol{E}$$

上式说明 $\boldsymbol{A}$ 可逆，且

$$\boldsymbol{A}^{-1}=\frac{1}{2}(3\boldsymbol{E}-\boldsymbol{A})=\frac{1}{2}\begin{pmatrix}2-\frac{1}{n} & -\frac{1}{n} & \cdots & -\frac{1}{n}\\ -\frac{1}{n} & 2-\frac{1}{n} & \cdots & -\frac{1}{n}\\ \vdots & \vdots & & \vdots\\ -\frac{1}{n} & -\frac{1}{n} & \cdots & 2-\frac{1}{n}\end{pmatrix}$$

10. 设 $\boldsymbol{A}=\boldsymbol{E}-\boldsymbol{\alpha}\boldsymbol{\alpha}^{\mathrm{T}}$，其中 $\boldsymbol{E}$ 是 n 阶单位矩阵，$\boldsymbol{\alpha}$ 是 $n\times 1$ 非零列矩阵，证明

(1) $\boldsymbol{A}^2=\boldsymbol{A}$ 的充要条件是 $\boldsymbol{\alpha}^{\mathrm{T}}\boldsymbol{\alpha}=1$.

(2) 证明当 $\boldsymbol{\alpha}^{\mathrm{T}}\boldsymbol{\alpha}=1$ 时，$\boldsymbol{A}$ 是不可逆矩阵.

解 (1) 由已知 $\boldsymbol{A}^2=(\boldsymbol{E}-\boldsymbol{\alpha}\boldsymbol{\alpha}^{\mathrm{T}})^2=\boldsymbol{E}-2\boldsymbol{\alpha}\boldsymbol{\alpha}^{\mathrm{T}}+(\boldsymbol{\alpha}^{\mathrm{T}}\boldsymbol{\alpha})\boldsymbol{\alpha}\boldsymbol{\alpha}^{\mathrm{T}}$，则 $\boldsymbol{A}^2=\boldsymbol{A}$ 的充要条件 $\boldsymbol{\alpha}^{\mathrm{T}}\boldsymbol{\alpha}-2=-1$，即 $\boldsymbol{\alpha}^{\mathrm{T}}\boldsymbol{\alpha}=1$.

(2) 反证法：首先由(1)知，当 $\boldsymbol{\alpha}^{\mathrm{T}}\boldsymbol{\alpha}=1$ 时，有 $\boldsymbol{A}^2=\boldsymbol{A}$.

假设 $\boldsymbol{A}$ 可逆，则由 $\boldsymbol{A}^2=\boldsymbol{A}$ 可得

$$\boldsymbol{A}(\boldsymbol{A}-\boldsymbol{E})=\boldsymbol{O}$$

两边左乘 $\boldsymbol{A}^{-1}$ 得

$$\boldsymbol{A}-\boldsymbol{E}=\boldsymbol{O}$$

即

$$\boldsymbol{A}=\boldsymbol{E}$$

与已知条件 $\boldsymbol{A}=\boldsymbol{E}-\boldsymbol{\alpha}\boldsymbol{\alpha}^{\mathrm{T}}$ 矛盾！因此 $\boldsymbol{A}$ 是不可逆矩阵.

11. 设 $f(x)=a_0+a_1x+a_2x^2+\cdots+a_sx^s$，其中 $a_0\neq 0$，$\boldsymbol{A}$ 是 n 阶方阵，且 $f(\boldsymbol{A})=\boldsymbol{O}$，证明 $\boldsymbol{A}$ 可逆，并求 $\boldsymbol{A}^{-1}$.

解 由 $f(\boldsymbol{A})=\boldsymbol{O}$ 得

$$f(\boldsymbol{A})=a_0\boldsymbol{E}+a_1\boldsymbol{A}+a_2\boldsymbol{A}^2+\cdots+a_s\boldsymbol{A}^s=\boldsymbol{O}$$

从而

$$a_1\boldsymbol{A}+a_2\boldsymbol{A}^2+\cdots+a_s\boldsymbol{A}^s=-a_0\boldsymbol{E}$$

因为 $a_0\neq 0$,所以

$$-\frac{1}{a_0}(a_1\boldsymbol{E}+a_2\boldsymbol{A}+\cdots+a_s\boldsymbol{A}^{s-1})\boldsymbol{A}=\boldsymbol{E}$$

因此 $\boldsymbol{A}$ 可逆,并且

$$\boldsymbol{A}^{-1}=-\frac{1}{a_0}(a_1\boldsymbol{E}+a_2\boldsymbol{A}+\cdots+a_s\boldsymbol{A}^{s-1})$$

12. 设 $\boldsymbol{A},\boldsymbol{B}$ 均为 3 阶方阵, 满足 $\boldsymbol{AB}+\boldsymbol{E}=\boldsymbol{A}^2+\boldsymbol{B}$, 其中 $\boldsymbol{A}=\begin{pmatrix}1&0&1\\0&2&0\\-1&0&1\end{pmatrix}$, 求 $\boldsymbol{B}$.

解 由 $\boldsymbol{AB}+\boldsymbol{E}=\boldsymbol{A}^2+\boldsymbol{B}$,可得 $\boldsymbol{AB}-\boldsymbol{B}=\boldsymbol{A}^2-\boldsymbol{E}$,即

$$(\boldsymbol{A}-\boldsymbol{E})\boldsymbol{B}=(\boldsymbol{A}-\boldsymbol{E})(\boldsymbol{A}+\boldsymbol{E})$$

而 $\boldsymbol{A}-\boldsymbol{E}=\begin{pmatrix}0&0&1\\0&1&0\\-1&0&0\end{pmatrix}$可逆,因此

$$\boldsymbol{B}=\boldsymbol{A}+\boldsymbol{E}=\begin{pmatrix}2&0&1\\0&3&0\\-1&0&2\end{pmatrix}$$

13. 已知矩阵

$$\boldsymbol{A}=\begin{pmatrix}1&0&0\\1&1&0\\1&1&1\end{pmatrix},\ \boldsymbol{B}=\begin{pmatrix}0&1&1\\1&0&1\\1&1&0\end{pmatrix}$$

且矩阵 $\boldsymbol{X}$ 满足 $\boldsymbol{AXA}+\boldsymbol{BXB}=\boldsymbol{AXB}+\boldsymbol{BXA}+\boldsymbol{E}$, 求 $\boldsymbol{X}$.

解 对 $\boldsymbol{AXA}+\boldsymbol{BXB}=\boldsymbol{AXB}+\boldsymbol{BXA}+\boldsymbol{E}$ 整理得

$$\boldsymbol{AX}(\boldsymbol{A}-\boldsymbol{B})+\boldsymbol{BX}(\boldsymbol{B}-\boldsymbol{A})=\boldsymbol{E}$$

从而

$$(\boldsymbol{A}-\boldsymbol{B})\boldsymbol{X}(\boldsymbol{A}-\boldsymbol{B})=\boldsymbol{E}$$

又因为 $\boldsymbol{A}-\boldsymbol{B}=\begin{pmatrix}1&-1&-1\\0&1&-1\\0&0&1\end{pmatrix}$可逆,所以

$$\boldsymbol{X}=[(\boldsymbol{A}-\boldsymbol{B})^{-1}]^2=\begin{pmatrix}1&2&5\\0&1&2\\0&0&1\end{pmatrix}$$

14. 设 n 阶矩阵 $\boldsymbol{A}$ 和 $\boldsymbol{B}$ 满足 $\boldsymbol{A}+\boldsymbol{B}=\boldsymbol{AB}$.

(1) 证明 $\boldsymbol{A}-\boldsymbol{E}$ 可逆，并求 $(\boldsymbol{A}-\boldsymbol{E})^{-1}$；

(2) 证明 $\boldsymbol{AB}=\boldsymbol{BA}$；

(3) 已知 $\boldsymbol{B}=\begin{pmatrix}1 & -3 & 0\\ 2 & 1 & 0\\ 0 & 0 & 2\end{pmatrix}$，求矩阵 $\boldsymbol{A}$.

证明 (1) 由 $\boldsymbol{A}+\boldsymbol{B}=\boldsymbol{AB}$ 可得

$$\boldsymbol{A}-(\boldsymbol{A}-\boldsymbol{E})\boldsymbol{B}=\boldsymbol{O}$$

从而

$$\boldsymbol{A}-\boldsymbol{E}-(\boldsymbol{A}-\boldsymbol{E})\boldsymbol{B}=-\boldsymbol{E}$$

即

$$(\boldsymbol{A}-\boldsymbol{E})(\boldsymbol{B}-\boldsymbol{E})=\boldsymbol{E}$$

因此 $\boldsymbol{A}-\boldsymbol{E}$ 可逆,并且

$$(\boldsymbol{A}-\boldsymbol{E})^{-1}=\boldsymbol{B}-\boldsymbol{E}$$

(2) 由(1)可知

$$(\boldsymbol{B}-\boldsymbol{E})(\boldsymbol{A}-\boldsymbol{E})=(\boldsymbol{A}-\boldsymbol{E})(\boldsymbol{B}-\boldsymbol{E})=\boldsymbol{E}$$

两边展开整理可得

$$\boldsymbol{AB}=\boldsymbol{BA}$$

(3) 由 $(\boldsymbol{A}-\boldsymbol{E})(\boldsymbol{B}-\boldsymbol{E})=\boldsymbol{E}$ 可得

$$\boldsymbol{A}=(\boldsymbol{B}-\boldsymbol{E})^{-1}+\boldsymbol{E}$$

经计算

$$\boldsymbol{A}=\begin{pmatrix}1 & \frac{1}{2} & 0\\ -\frac{1}{3} & 1 & 0\\ 0 & 0 & 2\end{pmatrix}$$

15. 设 $\boldsymbol{A}=\begin{pmatrix}0 & 10 & 6\\ 1 & -3 & -3\\ -2 & 10 & 8\end{pmatrix}$，$\boldsymbol{P}=\begin{pmatrix}2 & 2 & 3\\ 1 & -1 & 0\\ -1 & 2 & 1\end{pmatrix}$.

(1) 求 $\boldsymbol{P}^{-1}\boldsymbol{AP}$；

(2) 求 $\boldsymbol{A}^k$（k 为正整数）.

解 (1) 由 $\boldsymbol{P}^{-1}=\begin{pmatrix}1 & -4 & -3\\ 1 & -5 & -3\\ -1 & 6 & 4\end{pmatrix}$ 可得

$$P^{-1}AP=\begin{pmatrix}2&0&0\\0&1&0\\0&0&2\end{pmatrix}$$

(2) 由(1) 知 $P^{-1}AP=\begin{pmatrix}2&0&0\\0&1&0\\0&0&2\end{pmatrix}=D$,则

$$A=P\begin{pmatrix}2&0&0\\0&1&0\\0&0&2\end{pmatrix}P^{-1}$$

从而

$$\begin{aligned}A^k&=PD^kP^{-1}\\&=\begin{pmatrix}2(1-2^{k-1})&10(2^k-1)&6(2^k-1)\\2^k-1&5-2^{k+2}&3(1-2^k)\\2(1-2^k)&10(2^k-1)&7\times2^k-6\end{pmatrix}\end{aligned}$$

16. 设 A,B 和 $A+B$ 都是可逆矩阵,证明 $A^{-1}+B^{-1}$ 也是可逆矩阵,且

$$(A^{-1}+B^{-1})^{-1}=A\,(A+B)^{-1}B=B\,(A+B)^{-1}A$$

证明 $A^{-1}+B^{-1}=A^{-1}(E+AB^{-1})=A^{-1}(B+A)B^{-1}=A^{-1}(A+B)B^{-1}$,因此 $A^{-1}+B^{-1}$ 为 3 个可逆矩阵的乘积,故也可逆. 且

$$(A^{-1}+B^{-1})^{-1}=B\,(A+B)^{-1}A$$

也可另证为

$$A^{-1}+B^{-1}=B^{-1}(BA^{-1}+E)=B^{-1}(B+A)A^{-1}=B^{-1}(A+B)A^{-1}$$

又可得 $A^{-1}+B^{-1}$ 可逆,且

$$(A^{-1}+B^{-1})^{-1}=A\,(A+B)^{-1}B$$

第三章　行列式及其应用

本 章 导 读

行列式起源于求解线性方程组,它比矩阵的产生早了约100年. 但是,现在求解线性方程组几乎不用行列式的方法,而被矩阵的方法所取代. 尽管如此,行列式的理论仍具有重要的价值,其价值主要体现在理论推导上. 由于在第二章中我们已经学习了矩阵的有关知识,因此在本章中我们用矩阵符号来描述行列式有关性质与定理就特别简单明了.

本章的理论体系

(1) 行列式的定义及其性质.

(2) 行列式展开定理:$\boldsymbol{AA}^*=\boldsymbol{A}^*\boldsymbol{A}=|\boldsymbol{A}|\boldsymbol{E}$.

(3) 行列式乘法定理:$|\boldsymbol{AB}|=|\boldsymbol{A}||\boldsymbol{B}|$($\boldsymbol{A},\boldsymbol{B}$ 为同阶方阵).

(4) 方阵 $\boldsymbol{A}$ 可逆的充要条件是 $|\boldsymbol{A}|\neq 0$,且当 $\boldsymbol{A}$ 可逆时,$\boldsymbol{A}$ 的逆矩阵可表示为

$$\boldsymbol{A}^{-1}=\frac{1}{|\boldsymbol{A}|}\boldsymbol{A}^*$$

(5) 克拉默法则:设 $\boldsymbol{A}$ 为可逆矩阵,则线性方程组 $\boldsymbol{Ax}=\boldsymbol{b}$ 有唯一解,其解可表示为

$$\boldsymbol{x}=\boldsymbol{A}^{-1}\boldsymbol{b}=\frac{\boldsymbol{A}^*}{|\boldsymbol{A}|}\boldsymbol{b}\quad \text{或}\quad x_i=\frac{D_i}{D}\quad (i=1,\cdots,n)$$

本章的学习重点与基本要求

(1) 理解、掌握行列式的定义.

(2) 掌握行列式的性质,会用行列式的性质计算行列式,并能进行一定的理论证明.

(3) 掌握上面理论体系中行列式的定理(2)、(3)、(4),并会利用这些定理进行理论证明.

§3.1　行列式的定义

一、内容提要

1. 行列式的递归定义

设 $\boldsymbol{A}=[a_{ij}]$ 为 n 阶矩阵，当 $n=1$ 时，定义 $|\boldsymbol{A}|=a_{11}$.

假设对 $n-1$ 阶方阵已定义了其行列式，则对 n 阶方阵 $\boldsymbol{A}=[a_{ij}]$，定义 $\boldsymbol{A}$ 的行列式 $|\boldsymbol{A}|$ 为

$$|\boldsymbol{A}|=\sum_{j=1}^{n}a_{1j}(-1)^{1+j}M_{1j}=\sum_{j=1}^{n}a_{1j}A_{1j} \tag{3.1}$$

其中，M_{1j} 和 A_{1j} 分别表示元素 a_{1j} 的余子式和代数余子式.

2. 上(下)三角形矩阵的行列式

$$\begin{vmatrix} a_{11} & & & \\ a_{21} & a_{22} & & \\ \vdots & \vdots & \ddots & \\ a_{n1} & a_{n2} & \cdots & a_{nn} \end{vmatrix}=\begin{vmatrix} a_{11} & a_{12} & \cdots & a_{1n} \\ & a_{22} & \cdots & a_{2n} \\ & & \ddots & \vdots \\ & & & a_{nn} \end{vmatrix}=\begin{vmatrix} a_{11} & & & \\ & a_{22} & & \\ & & \ddots & \\ & & & a_{nn} \end{vmatrix}=a_{11}a_{22}\cdots a_{nn}$$

二、典型例题

例 1　计算行列式 $D=\begin{vmatrix} 1 & 2 & 3 \\ 3 & 2 & 1 \\ 2 & 1 & 3 \end{vmatrix}$.

解法 1　按行列式的定义计算得

$$\begin{aligned} D&=1\times\begin{vmatrix} 2 & 1 \\ 1 & 3 \end{vmatrix}-2\times\begin{vmatrix} 3 & 1 \\ 2 & 3 \end{vmatrix}+3\times\begin{vmatrix} 3 & 2 \\ 2 & 1 \end{vmatrix} \\ &=1\times5-2\times7+3\times(-1)=-12 \end{aligned}$$

解法 2　按 3 阶行列式的对角线法则计算得

$$\begin{aligned} D&=\begin{vmatrix} 1 & 2 & 3 \\ 3 & 2 & 1 \\ 2 & 1 & 3 \end{vmatrix} \\ &=1\times2\times3+2\times1\times2+3\times1\times3-3\times2\times2-3\times2\times3-1\times1\times1 \\ &=-12 \end{aligned}$$

例 2 设 $D=\begin{vmatrix} 1 & 2 & 5 & 4 \\ -1 & 2 & 3 & -2 \\ 2 & 2 & 2 & 2 \\ 4 & 2 & -2 & 1 \end{vmatrix}$,求 D 的第 3 列元素的代数余子式.

解 根据行列式代数余子式的定义,计算得

$$A_{13}=(-1)^{1+3}\begin{vmatrix} -1 & 2 & -2 \\ 2 & 2 & 2 \\ 4 & 2 & 1 \end{vmatrix}=22;\ A_{23}=(-1)^{2+3}\begin{vmatrix} 1 & 2 & 4 \\ 2 & 2 & 2 \\ 4 & 2 & 1 \end{vmatrix}=6;$$

$$A_{33}=(-1)^{3+3}\begin{vmatrix} 1 & 2 & 4 \\ -1 & 2 & -2 \\ 4 & 2 & 1 \end{vmatrix}=-48;\ A_{43}=(-1)^{4+3}\begin{vmatrix} 1 & 2 & 4 \\ -1 & 2 & -2 \\ 2 & 2 & 2 \end{vmatrix}=20$$

例 3(本节习题 2) 设 $\boldsymbol{A}=[a_{ij}]_{4\times 4}$,$D=|\boldsymbol{A}|$.

(1) 在 D 的展开式中,有没有项 $a_{12}a_{24}a_{33}a_{42}$? 有没有项 $a_{11}a_{24}a_{32}a_{43}$?

(2) 在 D 的展开式中,项 $a_{14}a_{23}a_{32}a_{41}$ 的符号是正号还是负号? 该项的符号与其他位置上的元素的取值有没有关系? 我们能否将 D 的其他位置上的元素全取为 0,然后通过计算 D 的值来确定项 $a_{14}a_{23}a_{32}a_{41}$ 的符号?

解 (1) 在 D 的展开式中,没有项 $a_{12}a_{24}a_{33}a_{42}$,有项 $a_{11}a_{24}a_{32}a_{43}$,因为 D 的展开式中的每一项都是取自不同行不同列的元素的乘积.

(2) 在 D 的展开式中每一项的符号与其他位置上的元素的取值没有关系,因此计算行列式

$$\begin{vmatrix} 0 & 0 & 0 & a_{14} \\ 0 & 0 & a_{23} & 0 \\ 0 & a_{32} & 0 & 0 \\ a_{41} & 0 & 0 & 0 \end{vmatrix}=-a_{14}\begin{vmatrix} 0 & 0 & a_{23} \\ 0 & a_{32} & 0 \\ a_{41} & 0 & 0 \end{vmatrix}=-a_{14}a_{23}\begin{vmatrix} 0 & a_{32} \\ a_{41} & 0 \end{vmatrix}$$

$$=a_{14}a_{23}a_{32}a_{41}$$

可知,项 $a_{14}a_{23}a_{32}a_{41}$ 的符号是正号.

§3.2 行列式的性质

一、内容提要

1. 行列式展开定理

定理 1 行列式展开定理

设 $\boldsymbol{A}=[a_{ij}]$为 n 阶矩阵,则

$$\sum_{k=1}^{n} a_{ik}A_{jk} = \begin{cases} |\boldsymbol{A}|, & (j=i) \\ 0, & (j \neq i) \end{cases}, \quad \sum_{k=1}^{n} a_{ki}A_{kj} = \begin{cases} |\boldsymbol{A}|, & (j=i) \\ 0, & (j \neq i) \end{cases} \tag{3.2}$$

$$(i,j=1,2,\cdots,n)$$

即行列式等于其任一行(列)元素与其对应的代数余子式乘积之和(亦即行列式可按任一行或任一列展开);任一行(列)元素与另一行(列)元素所对应的代数余子式乘积之和为零.

式(3.2)又可用矩阵表示为(见§3.3)

$$\boldsymbol{AA}^* = \boldsymbol{A}^*\boldsymbol{A} = |\boldsymbol{A}|\boldsymbol{E}$$

2. 行列式的性质

性质 1　矩阵 $\boldsymbol{A}$ 与其转置矩阵 $\boldsymbol{A}^T$ 的行列式的值相等. 即 $|\boldsymbol{A}| = |\boldsymbol{A}^T|$,如

$$\begin{vmatrix} a_{11} & a_{12} & a_{13} \\ a_{21} & a_{22} & a_{23} \\ a_{31} & a_{32} & a_{33} \end{vmatrix} = \begin{vmatrix} a_{11} & a_{21} & a_{31} \\ a_{12} & a_{22} & a_{32} \\ a_{13} & a_{23} & a_{33} \end{vmatrix}$$

性质 2　对换矩阵 $\boldsymbol{A}$ 的两行(列),其行列式的值变号. 如

$$\begin{vmatrix} a_{11} & a_{12} & a_{13} \\ a_{21} & a_{22} & a_{23} \\ a_{31} & a_{32} & a_{33} \end{vmatrix} = -\begin{vmatrix} a_{31} & a_{32} & a_{33} \\ a_{21} & a_{22} & a_{23} \\ a_{11} & a_{12} & a_{13} \end{vmatrix}$$

性质 3　矩阵 $\boldsymbol{A}$ 中有两行(列)相同,其行列式的值为零. 如

$$\begin{vmatrix} a & b & c \\ * & * & * \\ a & b & c \end{vmatrix} = 0$$

性质 4　矩阵 $\boldsymbol{A}$ 中某行(列)的元素有公因子,则可把公因子提到行列式外. 如

$$\begin{vmatrix} a_{11} & a_{12} & a_{13} \\ ka_{21} & ka_{22} & ka_{23} \\ a_{31} & a_{32} & a_{33} \end{vmatrix} = k\begin{vmatrix} a_{11} & a_{12} & a_{13} \\ a_{21} & a_{22} & a_{23} \\ a_{31} & a_{32} & a_{33} \end{vmatrix}$$

性质 5　矩阵 $\boldsymbol{A}$ 中有一行(列)为零,其行列式的值为零. 如

$$\begin{vmatrix} a_{11} & a_{12} & a_{13} \\ 0 & 0 & 0 \\ a_{31} & a_{32} & a_{33} \end{vmatrix} = 0$$

性质 6　矩阵 $\boldsymbol{A}$ 中有两行(列)元素对应成比例,其行列式的值为零. 如

$$\begin{vmatrix} a & b & c \\ * & * & * \\ ka & kb & kc \end{vmatrix} = 0$$

性质 7 矩阵 $\boldsymbol{A}$ 中某一行(列)的所有元素均为两个数之和,则其行列式等于两个行列式的和.如

$$\begin{vmatrix} a_{11} & a_{12} & a_{13} \\ a_{21}+a'_{21} & a_{22}+a'_{22} & a_{23}+a'_{23} \\ a_{31} & a_{32} & a_{33} \end{vmatrix} = \begin{vmatrix} a_{11} & a_{12} & a_{13} \\ a_{21} & a_{22} & a_{23} \\ a_{31} & a_{32} & a_{33} \end{vmatrix} + \begin{vmatrix} a_{11} & a_{12} & a_{13} \\ a'_{21} & a'_{22} & a'_{23} \\ a_{31} & a_{32} & a_{33} \end{vmatrix}$$

性质 8 把矩阵 $\boldsymbol{A}$ 的某一行(列)的 k 倍加到另一行(列)上去,其行列式的值不变.如

$$\begin{vmatrix} a_{11} & a_{12} & a_{13} \\ a_{21} & a_{22} & a_{23} \\ a_{31} & a_{32} & a_{33} \end{vmatrix} = \begin{vmatrix} a_{11} & a_{12} & a_{13} \\ a_{21}+ka_{11} & a_{22}+ka_{12} & a_{23}+ka_{13} \\ a_{31} & a_{32} & a_{33} \end{vmatrix}$$

3. 特殊矩阵的行列式

(1) 范德蒙德行列式

$$D_n = \begin{vmatrix} 1 & 1 & \cdots & 1 & 1 \\ a_1 & a_2 & \cdots & a_{n-1} & a_n \\ a_1^2 & a_2^2 & \cdots & a_{n-1}^2 & a_n^2 \\ \vdots & \vdots & & \vdots & \vdots \\ a_1^{n-1} & a_2^{n-1} & \cdots & a_{n-1}^{n-1} & a_n^{n-1} \end{vmatrix} = \prod_{1 \leqslant j < i \leqslant n} (a_i - a_j)$$

(2) 分块矩阵的行列式

$$\begin{vmatrix} \boldsymbol{A} & \boldsymbol{C} \\ \boldsymbol{O} & \boldsymbol{B} \end{vmatrix} = \begin{vmatrix} \boldsymbol{A} & \boldsymbol{O} \\ \boldsymbol{D} & \boldsymbol{B} \end{vmatrix} = \begin{vmatrix} \boldsymbol{A} & \boldsymbol{O} \\ \boldsymbol{O} & \boldsymbol{B} \end{vmatrix} = |\boldsymbol{A}|\,|\boldsymbol{B}|$$

其中 $\boldsymbol{A}$ 是 m 阶方阵,$\boldsymbol{B}$ 是 n 阶方阵.

4. 行列式乘法定理

定理 2(行列式乘法定理)

设 $\boldsymbol{A},\boldsymbol{B}$ 都是 n 阶方阵,则 $|\boldsymbol{AB}| = |\boldsymbol{A}|\,|\boldsymbol{B}|$.

二、典型例题

例 1 已知 $\boldsymbol{A}=\begin{pmatrix} 1 & 1 & 1 \\ 2 & -1 & 0 \\ 1 & 0 & 1 \end{pmatrix}$,$\boldsymbol{B}=\begin{pmatrix} 1 & 0 & 0 \\ 2 & 1 & 0 \\ 0 & 2 & 1 \end{pmatrix}$,试求

(1) $|-2\boldsymbol{B}|$;

(2) $|\boldsymbol{AB}-\boldsymbol{BA}|$.

解 (1)
$$|-2\boldsymbol{B}| = (-2)^3\,|\boldsymbol{B}| = -8\begin{vmatrix} 1 & 0 & 0 \\ 2 & 1 & 0 \\ 0 & 2 & 1 \end{vmatrix} = -8$$

(2) 计算

$$AB-BA=\begin{pmatrix} 2 & 2 & 0 \\ -4 & -2 & -2 \\ -4 & 4 & 0 \end{pmatrix}$$

则

$$|AB-BA|=\begin{vmatrix} 2 & 2 & 0 \\ -4 & -2 & -2 \\ -4 & 4 & 0 \end{vmatrix}=32$$

例 2　计算行列式

$$D=\begin{vmatrix} 1 & -2 & -1 & 4 \\ -1 & 2 & -1 & 0 \\ 1 & -1 & 0 & 2 \\ 2 & 1 & 1 & 0 \end{vmatrix}$$

解　$$D\xlongequal[r_4-2r_1]{\substack{r_2+r_1\\ r_3-r_1}}\begin{vmatrix} 1 & -2 & -1 & 4 \\ 0 & 0 & -2 & 4 \\ 0 & 1 & 1 & -2 \\ 0 & 5 & 3 & -8 \end{vmatrix}\xlongequal{r_2+r_3}\begin{vmatrix} 1 & -2 & -1 & 4 \\ 0 & 1 & -1 & 2 \\ 0 & 1 & 1 & -2 \\ 0 & 5 & 3 & -8 \end{vmatrix}$$

$$\xlongequal[r_4-5r_2]{r_3-r_2}\begin{vmatrix} 1 & -2 & -1 & 4 \\ 0 & 1 & -1 & 2 \\ 0 & 0 & 2 & -4 \\ 0 & 0 & 8 & -18 \end{vmatrix}\xlongequal{r_4-4r_3}\begin{vmatrix} 1 & -2 & -1 & 4 \\ 0 & 1 & -1 & 2 \\ 0 & 0 & 2 & -4 \\ 0 & 0 & 0 & -2 \end{vmatrix}=-4$$

注　通过此例可看出，对于任意阶的行列式只用 r_i+kr_j 类型的变换(相应于矩阵的第三种初等行变换)就可将其化为三角形行列式. 这种方法具有很强的规律性，计算阶数较高的数字行列式是方便的，稍加改进就是计算机中常用的方法.

例 3　计算行列式

$$\begin{vmatrix} a & 1 & 0 & 0 \\ -1 & b & 1 & 0 \\ 0 & -1 & c & 1 \\ 0 & 0 & -1 & d \end{vmatrix}$$

解　$$\begin{vmatrix} a & 1 & 0 & 0 \\ -1 & b & 1 & 0 \\ 0 & -1 & c & 1 \\ 0 & 0 & -1 & d \end{vmatrix}\xlongequal{r_1+ar_2}\begin{vmatrix} 0 & 1+ab & a & 0 \\ -1 & b & 1 & 0 \\ 0 & -1 & c & 1 \\ 0 & 0 & -1 & d \end{vmatrix}$$

$$=(-1)(-1)^3\begin{vmatrix}1+ab & a & 0\\ -1 & c & 1\\ 0 & -1 & d\end{vmatrix}$$

$$\xlongequal{c_3+dc_2}\begin{vmatrix}1+ab & a & ad\\ -1 & c & 1+cd\\ 0 & -1 & 0\end{vmatrix}$$

$$=(-1)(-1)^5\begin{vmatrix}1+ab & ad\\ -1 & 1+cd\end{vmatrix}$$

$$=(1+ab)(1+cd)+ad$$

例 4 计算 n 阶行列式

$$D_n=\begin{vmatrix}1 & n & n & \cdots & n & n\\ n & 2 & n & \cdots & n & n\\ \vdots & \vdots & \vdots & & \vdots & \vdots\\ n & n & n & \cdots & n-1 & n\\ n & n & n & \cdots & n & n\end{vmatrix}$$

解

$$D_n\xlongequal[i=2,3,\cdots,n]{r_i-r_1}\begin{vmatrix}1 & n & n & \cdots & n & n\\ n-1 & 2-n & 0 & \cdots & 0 & 0\\ \vdots & \vdots & \vdots & & \vdots & \vdots\\ n-1 & 0 & 0 & \cdots & -1 & 0\\ n-1 & 0 & 0 & \cdots & 0 & 0\end{vmatrix}$$

$$\xlongequal{\text{按 } r_n \text{ 展开}}(-1)^{n+1}(n-1)\begin{vmatrix}n & n & n & \cdots & n & n\\ 2-n & 0 & 0 & \cdots & 0 & 0\\ 0 & 3-n & 0 & \cdots & 0 & 0\\ \vdots & \vdots & \vdots & & \vdots & \vdots\\ 0 & 0 & 0 & \cdots & -1 & 0\end{vmatrix}_{(n-1)}$$

$$\xlongequal{\text{按 } c_{n-1} \text{ 展开}}(-1)^{2n+1}n(n-1)(-1)^{n-2}(n-2)!=(-1)^{n-1}n!$$

例 5 设矩阵 $\boldsymbol{A}=\begin{bmatrix}2 & 1\\ -1 & 2\end{bmatrix}$,$\boldsymbol{E}$ 为 2 阶单位矩阵,矩阵 $\boldsymbol{B}$ 满足 $\boldsymbol{BA}=\boldsymbol{B}+2\boldsymbol{E}$,求 $|\boldsymbol{B}|$.

解 由 $\boldsymbol{BA}=\boldsymbol{B}+2\boldsymbol{E}$,得 $\boldsymbol{B}(\boldsymbol{A}-\boldsymbol{E})=2\boldsymbol{E}$,两边取行列式,有

$$|\boldsymbol{B}|\cdot|\boldsymbol{A}-\boldsymbol{E}|=4$$

而 $|\boldsymbol{A}-\boldsymbol{E}|=\begin{vmatrix}1 & 1\\ -1 & 1\end{vmatrix}=2$,于是 $|\boldsymbol{B}|=2$.

例 6　$D=\begin{vmatrix} 1 & 2 & 5 & 4 \\ -1 & 2 & 3 & -2 \\ 2 & 2 & 2 & 2 \\ 4 & 2 & -2 & 1 \end{vmatrix}$,求 D 的第 3 列元素的代数余子式之和.

解　由于 D 的第二列元素全为 2,因此,根据行列式的展开定理,

$$a_{12}A_{13}+a_{22}A_{23}+a_{32}A_{33}+a_{42}A_{43}=0$$

从而

$$2(A_{13}+A_{23}+A_{33}+A_{43})=0$$

即

$$A_{13}+A_{23}+A_{33}+A_{43}=0$$

例 7(本节习题 5)　计算下列行列式

(1) $\begin{vmatrix} & & & 1 \\ & & 2 & \\ & \iddots & & \\ n-1 & & & \\ n & & & \end{vmatrix}$　(未写出的元素都是 0,下同);

(2) $\begin{vmatrix} a & & & b \\ & a & & \\ & & \ddots & \\ & & a & \\ b & & & a \end{vmatrix}$;

(3) $D_{n+1}=\begin{vmatrix} a_0 & b_1 & b_2 & \cdots & b_n \\ c_1 & a_1 & 0 & \cdots & 0 \\ c_2 & 0 & a_2 & \cdots & 0 \\ \vdots & \vdots & \vdots & & \vdots \\ c_n & 0 & 0 & \cdots & a_n \end{vmatrix}$　$(a_i\neq 0,i=1,2,\cdots,n)$;

(4) $\begin{vmatrix} a+x_1 & a & \cdots & a & a \\ a & a+x_2 & \cdots & a & a \\ \vdots & \vdots & & \vdots & \vdots \\ a & a & \cdots & a+x_{n-1} & a \\ a & a & \cdots & a & a+x_n \end{vmatrix}$　$(ax_1x_2\cdots x_n\neq 0)$.

解　(1) 将行列式按第一行展开

$$\begin{vmatrix} & & & 1 \\ & & 2 & \\ & \iddots & & \\ n-1 & & & \\ n & & & \end{vmatrix} = (-1)^{n+1} \begin{vmatrix} & & 2 \\ & \iddots & \\ n-1 & & \\ n & & \end{vmatrix} = \cdots$$

$$= (-1)^{(n+1)+n+\cdots+3} n! = (-1)^{\frac{(n-1)(n+4)}{2}} n!$$

$$= (-1)^{\frac{n(n-1)}{2}} n!$$

(2) 将行列式按第一行展开

$$\begin{vmatrix} a & & & & b \\ & a & & & \\ & & \ddots & & \\ & & & a & \\ b & & & & a \end{vmatrix} = a \begin{vmatrix} a & & & \\ & a & & \\ & & \ddots & \\ & & & a \end{vmatrix} + (-1)^{n+1} b \begin{vmatrix} 0 & a & \cdots & 0 \\ \vdots & \vdots & & \vdots \\ 0 & 0 & 0 & a \\ b & 0 & \cdots & 0 \end{vmatrix}$$

$$= a^n + (-1)^{2n+1} b^2 a^{n-2} = a^{n-2}(a^2 - b^2)$$

(3) $D_{n+1} = \begin{vmatrix} a_0 & b_1 & b_2 & \cdots & b_n \\ c_1 & a_1 & 0 & \cdots & 0 \\ c_2 & 0 & a_2 & \cdots & 0 \\ \vdots & \vdots & \vdots & & \vdots \\ c_n & 0 & 0 & \cdots & a_n \end{vmatrix}$

$$\xlongequal[i=1,2,\cdots,n]{r_1 - \frac{b_i}{a_i} r_i} \begin{vmatrix} a_0 - \sum_{i=1}^{n} \frac{c_i b_i}{a_i} & 0 & 0 & \cdots & 0 \\ c_1 & a_1 & 0 & \cdots & 0 \\ c_2 & 0 & a_2 & \cdots & 0 \\ \vdots & \vdots & \vdots & & \vdots \\ c_n & 0 & 0 & \cdots & a_n \end{vmatrix}$$

$$= a_1 a_2 \cdots a_n \left[a_0 - \sum_{i=1}^{n} \frac{c_i}{a_i} b_i\right]$$

(4) $\begin{vmatrix} a+x_1 & a & \cdots & a & a \\ a & a+x_2 & \cdots & a & a \\ \vdots & \vdots & & \vdots & \vdots \\ a & a & \cdots & a+x_{n-1} & a \\ a & a & \cdots & a & a+x_n \end{vmatrix}$

$$\xlongequal[i=2,\cdots,n]{r_i-r_1}\begin{vmatrix} a+x_1 & a & \cdots & a & a \\ -x_1 & x_2 & \cdots & 0 & 0 \\ \vdots & \vdots & & \vdots & \vdots \\ -x_1 & 0 & \cdots & x_{n-1} & 0 \\ -x_1 & 0 & \cdots & 0 & x_n \end{vmatrix}$$

$$\xlongequal[i=2,\cdots,n]{r_1-\frac{a}{x_i}r_i}\begin{vmatrix} a+x_1+\sum_{i=2}^{n}\frac{a}{x_i}x_1 & 0 & \cdots & 0 & 0 \\ -x_1 & x_2 & \cdots & 0 & 0 \\ \vdots & \vdots & & \vdots & \vdots \\ -x_1 & 0 & \cdots & x_{n-1} & 0 \\ -x_1 & 0 & \cdots & 0 & x_n \end{vmatrix}$$

$$=\left[\frac{1}{a}+\sum_{i=1}^{n}\frac{1}{x_i}\right]ax_1x_2\cdots x_n$$

§3.3　行列式的应用

一、内容提要

1. 伴随矩阵

设方阵 $\boldsymbol{A}=[a_{ij}]_{n\times n}$，$A_{ij}$ 表示元素 a_{ij} 的代数余子式. 定义矩阵

$$\boldsymbol{A}^*=[A_{ij}]^{\mathrm{T}}=\begin{pmatrix} A_{11} & A_{21} & \cdots & A_{n1} \\ A_{12} & A_{22} & \cdots & A_{n2} \\ \vdots & \vdots & & \vdots \\ A_{1n} & A_{2n} & \cdots & A_{nn} \end{pmatrix}$$

称矩阵 $\boldsymbol{A}^*$ 为矩阵 $\boldsymbol{A}$ 的**伴随矩阵**.

2. 行列式展开定理的矩阵表示

定理 1′(行列式展开定理)

设 $\boldsymbol{A}$ 为 n 阶方阵，则

$$\boldsymbol{A}\boldsymbol{A}^*=\boldsymbol{A}^*\boldsymbol{A}=|\boldsymbol{A}|\boldsymbol{E}$$

3. 可逆矩阵与非奇异矩阵的关系

定理 3　方阵 $\boldsymbol{A}$ 是可逆矩阵的充分必要条件是 $\boldsymbol{A}$ 为非奇异矩阵(即 $|\boldsymbol{A}|\neq 0$). 且当 $\boldsymbol{A}$ 可逆时，其逆矩阵

$$\boldsymbol{A}^{-1}=\frac{1}{|\boldsymbol{A}|}\boldsymbol{A}^*$$

4. 克拉默法则

定理 4(克拉默法则)

设含 n 个未知量、n 个方程的非齐次线性方程组

$$\begin{cases} a_{11}x_1+a_{12}x_2+\cdots+a_{1n}x_n=b_1 \\ a_{21}x_1+a_{22}x_2+\cdots+a_{2n}x_n=b_2 \\ \cdots\cdots \\ a_{n1}x_1+a_{n2}x_2+\cdots+a_{nn}x_n=b_n \end{cases} \tag{3.3}$$

的系数矩阵的行列式

$$D=\begin{vmatrix} a_{11} & a_{12} & \cdots & a_{1n} \\ a_{21} & a_{22} & \cdots & a_{2n} \\ \vdots & \vdots & & \vdots \\ a_{n1} & a_{n2} & \cdots & a_{nn} \end{vmatrix}\neq 0$$

则方程组(3.3)有唯一解,且其解为

$$x_1=\frac{D_1}{D},x_2=\frac{D_2}{D},\cdots,x_n=\frac{D_n}{D}$$

其中 $D_j(j=1,2,\cdots,n)$是把系数行列式 D 中第 j 列换成 $b_1,b_2,\cdots,b_n$ 而得到的行列式.

定理 4′(克拉默法则的矩阵表示形式)

设$|\boldsymbol{A}|\neq0$,则线性方程组 $\boldsymbol{Ax}=\boldsymbol{b}$ 有唯一解,其解为

$$\boldsymbol{x}=\boldsymbol{A}^{-1}\boldsymbol{b}=\frac{\boldsymbol{A}^*}{|\boldsymbol{A}|}\boldsymbol{b}$$

二、典型例题

例 1 设 $\boldsymbol{A}$ 是 n 阶方阵,$|\boldsymbol{A}|=-\frac{1}{2}$,计算行列式$|(3\boldsymbol{A})^{-1}-2\boldsymbol{A}^*|$.

解 利用 $\boldsymbol{A}^*=|\boldsymbol{A}|\boldsymbol{A}^{-1}=-\frac{1}{2}\boldsymbol{A}^{-1}$计算.

$$|(3\boldsymbol{A})^{-1}-2\boldsymbol{A}^*|=\left|\frac{1}{3}\boldsymbol{A}^{-1}-2|\boldsymbol{A}|\boldsymbol{A}^{-1}\right|=\left|\frac{1}{3}\boldsymbol{A}^{-1}+\boldsymbol{A}^{-1}\right|=\left|\frac{4}{3}\boldsymbol{A}^{-1}\right|$$
$$=\left(\frac{4}{3}\right)^n|\boldsymbol{A}^{-1}|=\left(\frac{4}{3}\right)^n|\boldsymbol{A}|^{-1}=-2\times\left(\frac{4}{3}\right)^n$$

例 2 设 $\boldsymbol{A}=\begin{pmatrix} 1 & 0 & 0 \\ 2 & 2 & 0 \\ 3 & 4 & 5 \end{pmatrix}$,$\boldsymbol{A}^*$ 是 $\boldsymbol{A}$ 的伴随矩阵,求$(\boldsymbol{A}^*)^{-1}$.

解 由已知$|\boldsymbol{A}|=10$,因此

$$AA^* = |A|E = 10E$$

从而

$$\left(\frac{1}{10}A\right)A^* = E$$

则

$$(A^*)^{-1} = \frac{1}{10}A = \frac{1}{10}\begin{bmatrix} 1 & 0 & 0 \\ 2 & 2 & 0 \\ 3 & 4 & 5 \end{bmatrix}$$

例 3 设 $A=[a_{ij}]$ 为 n 阶矩阵，满足 $AA^{\mathrm{T}}=E$，$|A|=1$，证明 $a_{ij}=A_{ij}$.

证明 $AA^{\mathrm{T}}=E$，则 $A^{-1}=A^{\mathrm{T}}$，从而

$$A^{\mathrm{T}} = A^{-1} = \frac{1}{|A|}A^* = A^*$$

即

$$a_{ij} = A_{ij}$$

例 4 已知非齐次线性方程组

$$\begin{cases} kx_1 + x_2 + x_3 = 1 \\ 3x_1 + kx_2 + 3x_3 = 1 \\ -3x_1 + 3x_2 + kx_3 = 1 \end{cases}$$

有唯一解，求 k.

解 方程组的系数行列式

$$D = \begin{vmatrix} k & 1 & 1 \\ 3 & k & 3 \\ -3 & 3 & k \end{vmatrix} \xrightarrow[c_2-c_3]{c_1-kc_3} \begin{vmatrix} 0 & 0 & 1 \\ 3-3k & k-3 & 3 \\ -3-k^2 & 3-k & k \end{vmatrix} = -\begin{vmatrix} 3k-3 & k-3 \\ k^2+3 & 3-k \end{vmatrix}$$

$$= -(k-3)\begin{vmatrix} 3k-3 & 1 \\ k^2+3 & -1 \end{vmatrix} = (k-3)(3k+k^2) = k(k-3)(k+3)$$

所给方程组有唯一解得充分必要条件是系数行列式 $D\neq 0$，故有

$$k\neq 0,\ k\neq -3,\ k\neq 3$$

例 5 当 a,b 取什么值时，齐次线性方程组

$$\begin{cases} x_1 + x_2 + x_3 + ax_4 = 0 \\ x_1 + 2x_2 + x_3 + x_4 = 0 \\ x_1 + x_2 - 3x_3 + x_4 = 0 \\ x_1 + x_2 + ax_3 + bx_4 = 0 \end{cases}$$

(1) 只有零解；(2) 有非零解.

解 记

$$D=\begin{vmatrix}1&1&1&a\\1&2&1&1\\1&1&-3&1\\1&1&a&b\end{vmatrix}$$

因为

$$D\xlongequal[i=2,3,4]{r_i-r_1}\begin{vmatrix}1&1&1&a\\0&1&0&1-a\\0&0&-4&1-a\\0&0&a-1&b-a\end{vmatrix}$$

$$=\begin{vmatrix}1&0&1-a\\0&-4&1-a\\0&a-1&b-a\end{vmatrix}=\begin{vmatrix}-4&1-a\\a-1&b-a\end{vmatrix}$$

$$=a^2+2a+1-4b$$

所以由克拉默法则可得：

(1) 当 $D\neq0$，即当 a,b 满足 $(a+1)^2\neq4b$ 时，方程组只有零解；

(2) 当 $D=0$，即当 a,b 满足 $(a+1)^2=4b$ 时，原方程组有非零解.

例 6(本节习题 4) 设 n 阶方阵 $\boldsymbol{A}$ 的伴随矩阵为 $\boldsymbol{A}^*$，证明

(1) 若 $|\boldsymbol{A}|=0$，则 $|\boldsymbol{A}^*|=0$；

(2) $|\boldsymbol{A}^*|=|\boldsymbol{A}|^{n-1}$.

证明 (1) 因为

$$\boldsymbol{AA}^*=|\boldsymbol{A}|\boldsymbol{E}$$

当 $|\boldsymbol{A}|=0$ 时，上式成为 $\boldsymbol{AA}^*=\boldsymbol{O}$.

要证 $|\boldsymbol{A}^*|=0$，用反证法：设 $|\boldsymbol{A}^*|\neq0$，则 $\boldsymbol{A}^*$ 是可逆矩阵，用 $(\boldsymbol{A}^*)^{-1}$ 乘 $\boldsymbol{AA}^*=\boldsymbol{O}$ 两边，可得 $\boldsymbol{A}=\boldsymbol{O}$. 于是 $\boldsymbol{A}$ 的所有代数余子式，亦即 $\boldsymbol{A}^*$ 的所有元素均为零，即 $\boldsymbol{A}^*=\boldsymbol{O}$，这与 $\boldsymbol{A}^*$ 是可逆矩阵矛盾.

(2) 分两种情形：

情形 1：$|\boldsymbol{A}|=0$，由(1) $|\boldsymbol{A}^*|=0=|\boldsymbol{A}|^{n-1}$，结论成立；

情形 2：$|\boldsymbol{A}|\neq0$，在 $\boldsymbol{AA}^*=|\boldsymbol{A}|\boldsymbol{E}$ 两边取行列式，得

$$|\boldsymbol{AA}^*|=|\boldsymbol{A}|\,|\boldsymbol{A}^*|=\big|\,|\boldsymbol{A}|\boldsymbol{E}\big|=|\boldsymbol{A}|^n$$

于是

$$|\boldsymbol{A}^*|=|\boldsymbol{A}|^{n-1}$$

例 7(本节习题 5) 设 $\boldsymbol{A}$ 是 n 阶可逆矩阵，证明

(1) $(\boldsymbol{A}^{-1})^*=(\boldsymbol{A}^*)^{-1}$；

(2) $(\boldsymbol{A}^{\mathrm{T}})^*=(\boldsymbol{A}^*)^{\mathrm{T}}$.

证明　(1) 因为 $\boldsymbol{A}\boldsymbol{A}^{*}=|\boldsymbol{A}|\boldsymbol{E}$,并且 $\boldsymbol{A}$ 可逆,则

$$(\boldsymbol{A}^{*})^{-1}=\frac{1}{|\boldsymbol{A}|}\boldsymbol{A}$$

又因为 $\boldsymbol{A}^{-1}(\boldsymbol{A}^{-1})^{*}=|\boldsymbol{A}^{-1}|\boldsymbol{E}$,则

$$(\boldsymbol{A}^{-1})^{*}=|\boldsymbol{A}^{-1}|\boldsymbol{A}=\frac{1}{|\boldsymbol{A}|}\boldsymbol{A}$$

所以

$$(\boldsymbol{A}^{-1})^{*}=(\boldsymbol{A}^{*})^{-1}$$

(2) 由 $\boldsymbol{A}^{\mathrm{T}}(\boldsymbol{A}^{\mathrm{T}})^{*}=|\boldsymbol{A}^{\mathrm{T}}|\boldsymbol{E}=|\boldsymbol{A}|\boldsymbol{E}$ 可得

$$(\boldsymbol{A}^{\mathrm{T}})^{*}=|\boldsymbol{A}|(\boldsymbol{A}^{\mathrm{T}})^{-1}$$

对 $\boldsymbol{A}\boldsymbol{A}^{*}=|\boldsymbol{A}|\boldsymbol{E}$ 两边取转置可得

$$(\boldsymbol{A}^{*})^{\mathrm{T}}\boldsymbol{A}^{\mathrm{T}}=|\boldsymbol{A}|E$$

因为 $\boldsymbol{A}$ 可逆,则 $\boldsymbol{A}^{\mathrm{T}}$ 也可逆,所以

$$(\boldsymbol{A}^{*})^{\mathrm{T}}=|\boldsymbol{A}|(\boldsymbol{A}^{\mathrm{T}})^{-1}$$

因此

$$(\boldsymbol{A}^{\mathrm{T}})^{*}=(\boldsymbol{A}^{*})^{\mathrm{T}}$$

例 8(本节习题 6)　设 $\boldsymbol{A},\boldsymbol{B}$ 均为 n 阶可逆矩阵,证明

(1) $(\boldsymbol{A}\boldsymbol{B})^{*}=\boldsymbol{B}^{*}\boldsymbol{A}^{*}$;

(2) $(\boldsymbol{A}^{*})^{*}=|\boldsymbol{A}|^{n-2}\boldsymbol{A}$.

证明　(1) 因为 $(\boldsymbol{A}\boldsymbol{B})(\boldsymbol{A}\boldsymbol{B})^{*}=|\boldsymbol{A}\boldsymbol{B}|\boldsymbol{E}=|\boldsymbol{A}||\boldsymbol{B}|\boldsymbol{E}$,又 $\boldsymbol{A},\boldsymbol{B}$ 均可逆,则

$$(\boldsymbol{A}\boldsymbol{B})^{*}=|\boldsymbol{A}||\boldsymbol{B}|\boldsymbol{B}^{-1}\boldsymbol{A}^{-1}=\boldsymbol{B}^{*}\boldsymbol{A}^{*}$$

(2) 在 $\boldsymbol{A}^{*}(\boldsymbol{A}^{*})^{*}=|\boldsymbol{A}^{*}|\boldsymbol{E}$ 两边左乘矩阵 $\boldsymbol{A}$,得

$$\boldsymbol{A}\boldsymbol{A}^{*}(\boldsymbol{A}^{*})^{*}=|\boldsymbol{A}^{*}|\boldsymbol{A}$$

则

$$|\boldsymbol{A}|(\boldsymbol{A}^{*})^{*}=|\boldsymbol{A}^{*}|\boldsymbol{A}=|\boldsymbol{A}|^{n-1}\boldsymbol{A}$$

又因为 $\boldsymbol{A}$ 可逆,即 $|\boldsymbol{A}|\neq 0$,所以

$$(\boldsymbol{A}^{*})^{*}=|\boldsymbol{A}|^{n-2}\boldsymbol{A}$$

综合例题解析

例 1　计算行列式

$$D=\begin{vmatrix} a-b-c & 2a & 2a \\ 2b & b-c-a & 2b \\ 2c & 2c & c-a-b \end{vmatrix}$$

解

$$D=\begin{vmatrix} a-b-c & 2a & 2a \\ 2b & b-c-a & 2b \\ 2c & 2c & c-a-b \end{vmatrix}$$

$$\xlongequal{r_1+(r_2+r_3)}(a+b+c)\begin{vmatrix} 1 & 1 & 1 \\ 2b & b-c-a & 2b \\ 2c & 2c & c-a-b \end{vmatrix}$$

$$\xlongequal[r_3-2cr_1]{r_2-2br_1}(a+b+c)\begin{vmatrix} 1 & 1 & 1 \\ 0 & -(a+b+c) & 0 \\ 0 & 0 & -(a+b+c) \end{vmatrix}=(a+b+c)^3$$

例 2 求满足下列方程的实数 x,y,z：

$$\begin{vmatrix} 1 & x & y & z \\ x & 1 & 0 & 0 \\ y & 0 & 1 & 0 \\ z & 0 & 0 & 1 \end{vmatrix}=1$$

解 由

$$\begin{vmatrix} 1 & x & y & z \\ x & 1 & 0 & 0 \\ y & 0 & 1 & 0 \\ z & 0 & 0 & 1 \end{vmatrix}\xlongequal[c_1-zc_4]{\substack{c_1-xc_2 \\ c_1-yc_3}}\begin{vmatrix} 1-x^2-y^2-z^2 & x & y & z \\ 0 & 1 & 0 & 0 \\ 0 & 0 & 1 & 0 \\ 0 & 0 & 0 & 1 \end{vmatrix}=1-x^2-y^2-z^2=1$$

可得

$$x^2+y^2+z^2=0$$

解之得

$$x=y=z=0$$

例 3 设矩阵 $\boldsymbol{A}=\begin{bmatrix} a & b \\ c & d \end{bmatrix}$，且 $ad-bc\neq 0$，求 $\boldsymbol{A}$ 的逆矩阵.

解 因为 $|\boldsymbol{A}|=ad-bc\neq 0$，故 $\boldsymbol{A}$ 可逆，并且

$$A_{11}=d,A_{12}=-c,A_{21}=-b,A_{22}=a$$

于是

$$\boldsymbol{A}^*=\begin{pmatrix} A_{11} & A_{21} \\ A_{12} & A_{22} \end{pmatrix}=\begin{bmatrix} d & -b \\ -c & a \end{bmatrix}$$

所以

$$\boldsymbol{A}^{-1}=\frac{1}{|\boldsymbol{A}|}\boldsymbol{A}^*=\frac{1}{ad-bc}\begin{bmatrix} d & -b \\ -c & a \end{bmatrix}$$

例 4　设 $D=\begin{vmatrix} 3 & 1 & -1 & 2 \\ -5 & 1 & 3 & -4 \\ 2 & 0 & 1 & -1 \\ 1 & -5 & 3 & -3 \end{vmatrix}$，$A_{ij}$ 为 D 的第 i 行第 j 列元素的代数余子式，求 $A_{31}+3A_{32}-2A_{33}+2A_{34}$.

解　分析：代数余子式 A_{ij} 的特点是它与 D 的第 i 行第 j 列元素的数值无关，因此 $A_{31}+3A_{32}-2A_{33}+2A_{34}$ 与 D 的第 3 行元素无关. 令

$$D_1=\begin{vmatrix} 3 & 1 & -1 & 2 \\ -5 & 1 & 3 & -4 \\ 1 & 3 & -2 & 2 \\ 1 & -5 & 3 & -3 \end{vmatrix}$$

则 D_1 与 D 的第 3 行元素的代数余子式是相同的，因此根据行列式展开定理，$A_{31}+3A_{32}-2A_{33}+2A_{34}$ 等于行列式 D_1 的值. 则

$$A_{31}+3A_{32}-2A_{33}+2A_{34}=\begin{vmatrix} 3 & 1 & -1 & 2 \\ -5 & 1 & 3 & -4 \\ 1 & 3 & -2 & 2 \\ 1 & -5 & 3 & -3 \end{vmatrix}$$

$$\xlongequal{c_4+c_3}\begin{vmatrix} 3 & 1 & -1 & 1 \\ -5 & 1 & 3 & -1 \\ 1 & 3 & -2 & 0 \\ 1 & -5 & 3 & 0 \end{vmatrix}$$

$$\xlongequal{r_2+r_1}\begin{vmatrix} 3 & 1 & -1 & 1 \\ -2 & 2 & 2 & 0 \\ 1 & 3 & -2 & 0 \\ 1 & -5 & 3 & 0 \end{vmatrix}$$

$$=-2\begin{vmatrix} -1 & 1 & 1 \\ 1 & 3 & -2 \\ 1 & -5 & 3 \end{vmatrix}$$

$$\xlongequal[r_3+r_1]{r_2+r_1}-2\begin{vmatrix} -1 & 1 & 1 \\ 0 & 4 & -1 \\ 0 & -4 & 4 \end{vmatrix}$$

$$\xlongequal{r_3+r_2}-2\begin{vmatrix} -1 & 1 & 1 \\ 0 & 4 & -1 \\ 0 & 0 & 3 \end{vmatrix}=24$$

例 5 计算行列式

$$D_4=\begin{vmatrix}1+x_1^2 & x_1x_2 & x_1x_3 & x_1x_4\\ x_2x_1 & 1+x_2^2 & x_2x_3 & x_2x_4\\ x_3x_1 & x_3x_2 & 1+x_3^2 & x_3x_4\\ x_4x_1 & x_4x_2 & x_4x_3 & 1+x_4^2\end{vmatrix}$$

解法 1 采用加边法

$$D_4=\begin{vmatrix}1 & 0 & 0 & 0 & 0\\ x_1 & 1+x_1^2 & x_1x_2 & x_1x_3 & x_1x_4\\ x_2 & x_2x_1 & 1+x_2^2 & x_2x_3 & x_2x_4\\ x_3 & x_3x_1 & x_3x_2 & 1+x_3^2 & x_3x_4\\ x_4 & x_4x_1 & x_4x_2 & x_4x_3 & 1+x_4^2\end{vmatrix}$$

$$\xlongequal[i=2,3,4,5]{c_i-x_{i-1}c_1}\begin{vmatrix}1 & -x_1 & -x_2 & -x_3 & -x_4\\ x_1 & 1 & 0 & 0 & 0\\ x_2 & 0 & 1 & 0 & 0\\ x_3 & 0 & 0 & 1 & 0\\ x_4 & 0 & 0 & 0 & 1\end{vmatrix}$$

用爪形行列式的结果得 $D_4=1+\sum\limits_{i=1}^{4}x_i^2$.

解法 2 采用行列式的降阶定理之推论 1

$$\boldsymbol{A}=\begin{pmatrix}1+x_1^2 & x_1x_2 & x_1x_3 & x_1x_4\\ x_2x_1 & 1+x_2^2 & x_2x_3 & x_2x_4\\ x_3x_1 & x_3x_2 & 1+x_3^2 & x_3x_4\\ x_4x_1 & x_4x_2 & x_4x_3 & 1+x_4^2\end{pmatrix}=\boldsymbol{E}+\begin{pmatrix}x_1\\ x_2\\ x_3\\ x_4\end{pmatrix}[x_1,x_2,x_3,x_4]=\boldsymbol{E}+\boldsymbol{x}\boldsymbol{x}^{\mathrm{T}}$$

$$D_4=|\boldsymbol{A}|=|\boldsymbol{E}+\boldsymbol{x}\boldsymbol{x}^{\mathrm{T}}|=1+\boldsymbol{x}^{\mathrm{T}}\boldsymbol{x}=1+\sum_{i=1}^{4}x_i^2$$

例 6 证明:当 $a\neq b$ 时,

$$D_n=\begin{vmatrix}a+b & ab & 0 & \cdots & 0 & 0\\ 1 & a+b & ab & \cdots & 0 & 0\\ 0 & 1 & a+b & \cdots & 0 & 0\\ \vdots & \vdots & \vdots & & \vdots & \vdots\\ 0 & 0 & 0 & \cdots & a+b & ab\\ 0 & 0 & 0 & \cdots & 1 & a+b\end{vmatrix}=\frac{a^{n+1}-b^{n+1}}{a-b}$$

证法 1(归纳法)

当 $n=1$ 时,$D_1=a+b=\dfrac{a^{n+1}-b^{n+1}}{a-b}$,结论成立.

假设当 $n\leqslant k$ 时结论成立,即

$$D_k=\frac{a^{k+1}-b^{k+1}}{a-b}$$

当 $n=k+1$ 时，

$$D_{k+1}=\begin{vmatrix} a+b & ab & 0 & \cdots & 0 & 0 \\ 1 & a+b & ab & \cdots & 0 & 0 \\ 0 & 1 & a+b & \cdots & 0 & 0 \\ \vdots & \vdots & \vdots & & \vdots & \vdots \\ 0 & 0 & 0 & \cdots & a+b & ab \\ 0 & 0 & 0 & \cdots & 1 & a+b \end{vmatrix}$$

$$\xlongequal{\text{按 } c_1 \text{ 展开}} (a+b)D_k+(-1)^{2+1}\begin{vmatrix} ab & 0 & 0 & \cdots & 0 & 0 \\ 1 & a+b & ab & \cdots & 0 & 0 \\ 0 & 1 & a+b & \cdots & 0 & 0 \\ \vdots & \vdots & \vdots & & \vdots & \vdots \\ 0 & 0 & 0 & \cdots & a+b & ab \\ 0 & 0 & 0 & \cdots & 1 & a+b \end{vmatrix}_{(n-1)}$$

$$=(a+b)D_k-abD_{k-1}$$

由归纳假设得

$$\begin{aligned} D_{k+1} &= (a+b)\frac{a^{k+1}-b^{k+1}}{a-b}-ab\,\frac{a^k-b^k}{a-b} \\ &= \frac{a^{k+2}+ba^{k+1}-ab^{k+1}-b^{k+2}-a^{k+1}b+ab^{k+1}}{a-b} \\ &= \frac{a^{(k+1)+1}-b^{(k+1)+1}}{a-b} \end{aligned}$$

从而

$$D_n=\frac{a^{n+1}-b^{n+1}}{a-b}$$

证法 2(递推法)

将行列式按第一列展开，得

$$D_n=(a+b)D_{n-1}-abD_{n-2}$$

将其变形为

$$D_n-aD_{n-1}=bD_{n-1}-abD_{n-2}=b(D_{n-1}-aD_{n-2})$$

$$D_n-bD_{n-1}=aD_{n-1}-abD_{n-2}=a(D_{n-1}-bD_{n-2})$$

反复利用上述公式对行列式进行降阶，则

$$\begin{aligned} D_n-aD_{n-1} &= b(D_{n-1}-aD_{n-2})=b^2(D_{n-2}-aD_{n-3}) \\ &= b^3(D_{n-3}-aD_{n-4})=\cdots=b^{n-2}(D_2-aD_1) \end{aligned}$$

$$=b^{n-2}((a+b)^2-ab-a(a+b))=b^n$$

同理可得

$$D_n-bD_{n-1}=a^n$$

解方程组

$$\begin{cases}D_n-bD_{n-1}=a^n\\D_n-aD_{n-1}=b^n\end{cases}$$

当 $a\neq b$ 时，$D_n=\dfrac{a^{n+1}-b^{n+1}}{a-b}$.

例 7　设 $\boldsymbol{A}$ 是 n 阶实方阵，n 是奇数，且 $\boldsymbol{A}\boldsymbol{A}^{\mathrm{T}}=\boldsymbol{E}$，$|\boldsymbol{A}|=1$，求 $|\boldsymbol{E}-\boldsymbol{A}|$.

解

$$|\boldsymbol{E}-\boldsymbol{A}|=|\boldsymbol{A}\boldsymbol{A}^{\mathrm{T}}-\boldsymbol{A}|=|\boldsymbol{A}(\boldsymbol{A}^{\mathrm{T}}-\boldsymbol{E})|=|\boldsymbol{A}|\,|\boldsymbol{A}^{\mathrm{T}}-\boldsymbol{E}|=1\cdot|(\boldsymbol{A}-\boldsymbol{E})^{\mathrm{T}}|$$
$$=|\boldsymbol{A}-\boldsymbol{E}|=|-(\boldsymbol{E}-\boldsymbol{A})|=(-1)^n|\boldsymbol{E}-\boldsymbol{A}|=-|\boldsymbol{E}-\boldsymbol{A}|$$

移项得

$$2|\boldsymbol{E}-\boldsymbol{A}|=0$$

所以

$$|\boldsymbol{E}-\boldsymbol{A}|=0$$

例 8　设 $\boldsymbol{A}=\begin{pmatrix}1&2&-2\\4&t&3\\3&-1&1\end{pmatrix}$，$\boldsymbol{B}$ 为 3 阶非零矩阵，且 $\boldsymbol{A}\boldsymbol{B}=\boldsymbol{O}$，求 t 的值.

解　将矩阵 $\boldsymbol{B}$ 按列分块，即设 $\boldsymbol{B}=[\boldsymbol{b}_1,\boldsymbol{b}_2,\boldsymbol{b}_3]$，因 $\boldsymbol{B}$ 为非零矩阵，故 $\boldsymbol{b}_1,\boldsymbol{b}_2,\boldsymbol{b}_3$ 中至少有一个为非零向量，即齐次线性方程组 $\boldsymbol{A}\boldsymbol{X}=\boldsymbol{0}$ 有非零解，从而 $|\boldsymbol{A}|=0$，而

$$|\boldsymbol{A}|=\begin{vmatrix}1&2&-2\\4&t&3\\3&-1&1\end{vmatrix}=\begin{vmatrix}1&0&-2\\4&t+3&3\\3&0&1\end{vmatrix}$$
$$=(t+3)\begin{vmatrix}1&-2\\3&1\end{vmatrix}=7(t+3)$$

令 $|\boldsymbol{A}|=0$，得 $t=-3$.

例 9　若 $\boldsymbol{A}^2=\boldsymbol{B}^2=\boldsymbol{E}$，且 $|\boldsymbol{A}|+|\boldsymbol{B}|=0$，试证明：$\boldsymbol{A}+\boldsymbol{B}$ 是不可逆矩阵.

证明　要证明 $\boldsymbol{A}+\boldsymbol{B}$ 不可逆，即证 $|\boldsymbol{A}+\boldsymbol{B}|=0$.

已知 $\boldsymbol{A}^2=\boldsymbol{B}^2=\boldsymbol{E}$，则 $|\boldsymbol{A}|^2=|\boldsymbol{B}|^2=1$，所以 $|\boldsymbol{A}|=\pm1$，$|\boldsymbol{B}|=\pm1$，又 $|\boldsymbol{A}|+|\boldsymbol{B}|=0$，所以 $|\boldsymbol{A}|$ 与 $|\boldsymbol{B}|$ 异号. 不妨设 $|\boldsymbol{A}|>0$，则有

$$|\boldsymbol{A}|=1,\quad |\boldsymbol{B}|=-1$$

于是

$$|\boldsymbol{A}^2+\boldsymbol{AB}|=|\boldsymbol{A}|\,|\boldsymbol{A}+\boldsymbol{B}|=|\boldsymbol{A}+\boldsymbol{B}|$$

另一方面

$$|\boldsymbol{A}^2+\boldsymbol{AB}|=|\boldsymbol{B}^2+\boldsymbol{AB}|=|\boldsymbol{B}+\boldsymbol{A}|\,|\boldsymbol{B}|=-|\boldsymbol{A}+\boldsymbol{B}|$$

从而

$$|\boldsymbol{A}+\boldsymbol{B}|=-|\boldsymbol{B}+\boldsymbol{A}|$$

即

$$|\boldsymbol{A}+\boldsymbol{B}|=0$$

亦即 $\boldsymbol{A}+\boldsymbol{B}$ 是不可逆矩阵.

例 10　设 $\boldsymbol{A}(x_1,y_1)$，$\boldsymbol{B}(x_2,y_2)$是平面上的两个不同点，试证过 $\boldsymbol{A},\boldsymbol{B}$ 两点的直线方程是

$$\begin{vmatrix} 1 & x & y \\ 1 & x_1 & y_1 \\ 1 & x_2 & y_2 \end{vmatrix}=0$$

证明　已知 $\boldsymbol{A},\boldsymbol{B}$ 是平面上的两个不同点，则过 $\boldsymbol{A},\boldsymbol{B}$ 可作一直线，设该直线方程为

$$y=ax+b$$

又 $\boldsymbol{A},\boldsymbol{B}$ 的坐标满足此方程，故有

$$ax_1+b=y_1,ax_2+b=y_2$$

从而齐次线性方程组

$$\begin{cases} xu+\ yv+w=0 \\ x_1u+y_1v+w=0 \\ x_2u+y_2v+w=0 \end{cases}$$

有非零解

$$u=a,v=-1,w=b$$

因此其系数行列式为零，即有

$$\begin{vmatrix} x & y & 1 \\ x_1 & y_1 & 1 \\ x_2 & y_2 & 1 \end{vmatrix}=0$$

亦即

$$\begin{vmatrix} 1 & x & y \\ 1 & x_1 & y_1 \\ 1 & x_2 & y_2 \end{vmatrix}=0$$

即它是所求的直线方程.

习题三解答

1. 计算下列行列式

(1) $D_3=\begin{vmatrix} x & y & x+y \\ y & x+y & x \\ x+y & x & y \end{vmatrix}$；　(2) $D_3=\begin{vmatrix} 1 & 1 & 1 \\ a & b & c \\ a^3 & b^3 & c^3 \end{vmatrix}$；

(3) $D_3=\begin{vmatrix} ax+by & ay+bz & az+bx \\ ay+bz & az+bx & ax+by \\ az+bx & ax+by & ay+bz \end{vmatrix}$；

(4) $D_4=\begin{vmatrix} a & b & c & d \\ a & a+b & a+b+c & a+b+c+d \\ a & 2a+b & 3a+2b+c & 4a+3b+2c+d \\ a & 3a+b & 6a+3b+c & 10a+6b+3c+d \end{vmatrix}$；

(5) 设 α,β,γ 是方程 $x^3+px+q=0$ 的根，计算行列式

$$\begin{vmatrix} \alpha & \beta & \gamma \\ \gamma & \alpha & \beta \\ \beta & \gamma & \alpha \end{vmatrix};$$

(6) $D_5=\begin{vmatrix} 1-a & a & 0 & 0 & 0 \\ -1 & 1-a & a & 0 & 0 \\ 0 & -1 & 1-a & a & 0 \\ 0 & 0 & -1 & 1-a & a \\ 0 & 0 & 0 & -1 & 1-a \end{vmatrix}$.

解　(1) $D_3=\begin{vmatrix} x & y & x+y \\ y & x+y & x \\ x+y & x & y \end{vmatrix}\xlongequal[i=1,2]{r_1+r_i}\begin{vmatrix} 2x+2y & 2x+2y & 2x+2y \\ y & x+y & x \\ x+y & x & y \end{vmatrix}$

$$=2(x+y)\begin{vmatrix} 1 & 1 & 1 \\ y & x+y & x \\ x+y & x & y \end{vmatrix}$$

$$\xlongequal[c_3-c_1]{c_2-c_1} 2(x+y)\begin{vmatrix} 1 & 0 & 0 \\ y & x & x-y \\ x+y & -y & -x \end{vmatrix}$$

$$=2(x+y)\begin{vmatrix} x & x-y \\ -y & -x \end{vmatrix}=-2(x^3+y^3)$$

(2) $D_3=\begin{vmatrix} 1 & 1 & 1 \\ a & b & c \\ a^3 & b^3 & c^3 \end{vmatrix}\xlongequal[c_3-c_1]{c_2-c_1}\begin{vmatrix} 1 & 0 & 0 \\ a & b-a & c-a \\ a^3 & b^3-a^3 & c^3-a^3 \end{vmatrix}$

$$=\begin{vmatrix} b-a & c-a \\ b^3-a^3 & c^3-a^3 \end{vmatrix}=(b-a)(c-a)\begin{vmatrix} 1 & 1 \\ b^2+ab+a^2 & c^2+ac+a^2 \end{vmatrix}$$

$$=(b-a)(c-a)(c-b)(a+b+c)$$

(3) **解法 1**　$D_3=\begin{vmatrix} ax+by & ay+bz & az+bx \\ ay+bz & az+bx & ax+by \\ az+bx & ax+by & ay+bz \end{vmatrix}$

$$\xlongequal[r_1+r_3]{r_1+r_2}(a+b)(x+y+z)\begin{vmatrix} 1 & 1 & 1 \\ ay+bz & az+bx & ax+by \\ az+bx & ax+by & ay+bz \end{vmatrix}$$

$$=(a+b)(x+y+z)\begin{vmatrix} 1 & 0 & 0 \\ ay+bz & a(z-y)+b(x-z) & a(x-y)+b(y-z) \\ az+bx & a(x-z)+b(y-x) & a(y-z)+b(z-x) \end{vmatrix}$$

$$=(a^3+b^3)(3xyz-x^3-y^3-z^3)$$

解法 2　将行列式按第一列拆开得

$$D_3=a\begin{vmatrix} x & ay+bz & az+bx \\ y & az+bx & ax+by \\ z & ax+by & ay+bz \end{vmatrix}+b\begin{vmatrix} y & ay+bz & az+bx \\ z & az+bx & ax+by \\ x & ax+by & ay+bz \end{vmatrix}=aD'+bD''$$

其中 $D'=\begin{vmatrix} x & ay+bz & az+bx \\ y & az+bx & ax+by \\ z & ax+by & ay+bz \end{vmatrix}\xlongequal{c_3-bc_1}a\begin{vmatrix} x & ay+bz & z \\ y & az+bx & x \\ z & ax+by & y \end{vmatrix}$

$$\xlongequal{c_2-bc_3}a^2\begin{vmatrix} x & y & z \\ y & z & x \\ z & x & y \end{vmatrix}$$

$$D''=\begin{vmatrix} y & ay+bz & az+bx \\ z & az+bx & ax+by \\ x & ax+by & ay+bz \end{vmatrix}\xlongequal{c_2-ac_1}b\begin{vmatrix} y & z & az+bx \\ z & x & ax+by \\ x & y & ay+bz \end{vmatrix}$$

$$\xlongequal{c_3-ac_2} b^2\begin{vmatrix} y & z & x \\ z & x & y \\ x & y & z \end{vmatrix} \xlongequal[c_1\leftrightarrow c_2]{c_3\leftrightarrow c_2} b^2\begin{vmatrix} x & y & z \\ y & z & x \\ z & x & y \end{vmatrix}$$

于是

$$D=aD'+bD''=(a^3+b^3)\begin{vmatrix} x & y & z \\ y & z & x \\ z & x & y \end{vmatrix}=(a^3+b^3)(3xyz-x^3-y^3-z^3)$$

(4) $D_4=\begin{vmatrix} a & b & c & d \\ a & a+b & a+b+c & a+b+c+d \\ a & 2a+b & 3a+2b+c & 4a+3b+2c+d \\ a & 3a+b & 6a+3b+c & 10a+6b+3c+d \end{vmatrix}$

$$\xlongequal[r_2-r_1]{\substack{r_4-r_3\\ r_3-r_2}} \begin{vmatrix} a & b & c & d \\ 0 & a & a+b & a+b+c \\ 0 & a & 2a+b & 3a+2b+c \\ 0 & a & 3a+b & 6a+3b+c \end{vmatrix}=a\begin{vmatrix} a & a+b & a+b+c \\ a & 2a+b & 3a+2b+c \\ a & 3a+b & 6a+3b+c \end{vmatrix}$$

$$\xlongequal[r_2-r_1]{r_3-r_2} a\begin{vmatrix} a & a+b & a+b+c \\ 0 & a & 2a+b \\ 0 & a & 3a+b \end{vmatrix}=a^2\begin{vmatrix} a & 2a+b \\ a & 3a+b \end{vmatrix}=a^4$$

(5) $\begin{vmatrix} \alpha & \beta & \gamma \\ \gamma & \alpha & \beta \\ \beta & \gamma & \alpha \end{vmatrix} \xlongequal[r_1+r_3]{r_1+r_2} (\alpha+\beta+\gamma)\begin{vmatrix} 1 & 1 & 1 \\ \gamma & \alpha & \beta \\ \beta & \gamma & \alpha \end{vmatrix}$

$$\xlongequal[c_3-c_1]{c_2-c_1} (\alpha+\beta+\gamma)\begin{vmatrix} 1 & 0 & 0 \\ \gamma & \alpha-\gamma & \beta-\gamma \\ \beta & \gamma-\beta & \alpha-\beta \end{vmatrix}$$

$$=(\alpha+\beta+\gamma)\begin{vmatrix} \alpha-\gamma & \beta-\gamma \\ \gamma-\beta & \alpha-\beta \end{vmatrix}$$

$$=(\alpha+\beta+\gamma)(\alpha^2+\beta^2+\gamma^2-\alpha\beta-\alpha\gamma-\beta\gamma)$$

因为 α,β,γ 是方程 $x^3+px+q=0$ 的根，所以 $\alpha+\beta+\gamma=0$，则

$$\begin{vmatrix} \alpha & \beta & \gamma \\ \gamma & \alpha & \beta \\ \beta & \gamma & \alpha \end{vmatrix}=0$$

注 设 $x_1,x_2,\cdots,x_n$ 为 n 次多项式 $x^n+px^{n-1}+\cdots+q=0$ 的 n 个根，则

$$x_1+x_2+\cdots+x_n=-p,\ x_1x_2\cdots x_n=(-1)^nq$$

(6) **解法 1** 将行列式按第一行展开得

$$D_5=(1-a)D_4-a\begin{vmatrix}-1 & a & 0 & 0\\ 0 & 1-a & a & 0\\ 0 & -1 & 1-a & a\\ 0 & 0 & -1 & 1-a\end{vmatrix}=(1-a)D_4+aD_3$$

$$=(1-a)[(1-a)D_3+aD_2]+aD_3=(1-a+a^2)D_3+(1-a)aD_2$$

$$=(1-a+a^2)[(1-a)D_2+aD_1]+(1-a)aD_2$$

$$=(1-a+a^2-a^3)D_2+a(1-a+a^2)D_1$$

其中

$$D_1=1-a,D_2=\begin{vmatrix}1-a & a\\ -1 & 1-a\end{vmatrix}=1-a+a^2$$

则

$$D_5=(1-a+a^2-a^3)D_2+a(1-a+a^2)D_1=1-a+a^2-a^3+a^4-a^5$$

解法 2

$$D_5\xlongequal[i=2,3,4,5]{r_1+r_i}\begin{vmatrix}-a & 0 & 0 & 0 & 1\\ -1 & 1-a & a & 0 & 0\\ 0 & -1 & 1-a & a & 0\\ 0 & 0 & -1 & 1-a & a\\ 0 & 0 & 0 & -1 & 1-a\end{vmatrix}$$

$$\xlongequal{\text{按 } r_1 \text{ 展开}}-aD_4+1\cdot(-1)^{1+5}\begin{vmatrix}-1 & 1-a & a & 0\\ 0 & -1 & 1-a & a\\ 0 & 0 & -1 & 1-a\\ 0 & 0 & 0 & -1\end{vmatrix}$$

$$=1-aD_4$$

由此可得

$$\begin{aligned}D_5&=1-aD_4\\ &=1-a(1-aD_3)=1-a+a^2D_3\\ &=1-a+a^2(1-aD_2)=1-a+a^2-a^3D_2\\ &=1-a+a^2-a^3(1-aD_1)\\ &=1-a+a^2-a^3+a^4(1-a)\\ &=1-a+a^2-a^3+a^4-a^5\end{aligned}$$

2. 设矩阵

$$\boldsymbol{A}=\begin{pmatrix}a & b & c & d\\ -b & a & -d & c\\ -c & d & a & -b\\ -d & -c & b & a\end{pmatrix}$$

求$|\boldsymbol{A}|$.

解 计算$\boldsymbol{AA}^{\mathrm{T}}$得

$$\boldsymbol{AA}^{\mathrm{T}}=\begin{pmatrix}s&&&\\&s&&\\&&s&\\&&&s\end{pmatrix},\ s=a^2+b^2+c^2+d^2$$

因此(根据行列式的乘法定理)

$$|\boldsymbol{A}|^2=|\boldsymbol{AA}^{\mathrm{T}}|=s^4=(a^2+b^2+c^2+d^2)^4$$

从而$|\boldsymbol{A}|=\pm(a^2+b^2+c^2+d^2)^2$. 在$|\boldsymbol{A}|$的展开式中, a^4 的系数为$+1$, 因此

$$|\boldsymbol{A}|=(a^2+b^2+c^2+d^2)^2$$

3. 设$\boldsymbol{A}=[a_{ij}]_{3\times3}$, A_{ij}是元素a_{ij}的代数余子式, 且$A_{ij}=a_{ij}$, 又$a_{11}\neq0$, 求$|\boldsymbol{A}|$.

解 因为$A_{ij}=a_{ij}$,所以$\boldsymbol{A}^*=\boldsymbol{A}^{\mathrm{T}}$,则

$$\boldsymbol{AA}^*=\boldsymbol{AA}^{\mathrm{T}}=|\boldsymbol{A}|\boldsymbol{E}$$

上式两边取行列式得

$$|\boldsymbol{A}|^2=|\boldsymbol{A}|^3$$

即

$$|\boldsymbol{A}|^2(|\boldsymbol{A}|-1)=0$$

因为$a_{11}\neq0$,则$\boldsymbol{AA}^{\mathrm{T}}\neq\boldsymbol{O}$,因此$|\boldsymbol{A}|\neq0$,所以$|\boldsymbol{A}|=1$.

4. 计算下列n阶行列式

$$(1)\begin{vmatrix}x&y&&\\&\ddots&\ddots&\\&&x&y\\y&&&x\end{vmatrix};(2)\begin{vmatrix}0&1&\cdots&1\\1&a_1&&\\\vdots&&\ddots&\\1&&&a_{n-1}\end{vmatrix},\text{其中 }a_1a_2\cdots a_{n-1}\neq0;$$

$$(3)\begin{vmatrix}0&1&\cdots&1\\1&0&\cdots&1\\\vdots&\vdots&&\vdots\\1&1&\cdots&0\end{vmatrix};(4)\begin{vmatrix}a_1+b&a_2&\cdots&a_n\\a_1&a_2+b&\cdots&a_n\\\vdots&\vdots&&\vdots\\a_1&a_2&\cdots&a_n+b\end{vmatrix}.$$

解 (1) 将行列式按第一列展开得

$$\begin{vmatrix}x&y&&\\&\ddots&\ddots&\\&&x&y\\y&&&x\end{vmatrix}=x\begin{vmatrix}x&y&&\\&\ddots&\ddots&\\&&x&y\\&&&x\end{vmatrix}_{n-1}+(-1)^{n+1}y\begin{vmatrix}y&&&\\x&\ddots&&\\&\ddots&y&\\&&x&y\end{vmatrix}_{n-1}$$

$$=x^n+(-1)^{n+1}y^n;$$

(2)
$$\begin{vmatrix} 0 & 1 & \cdots & 1 \\ 1 & a_1 & & \\ \vdots & & \ddots & \\ 1 & & & a_{n-1} \end{vmatrix} \xlongequal[i=1,2,\cdots,n-1]{c_1-\frac{c_{i+1}}{a_i}} \begin{vmatrix} -\sum_{i=1}^{n-1}\frac{1}{a_i} & 1 & \cdots & 1 \\ 0 & a_1 & & \\ \vdots & & \ddots & \\ 0 & & & a_{n-1} \end{vmatrix}$$

$$= \left(-\prod_{i=1}^{n-1}a_i\right)\sum_{i=1}^{n-1}\frac{1}{a_i}$$

(3)
$$\begin{vmatrix} 0 & 1 & \cdots & 1 \\ 1 & 0 & \cdots & 1 \\ \vdots & \vdots & & \vdots \\ 1 & 1 & \cdots & 0 \end{vmatrix} \xlongequal[i=2,\cdots,n]{r_1+r_i} (n-1)\begin{vmatrix} 1 & 1 & \cdots & 1 \\ 1 & 0 & \cdots & 1 \\ \vdots & \vdots & & \vdots \\ 1 & 1 & \cdots & 0 \end{vmatrix}$$

$$\xlongequal[i=2,\cdots,n]{r_i-r_1} (n-1)\begin{vmatrix} 1 & 1 & \cdots & 1 \\ 0 & -1 & \cdots & 0 \\ \vdots & \vdots & & \vdots \\ 0 & 0 & \cdots & -1 \end{vmatrix}$$

$$=(-1)^{n-1}(n-1)$$

(4)
$$\begin{vmatrix} a_1+b & a_2 & \cdots & a_n \\ a_1 & a_2+b & \cdots & a_n \\ \vdots & \vdots & & \vdots \\ a_1 & a_2 & \cdots & a_n+b \end{vmatrix} \xlongequal[i=2,\cdots,n]{r_i-r_1} \begin{vmatrix} a_1+b & a_2 & \cdots & a_n \\ -b & b & \cdots & 0 \\ \vdots & \vdots & & \vdots \\ -b & 0 & \cdots & b \end{vmatrix}$$

$$\xlongequal[i=2,\cdots,n]{c_1+c_i} \begin{vmatrix} \sum_{i=1}^{n}a_i+b & a_2 & \cdots & a_n \\ 0 & b & \cdots & 0 \\ \vdots & \vdots & & \vdots \\ 0 & 0 & \cdots & b \end{vmatrix} = \left(b+\sum_{i=1}^{n}a_i\right)b^{n-1}$$

5. 解方程

$$\begin{vmatrix} 1 & 1 & \cdots & 1 \\ 1 & 1-x & \cdots & 1 \\ \vdots & \vdots & \vdots & \vdots \\ 1 & 1 & 1 & n-x \end{vmatrix}=0$$

解

由 $\begin{vmatrix} 1 & 1 & \cdots & 1 \\ 1 & 1-x & \cdots & 1 \\ \vdots & \vdots & \vdots & \vdots \\ 1 & 1 & 1 & n-x \end{vmatrix} \xlongequal[i=2,\cdots,n]{r_i-r_1} \begin{vmatrix} 1 & 1 & \cdots & 1 \\ 0 & -x & \cdots & 0 \\ \vdots & \vdots & \vdots & \vdots \\ 0 & 0 & 0 & n-1-x \end{vmatrix}$

$$=(-1)^n x(x-1)\cdots(x-n+1)=0$$

可知,原方程的解为 $x=0,1,\cdots,n-1$.

6. 证明:若行列式的某行(或列)元素全为 1,则这个行列式的全部代数余子式的和等于该行列式的值.

证明 不妨设

$$D=\begin{vmatrix} 1 & 1 & \cdots & 1 \\ a_{21} & a_{22} & \cdots & a_{2n} \\ \vdots & \vdots & & \vdots \\ a_{n1} & a_{n2} & \cdots & a_{nn} \end{vmatrix}$$

按第一行展开和错行展开得

$$\sum_{j=1}^{n} A_{1j} = D, \sum_{j=1}^{n} A_{ij} = 0 \quad (i = 2,3,\cdots,n)$$

于是

$$\sum_{i=1}^{n}\sum_{j=1}^{n} A_{ij} = \sum_{j=1}^{n} A_{1j} + \sum_{i=2}^{n}\sum_{j=1}^{n} A_{ij} = D$$

7. 已知下列齐次线性方程组有非零解,求参数 λ 的值.

(1) $\begin{cases} x_1-x_2=\lambda x_1 \\ -x_1+2x_2-x_3=\lambda x_2 \\ -x_2+x_3=\lambda x_3 \end{cases}$;(2) $\begin{cases} (5-\lambda)x_1-4x_2-7x_3=0 \\ -6x_1+(7-\lambda)x_2+11x_3=0 \\ 6x_1-6x_2-(10+\lambda)x_3=0 \end{cases}$.

解 (1) 方程组系数矩阵的行列式为

$$D=\begin{vmatrix} 1-\lambda & -1 & 0 \\ -1 & 2-\lambda & -1 \\ 0 & -1 & 1-\lambda \end{vmatrix} \xlongequal[r_1+r_3]{r_1+r_2} -\lambda \begin{vmatrix} 1 & 1 & 1 \\ -1 & 2-\lambda & -1 \\ 0 & -1 & 1-\lambda \end{vmatrix}$$

$$\xlongequal{r_2+r_1} -\lambda \begin{vmatrix} 1 & 1 & 1 \\ 0 & 3-\lambda & 0 \\ 0 & -1 & 1-\lambda \end{vmatrix} = -\lambda(3-\lambda)(1-\lambda)$$

因为齐次线性方程组有非零解,所以 $D=0$,即 $\lambda=0,1,3$.

(2) 方程组系数矩阵的行列式为

$$D=\begin{vmatrix}5-\lambda & -4 & -7\\ -6 & 7-\lambda & 11\\ 6 & -6 & -(10+\lambda)\end{vmatrix}\xlongequal{r_3+r_2}\begin{vmatrix}5-\lambda & -4 & -7\\ -6 & 7-\lambda & 11\\ 0 & 1-\lambda & 1-\lambda\end{vmatrix}$$

$$=(1-\lambda)\begin{vmatrix}5-\lambda & -4 & -7\\ -6 & 7-\lambda & 11\\ 0 & 1 & 1\end{vmatrix}\xlongequal{c_2-c_3}(1-\lambda)\begin{vmatrix}5-\lambda & 3 & -7\\ -6 & -4-\lambda & 11\\ 0 & 0 & 1\end{vmatrix}$$

$$=(1-\lambda)(\lambda+1)(\lambda-2)$$

因为齐次线性方程组有非零解，所以 $D=0$，即 $\lambda=\pm1,2$.

8. 用克拉默法则解方程组

$$\begin{cases}x_1+x_2+\cdots+x_{n-1}+x_n=2\\ x_1+x_2+\cdots+2x_{n-1}+x_n=2\\ \quad\cdots\cdots\\ x_1+(n-1)x_2+\cdots+x_{n-1}+x_n=2\\ nx_1+x_2+\cdots+x_{n-1}+x_n=2\end{cases}$$

解 由

$$D=\begin{vmatrix}1 & 1 & \cdots & 1 & 1\\ 1 & 1 & \cdots & 2 & 1\\ \vdots & \vdots & & \vdots & \vdots\\ 1 & n-1 & \cdots & 1 & 1\\ n & 1 & \cdots & 1 & 1\end{vmatrix},D_1=\begin{vmatrix}2 & 1 & \cdots & 1 & 1\\ 2 & 1 & \cdots & 2 & 1\\ \vdots & \vdots & & \vdots & \vdots\\ 2 & n-1 & \cdots & 1 & 1\\ 2 & 1 & \cdots & 1 & 1\end{vmatrix}=0,\cdots,$$

$$D_{n-1}=\begin{vmatrix}1 & 1 & \cdots & 2 & 1\\ 1 & 1 & \cdots & 2 & 1\\ \vdots & \vdots & & \vdots & \vdots\\ 1 & n-1 & \cdots & 2 & 1\\ n & 1 & \cdots & 2 & 1\end{vmatrix}=0,\ D_n=\begin{vmatrix}1 & 1 & \cdots & 1 & 2\\ 1 & 1 & \cdots & 2 & 2\\ \vdots & \vdots & & \vdots & \vdots\\ 1 & n-1 & \cdots & 1 & 2\\ n & 1 & \cdots & 1 & 2\end{vmatrix}=2D$$

可得原方程组的解为 $x_1=x_2=\cdots=x_{n-1}=0,x_n=2$.

9. 已知 $n+1$ 个点 $\{(x_i,y_i)\}_{i=1}^{n+1}$（这里 $x_1,x_2,\cdots,x_{n+1}$ 互不相同），证明存在唯一的次数不超过 n 的多项式 $f(x)$ 满足 $f(x_i)=y_i(i=1,2,\cdots,n+1)$.

解 设多项式 $f(x)=a_0+a_1x+\cdots+a_{n-1}x^{n-1}+a_nx^n$，则

$$\begin{cases}a_0+a_1x_1+\cdots+a_{n-1}x_1^{n-1}+a_nx_1^n=y_1\\ a_0+a_1x_2+\cdots+a_{n-1}x_2^{n-1}+a_nx_2^n=y_2\\ \quad\cdots\cdots\\ a_0+a_1x_{n+1}+\cdots+a_{n-1}x_{n+1}^{n-1}+a_nx_{n+1}^n=y_{n+1}\end{cases}$$

这是以 $a_0,a_1,a_2,\cdots,a_n$ 为未知数的线性方程组，其系数矩阵的行列式为范德蒙德行列式

$$D=\begin{vmatrix} 1 & x_1 & \cdots & x_1^n \\ 1 & x_2 & \cdots & x_2^n \\ \vdots & \vdots & & \vdots \\ 1 & x_{n+1} & \cdots & x_{n+1}^n \end{vmatrix}$$

由于 $x_1,x_2,\cdots,x_{n+1}$ 互不相同，知 $D\neq 0$. 根据克拉默法则，上面方程组有唯一解. 说明存在唯一的次数不超过 n 的多项式 $f(x)$ 满足 $f(x_i)=y_i(i=1,2,\cdots,n+1)$.

10. 证明平面上三条互异直线 $ax+by+c=0, bx+cy+a=0, cx+ay+b=0$ 交于一点的充要条件是 $a+b+c=0$.

证明 (1) 必要性:设这三条互异直线交于点 (x_0,y_0)，则有

$$\begin{cases} ax_0+by_0+c=0 \\ bx_0+cy_0+a=0 \\ cx_0+ay_0+b=0 \end{cases}$$

这说明方程组

$$\begin{cases} ax+by+cz=0 \\ bx+cy+az=0 \\ cx+ay+bz=0 \end{cases}$$

有非零解 $(x_0,y_0,1)$，从而其系数行列式为零,即

$$D=\begin{vmatrix} a & b & c \\ b & c & a \\ c & a & b \end{vmatrix}=(a+b+c)D_1=0$$

其中 $D_1=-\dfrac{1}{2}[(a-b)^2+(b-c)^2+(c-a)^2]$. 由假设三直线互异知 $D_1\neq 0$，因此 $a+b+c=0$.

(2) 充分性:要证这三条互异直线交于一点，即要证方程组

$$(\text{I})\begin{cases} ax+by+c=0 \\ bx+cy+a=0 \\ cx+ay+b=0 \end{cases}$$

有唯一解.

把(Ⅰ)中前两个方程加到第三个方程上去，利用已知条件 $a+b+c=0$，即得等价的方程组

$$（Ⅱ）\begin{cases} ax+by=-c \\ bx+cy=-a \end{cases}$$

方程组（Ⅱ）的系数行列式 $D_2=ac-b^2$，把 $c=-a-b$ 代入

$$D_2=a(-a-b)-b^2=-\frac{1}{2}[a^2+(a+b)^2+b^2]\leqslant 0$$

上面不等式当且仅当 $a=b=0$ 时等号才成立. 但 $a=b=0$ 与 $ax+by+c=0$ 为直线方程矛盾. 故 $D_2\neq 0$，所以（Ⅱ）有唯一解，也即方程组（Ⅰ）有唯一解，得证.

11. 设 $\boldsymbol{A}$ 是 n 阶可逆矩阵，$b\in\mathbf{R}$，$\boldsymbol{\alpha}$ 是 $n\times 1$ 矩阵，记分块矩阵

$$\boldsymbol{P}=\begin{bmatrix} \boldsymbol{E} & \boldsymbol{O} \\ -\boldsymbol{\alpha}^{\mathrm{T}}\boldsymbol{A}^{*} & |\boldsymbol{A}| \end{bmatrix},\ Q=\begin{bmatrix} \boldsymbol{A} & \boldsymbol{\alpha} \\ \boldsymbol{\alpha}^{\mathrm{T}} & b \end{bmatrix}$$

(1) 计算 $\boldsymbol{PQ}$ 并化简；

(2) 证明 $\boldsymbol{Q}$ 可逆的充分必要条件是 $b\neq\boldsymbol{\alpha}^{\mathrm{T}}\boldsymbol{A}^{-1}\boldsymbol{\alpha}$.

解　(1) $\boldsymbol{PQ}=\begin{bmatrix} \boldsymbol{E} & \boldsymbol{O} \\ -\boldsymbol{\alpha}^{\mathrm{T}}\boldsymbol{A}^{*} & |\boldsymbol{A}| \end{bmatrix}\begin{bmatrix} \boldsymbol{A} & \boldsymbol{\alpha} \\ \boldsymbol{\alpha}^{\mathrm{T}} & b \end{bmatrix}=\begin{bmatrix} \boldsymbol{A} & \boldsymbol{\alpha} \\ \boldsymbol{O} & |\boldsymbol{A}|(b-\boldsymbol{\alpha}^{\mathrm{T}}\boldsymbol{A}^{-1}\boldsymbol{\alpha}) \end{bmatrix}$

(2) 对上式两边取行列式得

$$|\boldsymbol{P}||\boldsymbol{Q}|=|\boldsymbol{PQ}|=\begin{vmatrix} \boldsymbol{A} & \boldsymbol{\alpha} \\ \boldsymbol{O} & |\boldsymbol{A}|(b-\boldsymbol{\alpha}^{\mathrm{T}}\boldsymbol{A}^{-1}\boldsymbol{\alpha}) \end{vmatrix}=|\boldsymbol{A}|^2(b-\boldsymbol{\alpha}^{\mathrm{T}}\boldsymbol{A}^{-1}\boldsymbol{\alpha})$$

因为 $\boldsymbol{A}$ 是可逆矩阵，所以 $|\boldsymbol{A}|\neq 0$，由上式可知，$|\boldsymbol{Q}|\neq 0$ 的充分必要条件为 $b\neq\boldsymbol{\alpha}^{\mathrm{T}}\boldsymbol{A}^{-1}\boldsymbol{\alpha}$，即 $\boldsymbol{Q}$ 可逆的充分必要条件是 $b\neq\boldsymbol{\alpha}^{\mathrm{T}}\boldsymbol{A}^{-1}\boldsymbol{\alpha}$.

第四章　向 量 空 间

本 章 导 读

本章主要学习向量组的线性关系、向量组的秩、矩阵的秩和向量空间等重要知识. 最后借助于这些知识刻画线性方程组解的存在性以及解的结构.

第一章中我们曾提到一个矩阵的阶梯形矩阵所含的非零行数不变,即非零行数不依赖于所采用的初等行变换. 本章将给出这一结论的严格证明. 这个非零行数即是本章所定义的矩阵的秩或向量组的秩.

第一章中讨论的线性方程组都是“具体”的线性方程组,而本章重点讨论“抽象”的线性方程组 $\boldsymbol{Ax}=\boldsymbol{b}$ 有无解的问题以及解的结构. 这在理论上是非常重要的.

本章的理论体系

(1) 向量组的线性关系(包括线性表示、线性相关和线性无关). 我们把这些关系都归结到线性方程组有无解的问题,即用线性方程组有无解来判别向量组的线性关系. 当然,这时只能判别“具体”的向量组,而不是“抽象”的向量组.

(2) 向量组的秩. 极大无关组的定义常见的有两种,本书采用基的定义方法:一是突出极大无关组的作用;二是为后面定义基做好准备. 但是,按照此定义,秩的唯一性不是显然的,要证明秩是唯一的,这要借助于教材中的定理 4.9. 即

设向量组 $\boldsymbol{\alpha}_1,\boldsymbol{\alpha}_2,\cdots,\boldsymbol{\alpha}_q$ 可由向量组 $\boldsymbol{\beta}_1,\boldsymbol{\beta}_2,\cdots,\boldsymbol{\beta}_p$ 线性表示,若 $q>p$,则 $\boldsymbol{\alpha}_1,\boldsymbol{\alpha}_2,\cdots,\boldsymbol{\alpha}_q$ 必线性相关.

(3) 矩阵的秩. 关于矩阵秩的定义,常见的有两种等价定义:一是用行向量组的秩来定义;二是用非零子式的最高阶数来定义. 本章采用了前一种定义方式,是想突出矩阵秩的几何意义. 这首先要证明初等变换不改变矩阵的行秩与列秩,其次还要证明矩阵的行秩与列秩相等.

(4) 介绍向量空间的基础知识. 这是为后面描述线性方程解的结构做准备,也是为今后学习更抽象的线性空间打基础.

(5) 讨论线性方程组解的结构. 这包括两个问题:一是线性方程组解集的极大无关组所含向量的个数是多少;二是线性方程组的通解如何表示.

本章的学习重点与基本要求

(1) 理解向量组的线性相关性的概念;会判别向量组的线性相关性.

(2) 理解向量组的极大无关的概念,理解向量组的秩是唯一的;会求向量组的极大无关组以及向量组的秩.

(3) 理解矩阵的秩的概念;会求矩阵的秩;会利用矩阵的秩判别方程解的存在唯一性,并进行理论证明.

(4) 理解向量空间的概念.

(5) 理解齐次方程组 $\boldsymbol{Ax}=\boldsymbol{0}$ 解空间的维数(即基础解系所含向量个数)是

$$\dim N(\boldsymbol{A})=\text{未知量的个数}-\operatorname{rank}\boldsymbol{A}=\text{自由未知量的个数}$$

会利用方程组解的结构进行理论证明.

§4.1 向量及其线性组合

一、内容提要

1. 线性表示

(1) 设 $\boldsymbol{\alpha}_1,\boldsymbol{\alpha}_2,\cdots,\boldsymbol{\alpha}_n$ 是一个向量组, $\boldsymbol{\beta}$ 是一个向量,如果存在一组数 $k_1,k_2,\cdots,k_n$ 使得

$$\boldsymbol{\beta}=k_1\boldsymbol{\alpha}_1+k_2\boldsymbol{\alpha}_2+\cdots+k_n\boldsymbol{\alpha}_n$$

则称向量 $\boldsymbol{\beta}$ 可由向量组 $\boldsymbol{\alpha}_1,\boldsymbol{\alpha}_2,\cdots,\boldsymbol{\alpha}_n$ **线性表示**或称向量 $\boldsymbol{\beta}$ 是向量组 $\boldsymbol{\alpha}_1,\boldsymbol{\alpha}_2,\cdots,\boldsymbol{\alpha}_n$ 的一个**线性组合**.

(2) 如果向量组 $\boldsymbol{\beta}_1,\boldsymbol{\beta}_2,\cdots,\boldsymbol{\beta}_q$ 中的每一个向量都可由向量组 $\boldsymbol{\alpha}_1,\boldsymbol{\alpha}_2,\cdots,\boldsymbol{\alpha}_p$ 线性表示,则称向量组 $\boldsymbol{\beta}_1,\boldsymbol{\beta}_2,\cdots,\boldsymbol{\beta}_q$ 可由向量组 $\boldsymbol{\alpha}_1,\boldsymbol{\alpha}_2,\cdots,\boldsymbol{\alpha}_p$ **线性表示**.

(3) 如果两个向量组 $\boldsymbol{\alpha}_1,\boldsymbol{\alpha}_2,\cdots,\boldsymbol{\alpha}_p$ 和 $\boldsymbol{\beta}_1,\boldsymbol{\beta}_2,\cdots,\boldsymbol{\beta}_q$ 可以相互线性表示,则称这两个向量组**等价**. 记作 $\{\boldsymbol{\alpha}_1,\boldsymbol{\alpha}_2,\cdots,\boldsymbol{\alpha}_p\}\cong\{\boldsymbol{\beta}_1,\boldsymbol{\beta}_2,\cdots,\boldsymbol{\beta}_q\}$.

(4) 向量组的等价具有自反性、对称性、传递性,即向量组的等价是一种等价关系.

2. 线性方程组的向量形式

记矩阵 $\boldsymbol{A}=[\boldsymbol{\alpha}_1,\boldsymbol{\alpha}_2,\cdots,\boldsymbol{\alpha}_n]$,则方程组 $\boldsymbol{Ax}=\boldsymbol{\beta}$ 可写成如下向量形式

$$x_1\boldsymbol{\alpha}_1+x_2\boldsymbol{\alpha}_2+\cdots+x_n\boldsymbol{\alpha}_n=\boldsymbol{\beta}$$

由此得

(1) 列向量$\boldsymbol{\beta}$可由列向量组$\boldsymbol{\alpha}_1,\boldsymbol{\alpha}_2,\cdots,\boldsymbol{\alpha}_n$线性表示的充要条件是线性方程组$\boldsymbol{Ax}=\boldsymbol{\beta}$有解. 其中矩阵$\boldsymbol{A}=[\boldsymbol{\alpha}_1,\boldsymbol{\alpha}_2,\cdots,\boldsymbol{\alpha}_n]$.

(2) 列向量组$\boldsymbol{\beta}_1,\boldsymbol{\beta}_2,\cdots,\boldsymbol{\beta}_q$可由列向量组$\boldsymbol{\alpha}_1,\boldsymbol{\alpha}_2,\cdots,\boldsymbol{\alpha}_p$线性表示的充要条件是矩阵方程$\boldsymbol{AX}=\boldsymbol{B}$有解. 其中$\boldsymbol{A}=[\boldsymbol{\alpha}_1,\boldsymbol{\alpha}_2,\cdots,\boldsymbol{\alpha}_p]$, $\boldsymbol{B}=[\boldsymbol{\beta}_1,\boldsymbol{\beta}_2,\cdots,\boldsymbol{\beta}_q]$.

3. 向量组等价与行等价矩阵的关系

定理1 行等价矩阵的行向量组等价. 即设$\boldsymbol{A}\xrightarrow{r}\boldsymbol{B}$,则$\boldsymbol{A}$与$\boldsymbol{B}$的行向量组等价.

二、典型例题

例1 设

$$\boldsymbol{\alpha}_1=\begin{pmatrix}1\\1\\\lambda\end{pmatrix},\boldsymbol{\alpha}_2=\begin{pmatrix}1\\\lambda\\1\end{pmatrix},\boldsymbol{\alpha}=\begin{pmatrix}-2\\\lambda\\4\end{pmatrix}$$

问λ为何值时,向量$\boldsymbol{\alpha}$可由向量组$\boldsymbol{\alpha}_1,\boldsymbol{\alpha}_2$线性表示,并求出表示式.

解 记$\boldsymbol{A}=[\boldsymbol{\alpha}_1,\boldsymbol{\alpha}_2]$,考察方程组$\boldsymbol{Ax}=\boldsymbol{\alpha}$是否有解. 对增广矩阵进行初等行变换

$$[\boldsymbol{A}\,\vdots\,\boldsymbol{\alpha}]=\left(\begin{array}{cc:c}1&1&-2\\1&\lambda&\lambda\\\lambda&1&4\end{array}\right)\xrightarrow{r}\left(\begin{array}{cc:c}1&1&-2\\0&\lambda-1&\lambda+2\\0&-(\lambda-1)&2(\lambda+2)\end{array}\right)$$

当$\lambda=1$时,方程组$\boldsymbol{Ax}=\boldsymbol{\alpha}$无解,从而$\boldsymbol{\alpha}$不能由向量组$\boldsymbol{\alpha}_1,\boldsymbol{\alpha}_2$线性表示.

当$\lambda\neq1$时,对增广矩阵继续作初等行变换

$$\left(\begin{array}{cc:c}1&1&-2\\0&\lambda-1&\lambda+2\\0&-(\lambda-1)&2(\lambda+2)\end{array}\right)\xrightarrow{r}\left(\begin{array}{cc:c}1&1&-2\\0&1&\dfrac{\lambda+2}{\lambda-1}\\0&0&\dfrac{3(\lambda+2)}{\lambda-1}\end{array}\right)$$

当$\lambda\neq-2$时,方程组$\boldsymbol{Ax}=\boldsymbol{\alpha}$也无解,从而$\boldsymbol{\alpha}$也不能由向量组$\boldsymbol{\alpha}_1,\boldsymbol{\alpha}_2$线性表示.

当$\lambda=-2$时,

$$\left(\begin{array}{cc:c}1&1&-2\\0&1&\dfrac{\lambda+2}{\lambda-1}\\0&0&\dfrac{3(\lambda+2)}{\lambda-1}\end{array}\right)=\left(\begin{array}{cc:c}1&1&-2\\0&1&0\\0&0&0\end{array}\right)\xrightarrow{r}\left(\begin{array}{cc:c}1&0&-2\\0&1&0\\0&0&0\end{array}\right)$$

因此,方程组$\boldsymbol{Ax}=\boldsymbol{\alpha}$有唯一解:$x_1=-2$, $x_2=0$,从而$\boldsymbol{\alpha}$可由向量组$\boldsymbol{\alpha}_1,\boldsymbol{\alpha}_2$

线性表示,且表示式是唯一的,即

$$\boldsymbol{\alpha}=-2\boldsymbol{\alpha}_1+0\boldsymbol{\alpha}_2$$

综上,只有当 $\lambda=-2$ 时,向量 $\boldsymbol{\alpha}$ 才可由向量组 $\boldsymbol{\alpha}_1,\boldsymbol{\alpha}_2$ 线性表示,且表示式唯一.

例 2　设向量

$$\boldsymbol{\alpha}_1=\begin{pmatrix}0\\1\\2\\3\end{pmatrix},\boldsymbol{\alpha}_2=\begin{pmatrix}3\\0\\1\\2\end{pmatrix},\boldsymbol{\alpha}_3=\begin{pmatrix}2\\3\\0\\1\end{pmatrix},\boldsymbol{\beta}_1=\begin{pmatrix}1\\-2\\3\\4\end{pmatrix},\boldsymbol{\beta}_2=\begin{pmatrix}3\\0\\1\\2\end{pmatrix},\boldsymbol{\beta}_3=\begin{pmatrix}2\\4\\2\\4\end{pmatrix}$$

问向量组 $\{\boldsymbol{\alpha}_1,\boldsymbol{\alpha}_2,\boldsymbol{\alpha}_3\}$ 与向量组 $\{\boldsymbol{\beta}_1,\boldsymbol{\beta}_2,\boldsymbol{\beta}_3\}$ 是否等价.

解法 1　记 $\boldsymbol{A}=[\boldsymbol{\alpha}_1,\boldsymbol{\alpha}_2,\boldsymbol{\alpha}_3]$,$\boldsymbol{B}=[\boldsymbol{\beta}_1,\boldsymbol{\beta}_2,\boldsymbol{\beta}_3]$. 把该问题转化为考察矩阵方程 $\boldsymbol{AX}=\boldsymbol{B}$ 与 $\boldsymbol{BX}=\boldsymbol{A}$ 是否都有解的问题.

由

$$[\boldsymbol{A}\,\vdots\,\boldsymbol{B}]\xrightarrow{r}\left(\begin{array}{ccc:ccc}1&0&0&1&0&1\\0&1&0&1&1&0\\0&0&1&-1&0&1\\0&0&0&0&0&0\end{array}\right)$$

知方程 $\boldsymbol{AX}=\boldsymbol{B}$ 有解,从而向量组 $\{\boldsymbol{\beta}_1,\boldsymbol{\beta}_2,\boldsymbol{\beta}_3\}$ 可由向量组 $\{\boldsymbol{\alpha}_1,\boldsymbol{\alpha}_2,\boldsymbol{\alpha}_3\}$ 线性表示.

由

$$[\boldsymbol{B}\,\vdots\,\boldsymbol{A}]\xrightarrow{r}\left(\begin{array}{ccc:ccc}2&0&0&1&0&-1\\0&2&0&-1&2&1\\0&0&2&1&0&1\\0&0&0&0&0&0\end{array}\right)$$

知 $\boldsymbol{BX}=\boldsymbol{A}$ 也有解,从而向量组 $\{\boldsymbol{\alpha}_1,\boldsymbol{\alpha}_2,\boldsymbol{\alpha}_3\}$ 可由向量组 $\{\boldsymbol{\beta}_1,\boldsymbol{\beta}_2,\boldsymbol{\beta}_3\}$ 线性表示.

综上,向量组 $\{\boldsymbol{\alpha}_1,\boldsymbol{\alpha}_2,\boldsymbol{\alpha}_3\}$ 与向量组 $\{\boldsymbol{\beta}_1,\boldsymbol{\beta}_2,\boldsymbol{\beta}_3\}$ 等价.

解法 2　令 $\boldsymbol{A}=\begin{pmatrix}\boldsymbol{\alpha}_1^{\mathrm{T}}\\\boldsymbol{\alpha}_2^{\mathrm{T}}\\\boldsymbol{\alpha}_3^{\mathrm{T}}\end{pmatrix}$,$\boldsymbol{B}=\begin{pmatrix}\boldsymbol{\beta}_1^{\mathrm{T}}\\\boldsymbol{\beta}_2^{\mathrm{T}}\\\boldsymbol{\beta}_3^{\mathrm{T}}\end{pmatrix}$,把 $\boldsymbol{A}$ 与 $\boldsymbol{B}$ 都化成最简阶梯形:

$$\boldsymbol{A}=\begin{pmatrix}0&1&2&3\\3&0&1&2\\2&3&0&1\end{pmatrix}\xrightarrow{r}\begin{pmatrix}1&0&0&0.2\\0&1&0&0.2\\0&0&1&1.4\end{pmatrix}$$

$$\boldsymbol{B}=\begin{pmatrix}1&-2&3&4\\3&0&1&2\\2&4&2&4\end{pmatrix}\xrightarrow{r}\begin{pmatrix}1&0&0&0.2\\0&1&0&0.2\\0&0&1&0.4\end{pmatrix}$$

由于 $\boldsymbol{A}$ 与 $\boldsymbol{B}$ 的最简阶梯矩阵相等,根据定理 1 以及等价向量组具有对称性和传递性,得 $\boldsymbol{A}$ 与 $\boldsymbol{B}$ 的行向量组等价,即向量组 $\{\boldsymbol{\alpha}_1,\boldsymbol{\alpha}_2,\boldsymbol{\alpha}_3\}$ 与向量组 $\{\boldsymbol{\beta}_1,\boldsymbol{\beta}_2,\boldsymbol{\beta}_3\}$ 等价.

例 3(本节习题 4) 设 $\boldsymbol{\alpha}_1,\boldsymbol{\alpha}_2,\boldsymbol{\alpha}_3,\boldsymbol{\beta}$ 是已知列向量,若 $\boldsymbol{\alpha}_1+2\boldsymbol{\alpha}_2=\boldsymbol{\beta}$,记矩阵 $\boldsymbol{A}=[\boldsymbol{\alpha}_1,\boldsymbol{\alpha}_2,\boldsymbol{\alpha}_3]$,求线性方程组 $\boldsymbol{Ax}=\boldsymbol{\beta}$ 的一个解.

解 由 $\boldsymbol{\alpha}_1+2\boldsymbol{\alpha}_2+0\boldsymbol{\alpha}_3=\boldsymbol{\beta}$ 得方程组 $\boldsymbol{Ax}=\boldsymbol{\beta}$ 的一个解为

$$\boldsymbol{x}=[1,2,0]^{\mathrm{T}}$$

例 4(本节习题 7) 用标准坐标向量证明:如果对任意向量 $\boldsymbol{x}$ 有 $\boldsymbol{Ax}=\boldsymbol{0}$,则 $\boldsymbol{A}$ 是零矩阵.

证明 设 $\boldsymbol{A}=[\boldsymbol{\alpha}_1,\boldsymbol{\alpha}_2,\cdots,\boldsymbol{\alpha}_n]$是 $m\times n$ 矩阵. 特别地取 $\boldsymbol{x}=\boldsymbol{e}_i\in\mathbf{R}^n\,(i=1,2,\cdots,n)$,则

$$\boldsymbol{\alpha}_i=\boldsymbol{Ae}_i=\boldsymbol{0}\quad(i=1,2,\cdots,n)$$

即 $\boldsymbol{A}=\boldsymbol{O}$.

§4.2 向量组的线性相关性

一、内容提要

1. 线性相关与线性无关的概念

(1) 如果向量组 $\boldsymbol{\alpha}_1,\boldsymbol{\alpha}_2,\cdots,\boldsymbol{\alpha}_n(n\geqslant 2)$中至少有一个向量可由其余 $n-1$ 个向量线性表示,则称该向量组**线性相关**. 否则,如果任何一个向量都不能由其余 $n-1$ 个向量线性表示,则称该向量组**线性无关**. 只含一个向量的向量组$\{\boldsymbol{\alpha}_1\}$,如果 $\boldsymbol{\alpha}_1=\boldsymbol{0}$,则称它**线性相关**,如果 $\boldsymbol{\alpha}_1\neq\boldsymbol{0}$,则称它**线性无关**.

(2) 等价定义:设 $\boldsymbol{\alpha}_1,\boldsymbol{\alpha}_2,\cdots,\boldsymbol{\alpha}_n(n\geqslant 1)$是一向量组,如果存在一组不全为零的数 $k_1,k_2,\cdots,k_n$ 使得

$$k_1\boldsymbol{\alpha}_1+k_2\boldsymbol{\alpha}_2+\cdots+k_n\boldsymbol{\alpha}_n=\boldsymbol{0}$$

则称该向量组**线性相关**. 否则,如果存在一组数 $k_1,k_2,\cdots,k_n$ 使得

$$k_1\boldsymbol{\alpha}_1+k_2\boldsymbol{\alpha}_2+\cdots+k_n\boldsymbol{\alpha}_n=\boldsymbol{0}$$

则必有 $k_1=k_2=\cdots=k_n=0$,则称该向量组**线性无关**.

2. 线性相关性与线性方程组的关系

(1) 向量组 $\boldsymbol{\alpha}_1,\boldsymbol{\alpha}_2,\cdots,\boldsymbol{\alpha}_n(n\geqslant 1)$线性相关的充要条件是齐次线性方程组

$$x_1\boldsymbol{\alpha}_1+x_2\boldsymbol{\alpha}_2+\cdots+x_n\boldsymbol{\alpha}_n=\boldsymbol{0}$$

有非零解.

(2) 向量组 $\boldsymbol{\alpha}_1,\boldsymbol{\alpha}_2,\cdots,\boldsymbol{\alpha}_n(n\geqslant 1)$线性无关的充要条件是齐次线性方程组

$$x_1\boldsymbol{\alpha}_1+x_2\boldsymbol{\alpha}_2+\cdots+x_n\boldsymbol{\alpha}_n=\mathbf{0}$$

只有零解.

3. 判别向量组线性相关性的几个结论

(1) 如果一个向量组的某个子集线性相关,则该向量组必线性相关. 简称:部分相关,则整体必相关.

(2) 个数大于维数的向量组必线性相关.

(3) 如果一个向量组线性无关,则其加长向量组也线性无关. 简称:短的无关,则长的也无关.

4. 可逆矩阵的充要条件

定理 2 设 $\boldsymbol{A}$ 是 n 阶方阵, 则

$$\boldsymbol{A}\text{ 可逆}\Leftrightarrow\boldsymbol{A}\text{ 的列向量组线性无关}\Leftrightarrow\boldsymbol{A}\text{ 的行向量组线性无关}$$

5. 唯一表示定理

定理 3(唯一表示定理)

设向量组 $\boldsymbol{\alpha}_1,\boldsymbol{\alpha}_2,\cdots,\boldsymbol{\alpha}_n$ 线性无关, 又设对该向量组增加一个向量 $\boldsymbol{\beta}$ 后的向量组 $\boldsymbol{\alpha}_1,\boldsymbol{\alpha}_2,\cdots,\boldsymbol{\alpha}_n,\boldsymbol{\beta}$ 线性相关, 则向量 $\boldsymbol{\beta}$ 可由向量组 $\boldsymbol{\alpha}_1,\boldsymbol{\alpha}_2,\cdots,\boldsymbol{\alpha}_n$ 唯一表示.

二、典型例题

例 1 设

$$\boldsymbol{\alpha}_1=\begin{pmatrix}1\\1\\1\end{pmatrix},\boldsymbol{\alpha}_2=\begin{pmatrix}1\\0\\1\end{pmatrix},\boldsymbol{\alpha}_3=\begin{pmatrix}1\\2\\\lambda\end{pmatrix}$$

问 λ 为何值时, 向量组 $\boldsymbol{\alpha}_1,\boldsymbol{\alpha}_2,\boldsymbol{\alpha}_3$ 线性相关. 当 $\boldsymbol{\alpha}_1,\boldsymbol{\alpha}_2,\boldsymbol{\alpha}_3$ 线性相关时,将 $\boldsymbol{\alpha}_3$ 用 $\boldsymbol{\alpha}_1,\boldsymbol{\alpha}_2$ 线性表示.

解 向量组 $\boldsymbol{\alpha}_1,\boldsymbol{\alpha}_2,\boldsymbol{\alpha}_3$ 线性相关等价于齐次线性方程组 $x_1\boldsymbol{\alpha}_1+x_2\boldsymbol{\alpha}_2+x_3\boldsymbol{\alpha}_3=\mathbf{0}$ 有非零解,又等价于矩阵 $\boldsymbol{A}=[\boldsymbol{\alpha}_1,\boldsymbol{\alpha}_2,\boldsymbol{\alpha}_3]$是不可逆矩阵. 求 $\boldsymbol{\alpha}_3$ 用 $\boldsymbol{\alpha}_1,\boldsymbol{\alpha}_2$ 的线性表示式就是解方程组 $x_1\boldsymbol{\alpha}_1+x_2\boldsymbol{\alpha}_2=\boldsymbol{\alpha}_3$.

$$\boldsymbol{A}=\begin{pmatrix}1&1&1\\1&0&2\\1&1&\lambda\end{pmatrix}\xrightarrow{r}\begin{pmatrix}1&1&1\\0&1&-1\\0&0&\lambda-1\end{pmatrix}$$

所以当 $\lambda=1$ 时,向量组 $\boldsymbol{\alpha}_1,\boldsymbol{\alpha}_2,\boldsymbol{\alpha}_3$ 线性相关. 此时

$$\begin{pmatrix}1&1&1\\0&1&-1\\0&0&0\end{pmatrix}\xrightarrow{r}\begin{pmatrix}1&0&2\\0&1&-1\\0&0&0\end{pmatrix}$$

所以 $\boldsymbol{\alpha}_3=2\boldsymbol{\alpha}_1-\boldsymbol{\alpha}_2$.

例 2 设 $\boldsymbol{\alpha}_1,\boldsymbol{\alpha}_2,\boldsymbol{\alpha}_3$ 线性无关，

$$\boldsymbol{\beta}_1=\boldsymbol{\alpha}_1+\boldsymbol{\alpha}_2,\ \boldsymbol{\beta}_2=\boldsymbol{\alpha}_2+\boldsymbol{\alpha}_3,\ \boldsymbol{\beta}_3=\boldsymbol{\alpha}_3+\boldsymbol{\alpha}_1$$

问向量组 $\boldsymbol{\beta}_1,\boldsymbol{\beta}_2,\boldsymbol{\beta}_3$ 是否也线性无关.

解 设

$$x_1\boldsymbol{\beta}_1+x_2\boldsymbol{\beta}_2+x_3\boldsymbol{\beta}_3=\mathbf{0}$$

把 $\boldsymbol{\beta}_i$ 代入并整理得

$$(x_1+x_3)\boldsymbol{\alpha}_1+(x_1+x_2)\boldsymbol{\alpha}_2+(x_2+x_3)\boldsymbol{\alpha}_3=\mathbf{0}$$

由 $\boldsymbol{\alpha}_1,\boldsymbol{\alpha}_2,\boldsymbol{\alpha}_3$ 线性无关得

$$\begin{cases}x_1+x_3=0\\x_1+x_2=0\\x_2+x_3=0\end{cases}$$

易知上面方程组只有零解，即 $x_1=x_2=x_3=0$. 所以 $\boldsymbol{\beta}_1,\boldsymbol{\beta}_2,\boldsymbol{\beta}_3$ 也线性无关.

例 3(本节习题 2) 证明：含两个向量的向量组线性相关的充要条件是它们的分量对应成比例. 问含三个向量的向量组线性相关的充要条件是不是它们对应的分量成比例.

证明 设 $\boldsymbol{\alpha}_1=[a_1,a_2,\cdots,a_n]^{\mathrm{T}},\boldsymbol{\alpha}_2=[b_1,b_2,\cdots,b_n]^{\mathrm{T}}$ 且 $\boldsymbol{\alpha}_1,\boldsymbol{\alpha}_2$ 线性相关. 于是存在不全为零的数 k_1,k_2 使得 $k_1\boldsymbol{\alpha}_1+k_2\boldsymbol{\alpha}_2=\mathbf{0}$，不妨设 $k_1\neq0$，从而 $\boldsymbol{\alpha}_1=\frac{k_2}{k_1}\boldsymbol{\alpha}_2=k\boldsymbol{\alpha}_2$，即

$$a_i=kb_i\quad(i=1,2,\cdots,n)$$

$\boldsymbol{\alpha}_1$ 与 $\boldsymbol{\alpha}_2$ 的对应分量成比例.

反之，如果 $a_i=kb_i(i=1,2,\cdots,n)$，则 $\boldsymbol{\alpha}_1=k\boldsymbol{\alpha}_2$，故 $\boldsymbol{\alpha}_1,\boldsymbol{\alpha}_2$ 线性相关.

由三个向量构成的向量组如果对应分量成比例，则显然线性相关. 但线性相关时，它们的对应分量不一定成比例. 如

$$\boldsymbol{\alpha}_1=\begin{bmatrix}1\\1\end{bmatrix},\boldsymbol{\alpha}_2=\begin{bmatrix}1\\2\end{bmatrix},\boldsymbol{\alpha}_3=\begin{bmatrix}1\\3\end{bmatrix}$$

或

$$\boldsymbol{\alpha}_1=\begin{pmatrix}1\\1\\1\end{pmatrix},\boldsymbol{\alpha}_2=\begin{pmatrix}1\\2\\3\end{pmatrix},\boldsymbol{\alpha}_3=\begin{pmatrix}2\\3\\4\end{pmatrix}$$

例 4(本节习题 5) 证明：由阶梯形矩阵的非零行构成的向量组一定线性无关.

证明 不妨设阶梯形矩阵

$$U=\begin{pmatrix} \otimes & * & * & * & * \\ 0 & 0 & \otimes & * & * \\ 0 & 0 & 0 & \otimes & * \\ 0 & 0 & 0 & 0 & 0 \end{pmatrix}=\begin{pmatrix} \boldsymbol{\alpha}_1^{\mathrm{T}} \\ \boldsymbol{\alpha}_2^{\mathrm{T}} \\ \boldsymbol{\alpha}_3^{\mathrm{T}} \\ \boldsymbol{\alpha}_4^{\mathrm{T}} \end{pmatrix}$$

其中$\otimes \neq 0$. 考察下面方程组

$$x_1\boldsymbol{\alpha}_1+x_2\boldsymbol{\alpha}_2+x_3\boldsymbol{\alpha}_3=x_1\begin{pmatrix} \otimes \\ * \\ * \\ * \\ * \end{pmatrix}+x_2\begin{pmatrix} 0 \\ 0 \\ \otimes \\ * \\ * \end{pmatrix}+x_3\begin{pmatrix} 0 \\ 0 \\ 0 \\ \otimes \\ * \end{pmatrix}=\mathbf{0}$$

易知该方程组只有零解,故 $\boldsymbol{\alpha}_1,\boldsymbol{\alpha}_2,\boldsymbol{\alpha}_3$ 线性无关.

§4.3 向量组的秩

一、内容提要

1. 极大无关组与向量组的秩

定义 1 设 V 是一个向量组，如果 V 中有 r 个向量 $\boldsymbol{\alpha}_1,\boldsymbol{\alpha}_2,\cdots,\boldsymbol{\alpha}_r$ 满足：

(1) $\boldsymbol{\alpha}_1,\boldsymbol{\alpha}_2,\cdots,\boldsymbol{\alpha}_r$ 线性无关；

(2) V 中任一向量都可由 $\boldsymbol{\alpha}_1,\boldsymbol{\alpha}_2,\cdots,\boldsymbol{\alpha}_r$ 线性表示.

则称向量组 $\boldsymbol{\alpha}_1,\boldsymbol{\alpha}_2,\cdots,\boldsymbol{\alpha}_r$ 是向量组 V 的一个**极大无关组**. 称极大无关组所含向量的个数 r 为向量组 V 的**秩**，记作 $\mathrm{rank}V=r$ 或 $\mathrm{r}(V)=r$. 只含零向量的向量组没有极大无关组，规定其秩为零.

2. 主要结论

定理 4 设向量组 $\boldsymbol{\alpha}_1,\boldsymbol{\alpha}_2,\cdots,\boldsymbol{\alpha}_q$ 可由向量组 $\boldsymbol{\beta}_1,\boldsymbol{\beta}_2,\cdots,\boldsymbol{\beta}_p$ 线性表示，如果 $q>p$，则 $\boldsymbol{\alpha}_1,\boldsymbol{\alpha}_2,\cdots,\boldsymbol{\alpha}_q$ 必线性相关.

定理 5 一个向量组的任意两个极大无关组所含向量个数相等. 即向量组的秩是唯一的.

定理 6 设向量组 $\boldsymbol{\alpha}_1,\boldsymbol{\alpha}_2,\cdots,\boldsymbol{\alpha}_q$ 可由向量组 $\boldsymbol{\beta}_1,\boldsymbol{\beta}_2,\cdots,\boldsymbol{\beta}_p$ 线性表示，则

$$\mathrm{rank}\{\boldsymbol{\alpha}_1,\boldsymbol{\alpha}_2,\cdots,\boldsymbol{\alpha}_q\}\leqslant\mathrm{rank}\{\boldsymbol{\beta}_1,\boldsymbol{\beta}_2,\cdots,\boldsymbol{\beta}_p\}$$

定理 7 等价的向量组有相同的秩.

定理 8 设 $\boldsymbol{A}\xrightarrow{r}\boldsymbol{B}$(即 $\boldsymbol{A}$ 与 $\boldsymbol{B}$ 是行等价矩阵)，则 $\boldsymbol{A}$ 的列向量组 $\boldsymbol{\alpha}_1,\boldsymbol{\alpha}_2,\cdots,\boldsymbol{\alpha}_n$ 与 $\boldsymbol{B}$ 的列向量组 $\boldsymbol{\beta}_1,\boldsymbol{\beta}_2,\cdots,\boldsymbol{\beta}_n$ 有相同的线性关系.

二、典型例题

例 1 求向量组

$$\boldsymbol{\alpha}_1=\begin{pmatrix}1\\-3\\-1\\1\end{pmatrix},\ \boldsymbol{\alpha}_2=\begin{pmatrix}2\\-2\\2\\2\end{pmatrix},\ \boldsymbol{\alpha}_3=\begin{pmatrix}-2\\-2\\-6\\-2\end{pmatrix},\ \boldsymbol{\alpha}_4=\begin{pmatrix}-3\\1\\1\\0\end{pmatrix},\ \boldsymbol{\alpha}_5=\begin{pmatrix}-4\\-4\\6\\5\end{pmatrix}$$

的秩及一个极大无关组，并把其余向量用所求的极大无关组线性表示.

解 令 $\boldsymbol{A}=[\boldsymbol{\alpha}_1,\boldsymbol{\alpha}_2,\boldsymbol{\alpha}_3,\boldsymbol{\alpha}_4,\boldsymbol{\alpha}_5]$，将 $\boldsymbol{A}$ 用初等行变换化为最简阶梯形矩阵 $\boldsymbol{B}$.

$$\boldsymbol{A}=\begin{pmatrix}1&2&-2&-3&-4\\-3&-2&-2&1&-4\\-1&2&-6&1&6\\1&2&-2&0&5\end{pmatrix}\xrightarrow{r}\boldsymbol{B}=\begin{pmatrix}1&0&2&0&1\\0&1&-2&0&2\\0&0&0&1&3\\0&0&0&0&0\end{pmatrix}$$

矩阵 $\boldsymbol{B}$ 的列向量组 $\boldsymbol{\beta}_1,\boldsymbol{\beta}_2,\boldsymbol{\beta}_3,\boldsymbol{\beta}_4,\boldsymbol{\beta}_5$ 的线性关系是：$\boldsymbol{\beta}_1,\boldsymbol{\beta}_2,\boldsymbol{\beta}_4$ 线性无关，且

$$\boldsymbol{\beta}_3=2\boldsymbol{\beta}_1-2\boldsymbol{\beta}_2,\ \boldsymbol{\beta}_5=\boldsymbol{\beta}_1+2\boldsymbol{\beta}_2+3\boldsymbol{\beta}_4$$

说明 $\{\boldsymbol{\beta}_1,\boldsymbol{\beta}_2,\boldsymbol{\beta}_4\}$ 是 $\{\boldsymbol{\beta}_1,\boldsymbol{\beta}_2,\boldsymbol{\beta}_3,\boldsymbol{\beta}_4,\boldsymbol{\beta}_5\}$ 的一个极大无关组，且

$$\operatorname{rank}\{\boldsymbol{\beta}_1,\boldsymbol{\beta}_2,\boldsymbol{\beta}_3,\boldsymbol{\beta}_4,\boldsymbol{\beta}_5\}=3$$

根据定理 8 得：

$$\operatorname{rank}\{\boldsymbol{\alpha}_1,\boldsymbol{\alpha}_2,\boldsymbol{\alpha}_3,\boldsymbol{\alpha}_4,\boldsymbol{\alpha}_5\}=3$$

$\{\boldsymbol{\alpha}_1,\boldsymbol{\alpha}_2,\boldsymbol{\alpha}_4\}$ 是 $\{\boldsymbol{\alpha}_1,\boldsymbol{\alpha}_2,\boldsymbol{\alpha}_3,\boldsymbol{\alpha}_4,\boldsymbol{\alpha}_5\}$ 的一个极大无关组，且

$$\boldsymbol{\alpha}_3=2\boldsymbol{\alpha}_1-2\boldsymbol{\alpha}_2,\ \boldsymbol{\alpha}_5=\boldsymbol{\alpha}_1+2\boldsymbol{\alpha}_2+3\boldsymbol{\alpha}_4$$

例 2 设向量组 $A=\{\boldsymbol{\alpha}_1,\boldsymbol{\alpha}_2,\cdots,\boldsymbol{\alpha}_n\}$，$B=\{\boldsymbol{\beta}_1,\boldsymbol{\beta}_2,\cdots,\boldsymbol{\beta}_n\}$，令向量组

$$C=\{\boldsymbol{\alpha}_1+\boldsymbol{\beta}_1,\boldsymbol{\alpha}_2+\boldsymbol{\beta}_2,\cdots,\boldsymbol{\alpha}_n+\boldsymbol{\beta}_n\}$$

证明：$\mathrm{r}(C)\leqslant\mathrm{r}(A)+\mathrm{r}(B)$.

证明 设 $\mathrm{r}(A)=p$，$\mathrm{r}(B)=q$，不妨设 $\{\boldsymbol{\alpha}_1,\boldsymbol{\alpha}_2,\cdots,\boldsymbol{\alpha}_p\}$ 是 A 的一个极大无关组，$\{\boldsymbol{\beta}_1,\boldsymbol{\beta}_2,\cdots,\boldsymbol{\beta}_q\}$ 是 B 的一个极大无关组.

显然向量组 C 可由向量组 $\{\boldsymbol{\alpha}_1,\boldsymbol{\alpha}_2,\cdots,\boldsymbol{\alpha}_p,\boldsymbol{\beta}_1,\boldsymbol{\beta}_2,\cdots,\boldsymbol{\beta}_q\}$ 线性表示，根据定理 6

$$\mathrm{r}(C)\leqslant\mathrm{r}\{\boldsymbol{\alpha}_1,\boldsymbol{\alpha}_2,\cdots,\boldsymbol{\alpha}_p,\boldsymbol{\beta}_1,\boldsymbol{\beta}_2,\cdots,\boldsymbol{\beta}_q\}\leqslant p+q=\mathrm{r}(A)+\mathrm{r}(B)$$

例 3(本节习题 3) 证明教材中的极大无关组的定义 4.5 与定义 4.6 的等价性.

证明 (定义 4.5⇒定义 4.6) 设 $\boldsymbol{\beta}_1,\boldsymbol{\beta}_2,\cdots,\boldsymbol{\beta}_{r+1}$ 是 V 中任意 $r+1$ 个向量. 由定义 4.5(2)知 $\boldsymbol{\beta}_1,\boldsymbol{\beta}_2,\cdots,\boldsymbol{\beta}_{r+1}$ 可由 $\boldsymbol{\alpha}_1,\boldsymbol{\alpha}_2,\cdots,\boldsymbol{\alpha}_r$ 线性表示，由定理 4 知，$\boldsymbol{\beta}_1,\boldsymbol{\beta}_2,\cdots,\boldsymbol{\beta}_{r+1}$ 线性相关，即定义 4.6(2) 成立.

(定义 4.6⇒定义 4.5) 设 $\boldsymbol{\beta}$ 是 V 中任意一个向量. 则 $\boldsymbol{\alpha}_1,\boldsymbol{\alpha}_2,\cdots,\boldsymbol{\alpha}_r,\boldsymbol{\beta}$ 是 $r+1$ 个向量,由定义 4.6(2)知,$\boldsymbol{\alpha}_1,\boldsymbol{\alpha}_2,\cdots,\boldsymbol{\alpha}_r,\boldsymbol{\beta}$ 线性相关,且 $\boldsymbol{\alpha}_1,\boldsymbol{\alpha}_2,\cdots,\boldsymbol{\alpha}_r$ 线性无关,再由唯一表示定理知,$\boldsymbol{\beta}$ 可由 $\boldsymbol{\alpha}_1,\boldsymbol{\alpha}_2,\cdots,\boldsymbol{\alpha}_r$ 线性表示,即定义 4.5(2) 成立.

§4.4 矩阵的秩

一、内容提要

1. 矩阵秩的概念

矩阵 $\boldsymbol{A}$ 的行向量组的秩称为 $\boldsymbol{A}$ 的**行秩**,列向量组的秩称为 $\boldsymbol{A}$ 的**列秩**.

定义 2 称矩阵 $\boldsymbol{A}$ 的行秩为矩阵 $\boldsymbol{A}$ 的**秩**. 规定零矩阵的秩为 0. 矩阵 $\boldsymbol{A}$ 的秩记为 $\mathrm{rank}(\boldsymbol{A})$ 或 $\mathrm{r}(\boldsymbol{A})$.

2. 主要结论

定理 9 任一矩阵的行秩与列秩以及非零子式的最高阶数三者相等.

定理 10 初等变换不改变矩阵的秩. 等价地,设 $\boldsymbol{P},\boldsymbol{Q}$ 都是可逆矩阵,则

$$\mathrm{rank}(\boldsymbol{PAQ})=\mathrm{rank}(\boldsymbol{A})$$

定理 11 设 $\boldsymbol{A}$ 是 n 阶方阵,则 $\boldsymbol{A}$ 为可逆矩阵的充要条件是 $\mathrm{rank}(\boldsymbol{A})=n$.

定理 12 $\mathrm{rank}(\boldsymbol{AB})\leqslant\min\{\mathrm{rank}(\boldsymbol{A}),\mathrm{rank}(\boldsymbol{B})\}$

二、典型例题

下面例 1～例 3 为教材上的例题.

例 1 设 $\boldsymbol{A}$ 是 $m\times n$ 阶矩阵,$\boldsymbol{B}$ 是 $n\times m$ 阶矩阵,若 $m>n$,则 $|\boldsymbol{AB}|=0$.

例 2 证明

$$\max\{\mathrm{r}(\boldsymbol{A}),\mathrm{r}(\boldsymbol{B})\}\leqslant\mathrm{r}\{[\boldsymbol{A},\boldsymbol{B}]\}\leqslant\mathrm{r}(\boldsymbol{A})+\mathrm{r}(\boldsymbol{B})$$

例 3 设向量组 $\boldsymbol{\beta}_1,\boldsymbol{\beta}_2,\cdots,\boldsymbol{\beta}_p$ 线性无关,向量组 $\boldsymbol{\alpha}_1,\boldsymbol{\alpha}_2,\cdots,\boldsymbol{\alpha}_q$ 可由向量组 $\boldsymbol{\beta}_1,\boldsymbol{\beta}_2,\cdots,\boldsymbol{\beta}_p$ 线性表示为(矩阵形式):

$$[\boldsymbol{\alpha}_1,\boldsymbol{\alpha}_2,\cdots,\boldsymbol{\alpha}_q]=[\boldsymbol{\beta}_1,\boldsymbol{\beta}_2,\cdots,\boldsymbol{\beta}_p]\begin{pmatrix}c_{11}&c_{12}&\cdots&c_{1q}\\c_{21}&c_{22}&\cdots&c_{2q}\\\vdots&\vdots&&\vdots\\c_{p1}&c_{p2}&\cdots&c_{pq}\end{pmatrix}$$

记矩阵 $\boldsymbol{C}=[c_{ij}]^{\mathrm{T}}$. 证明:$\boldsymbol{\alpha}_1,\boldsymbol{\alpha}_2,\cdots,\boldsymbol{\alpha}_q$ 线性无关的充要条件是 $\mathrm{rank}\boldsymbol{C}=q$.

例 4 证明:矩阵 $\boldsymbol{A}$ 的行向量组与矩阵 $\boldsymbol{B}$ 的行向量组等价的充要条件是

$$\mathrm{rank}\boldsymbol{A}=\mathrm{rank}\boldsymbol{B}=\mathrm{rank}\begin{bmatrix}\boldsymbol{A}\\\boldsymbol{B}\end{bmatrix}$$

证明 若矩阵 $\boldsymbol{A}$ 的行向量组与矩阵 $\boldsymbol{B}$ 的行向量组等价，即 $\boldsymbol{A}$ 的行向量组与 $\boldsymbol{B}$ 的行向量组可以相互线性表示. 于是

$$\begin{bmatrix}\boldsymbol{A}\\\boldsymbol{B}\end{bmatrix}\xrightarrow{r}\begin{bmatrix}\boldsymbol{A}\\\boldsymbol{O}\end{bmatrix},\quad \begin{bmatrix}\boldsymbol{A}\\\boldsymbol{B}\end{bmatrix}\xrightarrow{r}\begin{bmatrix}\boldsymbol{O}\\\boldsymbol{B}\end{bmatrix}$$

所以 $\operatorname{rank}\begin{bmatrix}\boldsymbol{A}\\\boldsymbol{B}\end{bmatrix}=\operatorname{rank}\boldsymbol{A}=\operatorname{rank}\boldsymbol{B}$.

反之，由 $\operatorname{rank}\begin{bmatrix}\boldsymbol{A}\\\boldsymbol{B}\end{bmatrix}=\operatorname{rank}\boldsymbol{A}$，易知 $\boldsymbol{A}$ 的行向量组的极大无关组也是 $\begin{bmatrix}\boldsymbol{A}\\\boldsymbol{B}\end{bmatrix}$ 的行向量组的极大无关组（见教材推论 4.6），因此，$\boldsymbol{A}$ 的行向量组与 $\begin{bmatrix}\boldsymbol{A}\\\boldsymbol{B}\end{bmatrix}$ 的行向量组等价. 同理，由 $\operatorname{rank}\begin{bmatrix}\boldsymbol{A}\\\boldsymbol{B}\end{bmatrix}=\operatorname{rank}\boldsymbol{B}$，知 $\boldsymbol{B}$ 的行向量组与 $\begin{bmatrix}\boldsymbol{A}\\\boldsymbol{B}\end{bmatrix}$ 的行向量组等价. 所以，$\boldsymbol{A}$ 的行向量组与矩阵 $\boldsymbol{B}$ 的行向量组等价.

注 矩阵 $\boldsymbol{A}$ 的列向量组与矩阵 $\boldsymbol{B}$ 的列向量组等价的充要条件是

$$\operatorname{rank}\boldsymbol{A}=\operatorname{rank}\boldsymbol{B}=\operatorname{rank}[\boldsymbol{A},\ \boldsymbol{B}]$$

例 5（本节习题 3） 设

$$\boldsymbol{A}=\begin{bmatrix}2 & -2 & 1 & 3\\9 & -5 & 2 & 8\end{bmatrix}$$

(1) 求一个 4×2 矩阵 $\boldsymbol{B}$ 使得 $\boldsymbol{AB}=\boldsymbol{O}$，且 $\operatorname{rank}\boldsymbol{B}=2$；

(2) 求一个 4×2 矩阵 $\boldsymbol{C}$ 使得 $\boldsymbol{AC}=\boldsymbol{E}$，且 $\operatorname{rank}\boldsymbol{C}=2$.

解 (1) 求解方程组 $\boldsymbol{Ax}=\boldsymbol{0}$ 得两个线性无关的解

$$\boldsymbol{\beta}_1=[1,5,8,0]^{\mathrm{T}},\ \boldsymbol{\beta}_2=[-1,11,0,8]^{\mathrm{T}}$$

令

$$\boldsymbol{B}=[\boldsymbol{\beta}_1,\ \boldsymbol{\beta}_2]=\begin{pmatrix}1 & -1\\5 & 11\\8 & 0\\0 & 8\end{pmatrix}$$

则 $\operatorname{rank}\boldsymbol{B}=2$，$\boldsymbol{AB}=\boldsymbol{O}$，$\boldsymbol{B}$ 即为所求.

(2) 解 $\boldsymbol{Ax}=\boldsymbol{e}_1$ 得一个解 $\boldsymbol{\beta}_1=\dfrac{1}{8}[-5,-9,0,0]^{\mathrm{T}}$，解 $\boldsymbol{Ax}=\boldsymbol{e}_2$ 得一个解 $\boldsymbol{\beta}_2=\dfrac{1}{8}[2,2,0,0]^{\mathrm{T}}$. 令

$$C=[\boldsymbol{\beta}_1,\boldsymbol{\beta}_2]=\frac{1}{8}\begin{pmatrix}-5 & 2\\ -9 & 2\\ 0 & 0\\ 0 & 0\end{pmatrix}$$

则 $\mathrm{rank}\boldsymbol{C}=2,\boldsymbol{AC}=\boldsymbol{E},\boldsymbol{C}$ 即为所求.

例 6(本节习题 4)　设 $\boldsymbol{A}_{m\times n}\boldsymbol{B}_{n\times m}=\boldsymbol{C}_{m\times m}$，若 $\boldsymbol{C}$ 是可逆矩阵，则 $\mathrm{r}(\boldsymbol{A})=\mathrm{r}(\boldsymbol{B})=m$.

证明　$m=\mathrm{r}(\boldsymbol{C})=\mathrm{r}(\boldsymbol{AB})=\mathrm{r}(\boldsymbol{A})\leqslant m\Rightarrow \mathrm{r}(\boldsymbol{A})=m$

$m=\mathrm{r}(\boldsymbol{C})=\mathrm{r}(\boldsymbol{AB})=\mathrm{r}(\boldsymbol{B})\leqslant m\Rightarrow \mathrm{r}(\boldsymbol{B})=m$

例 7(本节习题 5)　证明：$\mathrm{r}(\boldsymbol{A}+\boldsymbol{B})\leqslant \mathrm{r}(\boldsymbol{A})+\mathrm{r}(\boldsymbol{B})$.

证法 1　设

$$\boldsymbol{A}=[\boldsymbol{\alpha}_1,\boldsymbol{\alpha}_2,\cdots,\boldsymbol{\alpha}_n],\ \boldsymbol{B}=[\boldsymbol{\beta}_1,\boldsymbol{\beta}_2,\cdots,\boldsymbol{\beta}_n],\ \mathrm{r}(\boldsymbol{A})=s,\ \mathrm{r}(\boldsymbol{B})=t$$

不妨设$\{\boldsymbol{\alpha}_1,\boldsymbol{\alpha}_2,\cdots,\boldsymbol{\alpha}_s\}$是 $\boldsymbol{A}$ 的列向量组的极大无关组，$\{\boldsymbol{\beta}_1,\boldsymbol{\beta}_2,\cdots,\boldsymbol{\beta}_t\}$是 $\boldsymbol{B}$ 的列向量组的极大无关组. 显然 $\boldsymbol{A}+\boldsymbol{B}$ 的列向量可由$\{\boldsymbol{\alpha}_1,\cdots,\boldsymbol{\alpha}_t,\boldsymbol{\beta}_1,\cdots,\boldsymbol{\beta}_s\}$线性表示，于是

$$\mathrm{r}(\boldsymbol{A}+\boldsymbol{B})=(\boldsymbol{A}+\boldsymbol{B})\text{的列秩}\leqslant \mathrm{r}\{\boldsymbol{\alpha}_1,\cdots,\boldsymbol{\alpha}_t,\boldsymbol{\beta}_1,\cdots,\boldsymbol{\beta}_s\}\leqslant s+t=\mathrm{r}(\boldsymbol{A})+\mathrm{r}(\boldsymbol{B})$$

证法 2　由

$$[\boldsymbol{A}+\boldsymbol{B},\boldsymbol{B}]\xrightarrow{c}[\boldsymbol{A},\boldsymbol{B}]$$

得 $\mathrm{r}[\boldsymbol{A}+\boldsymbol{B},\boldsymbol{B}]=\mathrm{r}[\boldsymbol{A},\boldsymbol{B}]$，从而

$$\mathrm{r}(\boldsymbol{A}+\boldsymbol{B})\leqslant \mathrm{r}[\boldsymbol{A}+\boldsymbol{B},\boldsymbol{B}]=\mathrm{r}[\boldsymbol{A},\boldsymbol{B}]\leqslant \mathrm{r}(\boldsymbol{A})+\mathrm{r}(\boldsymbol{B})$$

例 8　用等价标准形定理证明：$\mathrm{rank}\boldsymbol{A}_{m\times n}=1$ 的充要条件是

$$\boldsymbol{A}=\boldsymbol{\alpha}\boldsymbol{\beta}^{\mathrm{T}}$$

其中 $\boldsymbol{0}\neq\boldsymbol{\alpha}\in\mathbf{R}^m,\boldsymbol{0}\neq\boldsymbol{\beta}\in\mathbf{R}^n$.

证明　设 $\mathrm{rank}\boldsymbol{A}=1$，由等价标准形定理知，存在可逆矩阵 $\boldsymbol{P}\in\mathbf{R}^{m\times m},\boldsymbol{Q}\in\mathbf{R}^{n\times n}$，使得

$$\boldsymbol{A}=\boldsymbol{P}\begin{bmatrix}1 & \boldsymbol{0}\\ \boldsymbol{0} & \boldsymbol{0}\end{bmatrix}\boldsymbol{Q}=\left[\boldsymbol{P}\begin{pmatrix}1\\0\\ \vdots\\0\end{pmatrix}\right][(1,0,\cdots,0)\boldsymbol{Q}]=\boldsymbol{\alpha}\boldsymbol{\beta}^{\mathrm{T}}$$

其中 $\boldsymbol{\alpha}$ 是 $\boldsymbol{P}$ 的第一列，$\boldsymbol{\beta}^{\mathrm{T}}$ 是 $\boldsymbol{Q}$ 的第一行，显然 $\boldsymbol{\alpha}\neq\boldsymbol{0},\boldsymbol{\beta}\neq\boldsymbol{0}$.

反之，如果 $\boldsymbol{A}=\boldsymbol{\alpha}\boldsymbol{\beta}^{\mathrm{T}}(\boldsymbol{\alpha}\neq\boldsymbol{0},\boldsymbol{\beta}\neq\boldsymbol{0})$，则

$$1\leqslant \mathrm{r}(\boldsymbol{A})\leqslant \mathrm{r}(\boldsymbol{\alpha})=1\Rightarrow \mathrm{r}(\boldsymbol{A})=1$$

§4.5 向量空间

一、内容提要

1. 向量空间的概念

定义 3 设 $\Phi \neq V \subset \mathbf{R}^n$，如果

(1) $\forall \boldsymbol{\alpha} \in V, \forall \boldsymbol{\beta} \in V$，有 $\boldsymbol{\alpha}+\boldsymbol{\beta} \in V$(对加法运算封闭)；

(2) $\forall \boldsymbol{\alpha} \in V, \forall k \in \mathbf{R}$，有 $k\boldsymbol{\alpha} \in V$(对数乘运算封闭).

则称 V 是一个**向量空间**.

如果 V_1 与 V 都是向量空间,且 $V_1 \subset V$,则称 V_1 是 V 的一个**子空间**.

定义 4 称向量空间 $V \neq \{\mathbf{0}\}$ 的一个极大无关组 $\boldsymbol{\alpha}_1, \boldsymbol{\alpha}_2, \cdots, \boldsymbol{\alpha}_r$ 为向量空间 V 的一个**基**. 称基所含向量的个数 r 为向量空间 V 的**维数**，记为 $\dim V = \operatorname{rank} V = r$. 此时又称 V 是 r **维的向量空间**. 如果 $V=\{\mathbf{0}\}$，规定 $\dim V=0$.

定义 5 设 r 维向量空间 V 的一个基为 $\boldsymbol{\alpha}_1, \boldsymbol{\alpha}_2, \cdots, \boldsymbol{\alpha}_r$，则 V 中任意向量 $\boldsymbol{\alpha}$ 可由基 $\boldsymbol{\alpha}_1, \boldsymbol{\alpha}_2, \cdots, \boldsymbol{\alpha}_r$ 唯一表示，设表示式为：

$$\boldsymbol{\alpha} = k_1\boldsymbol{\alpha}_1 + \cdots + k_r\boldsymbol{\alpha}_r$$

称有序数组 $k_1, k_2, \cdots, k_r$ 或向量 $[k_1, k_2, \cdots, k_r]^{\mathrm{T}}$ 为 $\boldsymbol{\alpha}$ 在基 $\boldsymbol{\alpha}_1, \boldsymbol{\alpha}_2, \cdots, \boldsymbol{\alpha}_r$ 下的**坐标**.

定义 6 设 r 维向量空间 V 的两个基分别为 $\boldsymbol{\alpha}_1, \boldsymbol{\alpha}_2, \cdots, \boldsymbol{\alpha}_r$ 和 $\boldsymbol{\beta}_1, \boldsymbol{\beta}_2, \cdots, \boldsymbol{\beta}_r$，则 $\boldsymbol{\beta}_1, \boldsymbol{\beta}_2, \cdots, \boldsymbol{\beta}_r$ 可由 $\boldsymbol{\alpha}_1, \boldsymbol{\alpha}_2, \cdots, \boldsymbol{\alpha}_r$ 线性表示，设表示式为(矩阵形式)：

$$[\boldsymbol{\beta}_1, \boldsymbol{\beta}_2, \cdots, \boldsymbol{\beta}_r] = [\boldsymbol{\alpha}_1, \boldsymbol{\alpha}_2, \cdots, \boldsymbol{\alpha}_r] \begin{pmatrix} p_{11} & p_{21} & \cdots & p_{r1} \\ p_{12} & p_{22} & \cdots & p_{r2} \\ \vdots & \vdots & & \vdots \\ p_{1r} & p_{2r} & \cdots & p_{rr} \end{pmatrix}$$

称矩阵 $\boldsymbol{P} = [p_{ij}]^{\mathrm{T}}$ 为由基 $\boldsymbol{\alpha}_1, \boldsymbol{\alpha}_2, \cdots, \boldsymbol{\alpha}_r$ 到基 $\boldsymbol{\beta}_1, \boldsymbol{\beta}_2, \cdots, \boldsymbol{\beta}_r$ 的**过渡矩阵**.

2. 矩阵 $\boldsymbol{A}$ 的两个子空间

设 $\boldsymbol{A}$ 是 $m \times n$ 阶矩阵.

(1) 齐次线性方程组 $\boldsymbol{Ax}=\mathbf{0}$ 的解集

$$N(\boldsymbol{A}) = \{\boldsymbol{x} \mid \boldsymbol{Ax}=\mathbf{0}\} \subset \mathbf{R}^n$$

是 $\mathbf{R}^n$ 的子空间. 称 $N(\boldsymbol{A})$为齐次线性方程组 $\boldsymbol{Ax}=\mathbf{0}$ 的**解空间**.

(2) 记 $\boldsymbol{A}$ 的列向量组为 $\boldsymbol{\alpha}_1, \boldsymbol{\alpha}_2, \cdots, \boldsymbol{\alpha}_n$. 集合

$$\begin{aligned} R(\boldsymbol{A}) &= \{\boldsymbol{y} \mid \boldsymbol{y}=\boldsymbol{Ax}, \boldsymbol{x} \in \mathbf{R}^n\} \\ &= \{\boldsymbol{y} \mid \boldsymbol{y}=x_1\boldsymbol{\alpha}_1 + \cdots + x_n\boldsymbol{\alpha}_n, x_1, \cdots, x_n \in \mathbf{R}\} \subset \mathbf{R}^m \end{aligned}$$

是 $\mathbf{R}^m$ 的子空间. 称 $R(\boldsymbol{A})$为矩阵 $\boldsymbol{A}$ 的**列空间**或矩阵 $\boldsymbol{A}$ 的**值域**.

3. 主要结论

定理 13 过渡矩阵一定是可逆矩阵.

定理 14(基的扩张定理)

设 $\boldsymbol{\alpha}_1,\boldsymbol{\alpha}_2,\cdots,\boldsymbol{\alpha}_m$ 是 $\mathbf{R}^n$ 的一个线性无关组，若 $m<n$，则存在 $n-m$ 个向量 $\boldsymbol{\alpha}_{m+1},\cdots,\boldsymbol{\alpha}_n\in\mathbf{R}^n$，使得 $\boldsymbol{\alpha}_1,\cdots,\boldsymbol{\alpha}_m,\boldsymbol{\alpha}_{m+1},\cdots,\boldsymbol{\alpha}_n$ 成为 $\mathbf{R}^n$ 的一个基.

二、典型例题

例 1 设 $V=\{\boldsymbol{x}\mid\boldsymbol{x}=[k_1+k_2+k_3,k_1+2k_3,k_1+k_2+k_3]^{\mathrm{T}},k_1,k_2,k_3\in\mathbf{R}\}\subset\mathbf{R}^3$,验证 V 是向量空间,并求 V 的维数及 V 的一个基.

解 把 V 中向量改写成

$$\boldsymbol{x}=k_1\begin{pmatrix}1\\1\\1\end{pmatrix}+k_2\begin{pmatrix}1\\0\\1\end{pmatrix}+k_3\begin{pmatrix}1\\2\\1\end{pmatrix}$$

记

$$\boldsymbol{\alpha}_1=\begin{pmatrix}1\\1\\1\end{pmatrix},\ \boldsymbol{\alpha}_2=\begin{pmatrix}1\\0\\1\end{pmatrix},\ \boldsymbol{\alpha}_3=\begin{pmatrix}1\\2\\1\end{pmatrix}$$

则

$$\boldsymbol{x}=k_1\boldsymbol{\alpha}_1+k_2\boldsymbol{\alpha}_2+k_3\boldsymbol{\alpha}_3$$

由此便知

$$V=\mathrm{span}(\boldsymbol{\alpha}_1,\boldsymbol{\alpha}_2,\boldsymbol{\alpha}_3)$$

它构成了向量空间.

这里 $\boldsymbol{\alpha}_1,\boldsymbol{\alpha}_2,\boldsymbol{\alpha}_3$ 并不是线性无关的,易知 $\boldsymbol{\alpha}_1,\boldsymbol{\alpha}_2,\boldsymbol{\alpha}_3$ 的一个极大无关组为 $\boldsymbol{\alpha}_1,\boldsymbol{\alpha}_2$. 因此 $\dim V=2$,V 的一个基为 $\boldsymbol{\alpha}_1,\boldsymbol{\alpha}_2$.

注 与向量组$\{\boldsymbol{\alpha}_1,\boldsymbol{\alpha}_2\}$等价的任何一个向量组$\{\boldsymbol{\beta}_1,\boldsymbol{\beta}_2\}$都是 V 的基. 例如

$$\boldsymbol{\beta}_1=\begin{pmatrix}1\\0\\1\end{pmatrix},\ \boldsymbol{\beta}_2=\begin{pmatrix}0\\1\\0\end{pmatrix}$$

例 2 设向量空间 V 的两个基分别是

$$\boldsymbol{\alpha}_1=\begin{pmatrix}1\\1\\1\end{pmatrix},\boldsymbol{\alpha}_2=\begin{pmatrix}1\\0\\-1\end{pmatrix}\text{与 }\boldsymbol{\beta}_1=\begin{pmatrix}2\\1\\0\end{pmatrix},\boldsymbol{\beta}_2=\begin{pmatrix}1\\-1\\-3\end{pmatrix}$$

(1) 求由基$\{\boldsymbol{\alpha}_1,\boldsymbol{\alpha}_2\}$到基$\{\boldsymbol{\beta}_1,\boldsymbol{\beta}_2\}$的过渡矩阵.

(2) 已知向量 $\boldsymbol{\alpha}$ 在基 $\{\boldsymbol{\alpha}_1,\boldsymbol{\alpha}_2\}$ 下的坐标为 $\boldsymbol{x}=[1,2]^{\mathrm{T}}$，求 $\boldsymbol{\alpha}$ 在基 $\{\boldsymbol{\beta}_1,\boldsymbol{\beta}_2\}$ 下的坐标.

解 (1) 求 $\boldsymbol{\beta}_1,\boldsymbol{\beta}_2$ 在基 $\{\boldsymbol{\alpha}_1,\boldsymbol{\alpha}_2\}$ 下的坐标. 由

$$[\boldsymbol{\alpha}_1,\boldsymbol{\alpha}_2 \vdots \boldsymbol{\beta}_1,\boldsymbol{\beta}_2]=\begin{pmatrix}1 & 1 & \vdots & 2 & 1\\ 1 & 0 & \vdots & 1 & -1\\ 1 & -1 & \vdots & 0 & -3\end{pmatrix}\xrightarrow{r}\begin{pmatrix}1 & 0 & \vdots & 1 & -1\\ 0 & 1 & \vdots & 1 & 2\\ 0 & 0 & \vdots & 0 & 0\end{pmatrix}$$

得

$$[\boldsymbol{\beta}_1,\boldsymbol{\beta}_2]=[\boldsymbol{\alpha}_1,\boldsymbol{\alpha}_2]\begin{bmatrix}1 & -1\\ 1 & 2\end{bmatrix}$$

因此由基 $\{\boldsymbol{\alpha}_1,\boldsymbol{\alpha}_2\}$ 到基 $\{\boldsymbol{\beta}_1,\boldsymbol{\beta}_2\}$ 的过渡矩阵为

$$\boldsymbol{P}=\begin{bmatrix}1 & -1\\ 1 & 2\end{bmatrix}$$

(2) 由条件

$$\boldsymbol{\alpha}=[\boldsymbol{\alpha}_1,\boldsymbol{\alpha}_2]\begin{bmatrix}1\\ 2\end{bmatrix}$$

于是

$$\boldsymbol{\alpha}=[\boldsymbol{\beta}_1,\boldsymbol{\beta}_2]\begin{bmatrix}1 & -1\\ 1 & 2\end{bmatrix}^{-1}\begin{bmatrix}1\\ 2\end{bmatrix}=[\boldsymbol{\beta}_1,\boldsymbol{\beta}_2]\begin{pmatrix}\dfrac{4}{3}\\ \dfrac{1}{3}\end{pmatrix}$$

所以 $\boldsymbol{\alpha}$ 在基 $\{\boldsymbol{\beta}_1,\boldsymbol{\beta}_2\}$ 下的坐标是 $\boldsymbol{y}=\left[\dfrac{4}{3},\dfrac{1}{3}\right]^{\mathrm{T}}$.

§4.6 线性方程组解的结构

一、内容提要

1. 线性方程组解的存在唯一性

定理 15 设 $\boldsymbol{A}\in\mathbf{R}^{m\times n}$，$\mathbf{0}\neq\boldsymbol{b}\in\mathbf{R}^m$，则

(1) 方程组 $\boldsymbol{Ax}=\boldsymbol{b}$ 有解 $\Leftrightarrow \operatorname{rank}\boldsymbol{A}=\operatorname{rank}[\boldsymbol{A},\boldsymbol{b}]$；

(2) 方程组 $\boldsymbol{Ax}=\boldsymbol{b}$ 无解 $\Leftrightarrow \operatorname{rank}\boldsymbol{A}<\operatorname{rank}[\boldsymbol{A},\boldsymbol{b}]$；

(3) 方程组 $\boldsymbol{Ax}=\boldsymbol{b}$ 有唯一解 $\Leftrightarrow \operatorname{rank}\boldsymbol{A}=\operatorname{rank}[\boldsymbol{A},\boldsymbol{b}]=n$；

(4) 方程组 $\boldsymbol{Ax}=\boldsymbol{b}$ 有无穷多解 $\Leftrightarrow \operatorname{rank}\boldsymbol{A}=\operatorname{rank}[\boldsymbol{A},\boldsymbol{b}]<n$；

(5) 方程组 $\boldsymbol{Ax}=\mathbf{0}$ 只有零解 $\Leftrightarrow \operatorname{rank}\boldsymbol{A}=n$；

(6) 方程组 $\boldsymbol{Ax}=\mathbf{0}$ 有非零解 $\Leftrightarrow \operatorname{rank}\boldsymbol{A}<n$.

2. 线性方程组解的结构

定理 16 设 $\boldsymbol{A}$ 是 $m\times n$ 矩阵，$\mathrm{rank}\boldsymbol{A}=r$,则齐次线性方程组 $\boldsymbol{Ax}=\boldsymbol{0}$ 的基础解系所含向量个数是 $n-r$,即 $\dim N(\boldsymbol{A})=n-r$. 若 $\boldsymbol{\alpha}_1,\boldsymbol{\alpha}_2,\cdots,\boldsymbol{\alpha}_{n-r}$是 $\boldsymbol{Ax}=\boldsymbol{0}$ 的一个基础解系，则 $\boldsymbol{Ax}=\boldsymbol{0}$ 的通解为

$$\boldsymbol{x}=k_1\boldsymbol{\alpha}_1+k_2\boldsymbol{\alpha}_2+\cdots+k_{n-r}\boldsymbol{\alpha}_{n-r}$$

这里 $k_1,k_2,\cdots,k_{n-r}$取任意数.

定理 17 设 $\boldsymbol{A}\in\mathbf{R}^{m\times n}$,$\boldsymbol{0}\neq\boldsymbol{b}\in\mathbf{R}^m$,则 $\boldsymbol{\eta}^*$ 是方程组 $\boldsymbol{Ax}=\boldsymbol{b}$ 的任意一个解，则 $\boldsymbol{Ax}=\boldsymbol{b}$ 解的全体为

$$V=\{\boldsymbol{\eta}\,|\,\boldsymbol{\eta}=\boldsymbol{\eta}^*+\boldsymbol{\alpha},\boldsymbol{\alpha}\in N(\boldsymbol{A})\}$$

即若 $\boldsymbol{\alpha}_1,\boldsymbol{\alpha}_2,\cdots,\boldsymbol{\alpha}_{n-r}$是 $\boldsymbol{Ax}=\boldsymbol{0}$ 的一个基础解系，则 $\boldsymbol{Ax}=\boldsymbol{b}$ 的通解为

$$\boldsymbol{x}=\boldsymbol{\eta}^*+k_1\boldsymbol{\alpha}_1+k_2\boldsymbol{\alpha}_2+\cdots+k_{n-r}\boldsymbol{\alpha}_{n-r}$$

这里 $k_1,k_2,\cdots,k_{n-r}$取任意数.

二、典型例题

下面例 1～例 4 为教材上的例题.

例 1 设 $\mathrm{rank}\boldsymbol{A}_{m\times n}=m$,证明对任意向量 $\boldsymbol{b}\in\mathbf{R}^m$,方程组 $\boldsymbol{Ax}=\boldsymbol{b}$ 都有解.

例 2 证明:矩阵方程 $\boldsymbol{AX}=\boldsymbol{B}$ 有解的充要条件是 $\mathrm{rank}\boldsymbol{A}=\mathrm{rank}[\boldsymbol{A},\boldsymbol{B}]$.

例 3 设 $\boldsymbol{A}_{m\times n}\boldsymbol{B}_{n\times p}=\boldsymbol{O}$, 则 $\mathrm{r}(\boldsymbol{A})+\mathrm{r}(\boldsymbol{B})\leqslant n$.

例 4 设 $\boldsymbol{A}$ 是 $m\times n$ 矩阵，证明:$\mathrm{rank}(\boldsymbol{A}^{\mathrm{T}}\boldsymbol{A})=\mathrm{rank}\boldsymbol{A}$.

例 5 设齐次线性方程组 $\boldsymbol{A}_{m\times n}\boldsymbol{x}=\boldsymbol{0}$,$\boldsymbol{B}_{p\times n}\boldsymbol{x}=\boldsymbol{0}$,证明:

(1) 若 $\boldsymbol{Ax}=\boldsymbol{0}$ 的解都是 $\boldsymbol{Bx}=\boldsymbol{0}$ 的解,则 $\mathrm{r}(\boldsymbol{A})\geqslant\mathrm{r}(\boldsymbol{B})$;

(2) 若 $\boldsymbol{Ax}=\boldsymbol{0}$ 解都是 $\boldsymbol{Bx}=\boldsymbol{0}$ 的解,且 $\mathrm{r}(\boldsymbol{A})=\mathrm{r}(\boldsymbol{B})$,则 $\boldsymbol{Ax}=\boldsymbol{0}$ 与 $\boldsymbol{Bx}=\boldsymbol{0}$ 同解.

证明 (1) $N(\boldsymbol{A})\subset N(\boldsymbol{B})$,从而

$$\dim N(\boldsymbol{A})=n-\mathrm{r}(\boldsymbol{A})\leqslant\dim N(\boldsymbol{B})=n-\mathrm{r}(\boldsymbol{B})$$

所以 $\mathrm{r}(\boldsymbol{A})\geqslant\mathrm{r}(\boldsymbol{B})$.

(2) 由 $N(\boldsymbol{A})\subset N(\boldsymbol{B})$和 $\dim N(\boldsymbol{A})=\dim N(\boldsymbol{B})$知,$\boldsymbol{Ax}=\boldsymbol{0}$ 的基础解系也是 $\boldsymbol{Bx}=\boldsymbol{0}$ 的基础解系,所以 $N(\boldsymbol{A})=N(\boldsymbol{B})$,即 $\boldsymbol{Ax}=\boldsymbol{0}$ 与 $\boldsymbol{Bx}=\boldsymbol{0}$ 同解.

例 6 设 $\boldsymbol{\alpha}_1,\boldsymbol{\alpha}_2,\cdots,\boldsymbol{\alpha}_{n-1}\in\mathbf{R}^n$ 线性无关,且两个非零向量 $\boldsymbol{\beta}_1,\boldsymbol{\beta}_2$ 满足

$$\boldsymbol{\alpha}_i^{\mathrm{T}}\boldsymbol{\beta}_j=0\quad(i=1,2,\cdots,n-1;\ j=1,2)$$

证明:$\boldsymbol{\beta}_1,\boldsymbol{\beta}_2$ 必线性相关.

证明 记矩阵

$$\boldsymbol{A}=[\boldsymbol{\alpha}_1,\boldsymbol{\alpha}_2,\cdots,\boldsymbol{\alpha}_{n-1}]$$

由条件得

$$A^{\mathrm{T}}\boldsymbol{\beta}_1=A^{\mathrm{T}}\boldsymbol{\beta}_2=\mathbf{0}$$

即 $\boldsymbol{\beta}_1,\boldsymbol{\beta}_2$ 都是 $A^{\mathrm{T}}x=\mathbf{0}$ 的非零解.

又 A^{T} 为 $(n-1)\times n$ 矩阵且 $\mathrm{r}(A^{\mathrm{T}})=n-1$，因此 $A^{\mathrm{T}}x=\mathbf{0}$ 的基础解系所含向量个数为 $n-\mathrm{r}(A^{\mathrm{T}})=1$. 所以 $\boldsymbol{\beta}_1,\boldsymbol{\beta}_2$ 必线性相关.

例 7 设 $A\in\mathbf{R}^{n\times n}$，证明：存在正整数 $k(1\leqslant k\leqslant n)$ 使得

$$\mathrm{r}(A^k)=\mathrm{r}(A^{k+1})=\mathrm{r}(A^{k+2})=\cdots$$

证明 如果 A 是可逆矩阵，则对任意的 $k(1\leqslant k\leqslant n)$，有

$$n=\mathrm{r}(A^k)=\mathrm{r}(A^{k+1})=\mathrm{r}(A^{k+2})=\cdots$$

如果 A 是不可逆矩阵，则

$$n>\mathrm{r}(A)\geqslant\mathrm{r}(A^2)\geqslant\cdots\geqslant\mathrm{r}(A^n)\geqslant\mathrm{r}(A^{n+1})\geqslant 0$$

因此，必存在某个正整数 $k(1\leqslant k\leqslant n)$ 使得

$$\mathrm{r}(A^k)=\mathrm{r}(A^{k+1})$$

下面再证 $\mathrm{r}(A^{k+1})=\mathrm{r}(A^{k+2})$.

显然 $A^kx=\mathbf{0}$ 的解都是 $A^{k+1}x=\mathbf{0}$ 的解，又 $\mathrm{r}(A^k)=\mathrm{r}(A^{k+1})$，所以 $A^kx=\mathbf{0}$ 与 $A^{k+1}x=\mathbf{0}$ 同解. 由此又可证明 $A^{k+2}x=\mathbf{0}$ 与 $A^{k+1}x=\mathbf{0}$ 同解.

显然 $A^{k+1}x=\mathbf{0}$ 的解都是 $A^{k+2}x=\mathbf{0}$ 的解. 又如果 $A^{k+2}x=\mathbf{0}$，说明 Ax 是 $A^{k+1}x=\mathbf{0}$ 的解，因此 Ax 也是 $A^kx=0$ 的解，即 $A^k(Ax)=A^{k+1}x=\mathbf{0}$，说明 $A^{k+2}x=\mathbf{0}$ 与 $A^{k+1}x=\mathbf{0}$ 同解. 从而

$$\mathrm{r}(A^{k+1})=\mathrm{r}(A^{k+2})$$

以此类推可得

$$\mathrm{r}(A^k)=\mathrm{r}(A^{k+1})=\mathrm{r}(A^{k+2})=\cdots$$

例 8(本节习题 2) 求一个齐次线性方程组，使它的基础解系为

$$\boldsymbol{\xi}_1=[0,1,2,3]^{\mathrm{T}},\ \boldsymbol{\xi}_2=[3,2,1,0]^{\mathrm{T}}$$

解 设所求方程组为 $Ax=\mathbf{0}$，记 $B=[\boldsymbol{\xi}_1,\boldsymbol{\xi}_2]$，由题设可知，$AB=O$ 即 $B^{\mathrm{T}}A^{\mathrm{T}}=O$，这说明 A^{T} 的列向量都是方程组 $B^{\mathrm{T}}x=\mathbf{0}$ 的解.

解方程组 $B^{\mathrm{T}}x=\mathbf{0}$，即

$$\begin{cases}x_2+2x_3+3x_4=0\\3x_1+2x_2+3x_3=0\end{cases}$$

得基础解系为

$$\boldsymbol{\alpha}_1=[1,-2,1,0]^{\mathrm{T}},\ \boldsymbol{\alpha}_2=[2,-3,0,1]^{\mathrm{T}}$$

令 $A^{\mathrm{T}}=[\boldsymbol{\alpha}_1,\boldsymbol{\alpha}_2]$，即

$$A=\begin{bmatrix}\boldsymbol{\alpha}_1^{\mathrm{T}}\\\boldsymbol{\alpha}_2^{\mathrm{T}}\end{bmatrix}=\begin{bmatrix}1&-2&1&0\\2&-3&0&1\end{bmatrix}$$

所求方程组为

$$\begin{cases} x_1-2x_2+x_3 \quad =0 \\ 2x_1-3x_2 \quad +x_4=0 \end{cases}$$

例 9(本节习题 5) 设 $\boldsymbol{\eta}_1,\boldsymbol{\eta}_2,\cdots,\boldsymbol{\eta}_s$ 是非齐次线性方程组 $\boldsymbol{Ax}=\boldsymbol{b}$ 的 s 个解向量,令

$$\boldsymbol{\eta}=k_1\boldsymbol{\eta}_1+k_2\boldsymbol{\eta}_2+\cdots+k_s\boldsymbol{\eta}_s \quad (k_1,k_2,\cdots,k_s\in\mathbf{R})$$

证明:(1) $\boldsymbol{\eta}$ 是非齐次线性方程组 $\boldsymbol{Ax}=\boldsymbol{b}$ 的解的充要条件是 $k_1+k_2+\cdots+k_s=1$;

(2) $\boldsymbol{\eta}$ 是齐次线性方程组 $\boldsymbol{Ax}=\boldsymbol{0}$ 的解的充要条件是 $k_1+k_2+\cdots+k_s=0$.

证明 (1) $k_1\boldsymbol{\eta}_1+k_2\boldsymbol{\eta}_2+\cdots+k_s\boldsymbol{\eta}_s$ 是 $\boldsymbol{Ax}=\boldsymbol{b}$ 的解

$$\Leftrightarrow \boldsymbol{A}(k_1\boldsymbol{\eta}_1+k_2\boldsymbol{\eta}_2+\cdots+k_s\boldsymbol{\eta}_s)=\boldsymbol{b}$$
$$\Leftrightarrow (k_1+k_2+\cdots+k_s)\boldsymbol{b}=\boldsymbol{b}\ (\boldsymbol{b}\neq\boldsymbol{0})$$
$$\Leftrightarrow k_1+k_2+\cdots+k_s=1$$

(2) $k_1\boldsymbol{\eta}_1+k_2\boldsymbol{\eta}_2+\cdots+k_s\boldsymbol{\eta}_s$ 是 $\boldsymbol{Ax}=\boldsymbol{0}$ 的解

$$\Leftrightarrow \boldsymbol{A}(k_1\boldsymbol{\eta}_1+k_2\boldsymbol{\eta}_2+\cdots+k_s\boldsymbol{\eta}_s)=\boldsymbol{0}$$
$$\Leftrightarrow (k_1+k_2+\cdots+k_s)\boldsymbol{b}=\boldsymbol{0}\ (\boldsymbol{b}\neq\boldsymbol{0})$$
$$\Leftrightarrow k_1+k_2+\cdots+k_s=0$$

例 10(本节习题 6) 设 $\operatorname{rank}\boldsymbol{A}_{m\times 4}=3$,$\boldsymbol{\eta}_1,\boldsymbol{\eta}_2,\boldsymbol{\eta}_3$ 是非齐次线性方程组 $\boldsymbol{Ax}=\boldsymbol{b}$ 的 3 个解向量, 并且

$$\boldsymbol{\eta}_1=[2,3,4,5]^{\mathrm{T}},\ \boldsymbol{\eta}_2+\boldsymbol{\eta}_3=[1,2,3,4]^{\mathrm{T}}$$

求方程组 $\boldsymbol{Ax}=\boldsymbol{b}$ 的通解.

解 由 $\mathrm{r}(\boldsymbol{A}_{m\times 4})=3$ 知,$\boldsymbol{Ax}=\boldsymbol{0}$ 的基础解系只含一个向量,取

$$\boldsymbol{\xi}=2\boldsymbol{\eta}_1-(\boldsymbol{\eta}_2+\boldsymbol{\eta}_3)=[3,4,5,6]^{\mathrm{T}}$$

则 $\boldsymbol{\xi}$ 是 $\boldsymbol{Ax}=\boldsymbol{0}$ 的基础解系. 从而非齐次线性方程组 $\boldsymbol{Ax}=\boldsymbol{b}$ 的通解为

$$\boldsymbol{x}=\boldsymbol{\eta}_1+k\boldsymbol{\xi} \quad (k\in\mathbf{R})$$

例 11(本节习题 7) 设矩阵 $\boldsymbol{A}=[\boldsymbol{\alpha}_1,\boldsymbol{\alpha}_2,\boldsymbol{\alpha}_3,\boldsymbol{\alpha}_4]$, 其中 $\boldsymbol{\alpha}_2,\boldsymbol{\alpha}_3,\boldsymbol{\alpha}_4$ 线性无关, $\boldsymbol{\alpha}_1=2\boldsymbol{\alpha}_2-\boldsymbol{\alpha}_3$, 向量 $\boldsymbol{\beta}=\boldsymbol{\alpha}_1+\boldsymbol{\alpha}_2+\boldsymbol{\alpha}_3+\boldsymbol{\alpha}_4$. 求线性方程组 $\boldsymbol{Ax}=\boldsymbol{\beta}$ 的通解.

解 由假设易知 $\mathrm{r}(\boldsymbol{A})=3$,从而 $\boldsymbol{Ax}=\boldsymbol{0}$ 的基础解系只含一个向量. 由

$$\boldsymbol{\alpha}_1=2\boldsymbol{\alpha}_2-\boldsymbol{\alpha}_3\Leftrightarrow\boldsymbol{\alpha}_1-2\boldsymbol{\alpha}_2+\boldsymbol{\alpha}_3+0\boldsymbol{\alpha}_4=\boldsymbol{0}$$

得 $\boldsymbol{\xi}=[1,-2,1,0]^{\mathrm{T}}$ 为 $\boldsymbol{Ax}=\boldsymbol{0}$ 的基础解系. 由

$$\boldsymbol{\alpha}_1+\boldsymbol{\alpha}_2+\boldsymbol{\alpha}_3+\boldsymbol{\alpha}_4=\boldsymbol{\beta}$$

得 $\boldsymbol{\eta}=[1,1,1,1]^{\mathrm{T}}$ 为 $\boldsymbol{Ax}=\boldsymbol{\beta}$ 的一个解. 于是 $\boldsymbol{Ax}=\boldsymbol{\beta}$ 的通解是

$$\boldsymbol{x}=\boldsymbol{\eta}+k\boldsymbol{\xi} \quad (k\in\mathbf{R})$$

综合例题解析

例 1 设有两个向量组 $\boldsymbol{S}_1=\{\boldsymbol{\alpha}_1,\boldsymbol{\alpha}_2,\cdots,\boldsymbol{\alpha}_s\}$ 和 $\boldsymbol{S}_2=\{\boldsymbol{\beta}_1,\boldsymbol{\beta}_2,\cdots,\boldsymbol{\beta}_t\}$，$\boldsymbol{S}_1$ 可由 $\boldsymbol{S}_2$ 线性表示，且 $\mathrm{r}(\boldsymbol{S}_1)=\mathrm{r}(\boldsymbol{S}_2)$. 证明 $\boldsymbol{S}_1\cong\boldsymbol{S}_2$.

证明 只需证 $\boldsymbol{S}_2$ 可由 $\boldsymbol{S}_1$ 线性表示. 设 $\mathrm{r}(\boldsymbol{S}_1)=\mathrm{r}(\boldsymbol{S}_2)=r$，记

$$\boldsymbol{S}_3=\{\boldsymbol{\alpha}_1,\boldsymbol{\alpha}_2,\cdots,\boldsymbol{\alpha}_s,\boldsymbol{\beta}_1,\boldsymbol{\beta}_2,\cdots,\boldsymbol{\beta}_t\}$$

由 $\boldsymbol{S}_1$ 可由 $\boldsymbol{S}_2$ 线性表示，知

$$\boldsymbol{S}_3\cong\boldsymbol{S}_2 \quad 且 \quad \mathrm{r}(\boldsymbol{S}_3)=r$$

设 $\boldsymbol{\alpha}_1,\boldsymbol{\alpha}_2,\cdots,\boldsymbol{\alpha}_r$ 是 $\boldsymbol{\alpha}_1,\boldsymbol{\alpha}_2,\cdots,\boldsymbol{\alpha}_s$ 的一个极大无关组. 由于 $\mathrm{r}(\boldsymbol{S}_3)=r$，故 $\boldsymbol{\alpha}_1,\boldsymbol{\alpha}_2,\cdots,\boldsymbol{\alpha}_r$ 也是 $\boldsymbol{S}_3$ 的极大无关组，于是

$$\boldsymbol{S}_3\cong\boldsymbol{S}_1$$

综上 $\boldsymbol{S}_1\cong\boldsymbol{S}_2$.

例 2 证明 Sylvester 不等式：$\mathrm{r}(\boldsymbol{A})+\mathrm{r}(\boldsymbol{B})-n\leqslant\mathrm{r}(\boldsymbol{A}_{m\times n}\boldsymbol{B}_{n\times p})$.

证法 1 设

$$\mathrm{r}(\boldsymbol{A}_{m\times n})=s,\ \mathrm{r}(\boldsymbol{B}_{n\times p})=t,\ \mathrm{r}(\boldsymbol{AB})=r$$

由等价标准形定理知，有可逆矩阵 $\boldsymbol{P},\boldsymbol{Q}$ 使

$$\boldsymbol{PAQ}=\begin{bmatrix}\boldsymbol{E}_s & \boldsymbol{O}\\ \boldsymbol{O} & \boldsymbol{O}\end{bmatrix}$$

由此

$$\boldsymbol{PAB}=(\boldsymbol{PAQ})(\boldsymbol{Q}^{-1}\boldsymbol{B})=\begin{bmatrix}\boldsymbol{E}_s & \boldsymbol{O}\\ \boldsymbol{O} & \boldsymbol{O}\end{bmatrix}\begin{bmatrix}\boldsymbol{B}_1\\ \boldsymbol{B}_2\end{bmatrix}\begin{matrix}s\\ n-s\end{matrix}=\begin{bmatrix}\boldsymbol{B}_1\\ \boldsymbol{O}\end{bmatrix}\begin{matrix}s\\ m-s\end{matrix}$$

所以

$$\mathrm{r}(\boldsymbol{AB})=\mathrm{r}(\boldsymbol{PAB})=\mathrm{r}(\boldsymbol{B}_1)$$

又

$$t=\mathrm{r}(\boldsymbol{B})=\mathrm{r}(\boldsymbol{Q}^{-1}\boldsymbol{B})=\mathrm{r}\begin{bmatrix}\boldsymbol{B}_1\\ \boldsymbol{B}_2\end{bmatrix}\leqslant\mathrm{r}(\boldsymbol{B}_1)+\mathrm{r}(\boldsymbol{B}_2)=\mathrm{r}(\boldsymbol{AB})+\mathrm{r}(\boldsymbol{B}_2)\leqslant r+(n-s)$$

移项得 $s+t-n\leqslant r$，即 $\mathrm{r}(\boldsymbol{A})+\mathrm{r}(\boldsymbol{B})-n\leqslant\mathrm{r}(\boldsymbol{AB})$.

证法 2

$$\begin{bmatrix}\boldsymbol{E}_n & \boldsymbol{O}\\ \boldsymbol{O} & \boldsymbol{AB}\end{bmatrix}\xrightarrow{[r_2]+\boldsymbol{A}[r_1]}\begin{bmatrix}\boldsymbol{E}_n & \boldsymbol{O}\\ \boldsymbol{A} & \boldsymbol{AB}\end{bmatrix}\xrightarrow{[c_2]-[c_1]\boldsymbol{B}}\begin{bmatrix}\boldsymbol{E}_n & -\boldsymbol{B}\\ \boldsymbol{A} & \boldsymbol{O}\end{bmatrix}$$

因此

$$\mathrm{r}(\boldsymbol{E}_n)+\mathrm{r}(\boldsymbol{AB})=\mathrm{r}\begin{bmatrix}\boldsymbol{E}_n & \boldsymbol{O}\\ \boldsymbol{O} & \boldsymbol{AB}\end{bmatrix}=\mathrm{r}\begin{bmatrix}\boldsymbol{E}_n & -\boldsymbol{B}\\ \boldsymbol{A} & \boldsymbol{O}\end{bmatrix}\geqslant\mathrm{r}(\boldsymbol{A})+\mathrm{r}(\boldsymbol{B})$$

移项得证.

推论 1 设 $\mathrm{r}(\boldsymbol{P}_{m\times n})=n$(即 $\boldsymbol{P}$ 为列满秩矩阵),则 $\mathrm{r}(\boldsymbol{PA})=\mathrm{r}(\boldsymbol{A})$.

证明 由 Sylvester 不等式

$$\mathrm{r}(\boldsymbol{A})=\mathrm{r}(\boldsymbol{P})+\mathrm{r}(\boldsymbol{A})-n\leqslant \mathrm{r}(\boldsymbol{PA})\leqslant \mathrm{r}(\boldsymbol{A})$$

从而 $\mathrm{r}(\boldsymbol{PA})=\mathrm{r}(\boldsymbol{A})$.

推论 2 设 $\mathrm{r}(\boldsymbol{Q}_{m\times n})=m$(即 $\boldsymbol{Q}$ 为行满秩矩阵),则 $\mathrm{r}(\boldsymbol{AQ})=\mathrm{r}(\boldsymbol{A})$.

推论 3 设 $\boldsymbol{A}_{m\times n}\boldsymbol{B}_{n\times p}=\boldsymbol{O}$, 则 $\mathrm{r}(\boldsymbol{A})+\mathrm{r}(\boldsymbol{B})\leqslant n$

注 上面推论 3 就是教材中的例 4.24.

例 3 设 $\boldsymbol{A}^*$ 是 n 阶方阵 $\boldsymbol{A}$ 的伴随矩阵($n\geqslant 2$), 证明:

$$\mathrm{r}(\boldsymbol{A}^*)=\begin{cases} n, & \mathrm{r}(\boldsymbol{A})=n \\ 1, & \mathrm{r}(\boldsymbol{A})=n-1 \\ 0, & \mathrm{r}(\boldsymbol{A})<n-1 \end{cases}$$

证明 当 $\mathrm{r}(\boldsymbol{A})=n$ 时, $|\boldsymbol{A}|\neq 0$, 由行列式的展开定理: $\boldsymbol{A}^*\boldsymbol{A}=|\boldsymbol{A}|\boldsymbol{E}$, 立即知 $\boldsymbol{A}^*$ 是可逆矩阵, 即 $\mathrm{r}(\boldsymbol{A}^*)=n$.

当 $\mathrm{r}(\boldsymbol{A})<n-1$ 时, $\boldsymbol{A}$ 的所有 $n-1$ 阶子式都等于零, 这时 $\boldsymbol{A}^*$ 是零矩阵, 故 $\mathrm{r}(\boldsymbol{A}^*)=0$.

当 $\mathrm{r}(\boldsymbol{A})=n-1$ 时, $|\boldsymbol{A}|=0$, 由行列式的展开定理

$$\boldsymbol{A}^*\boldsymbol{A}=|\boldsymbol{A}|\boldsymbol{E}=\boldsymbol{O}$$

由例 2 的推论 3 知

$$\mathrm{r}(\boldsymbol{A}^*)+\mathrm{r}(\boldsymbol{A})\leqslant n\Rightarrow \mathrm{r}(\boldsymbol{A}^*)\leqslant 1$$

再由 $\mathrm{r}(\boldsymbol{A})=n-1$ 知 $\boldsymbol{A}$ 有一个 $n-1$ 阶子式不等于零, 故 $\boldsymbol{A}^*$ 至少有一个元素不为零, 因此 $\mathrm{r}(\boldsymbol{A}^*)>0$. 综上, $\mathrm{r}(\boldsymbol{A}^*)=1$.

例 4 设 $\mathrm{rank}\boldsymbol{A}_{m\times n}=r$, $\boldsymbol{\eta}$ 是非齐次线性方程组 $\boldsymbol{Ax}=\boldsymbol{b}$ 的一个特解, $\boldsymbol{\xi}_1$, $\boldsymbol{\xi}_2,\cdots,\boldsymbol{\xi}_{n-r}$ 是其对应的齐次线性方程组 $\boldsymbol{Ax}=\boldsymbol{0}$ 的一个基础解系. 证明: 向量组

$$\{\boldsymbol{\eta},\boldsymbol{\eta}+\boldsymbol{\xi}_1,\boldsymbol{\eta}+\boldsymbol{\xi}_2,\cdots,\boldsymbol{\eta}+\boldsymbol{\xi}_{n-r}\}$$

是 $\boldsymbol{Ax}=\boldsymbol{b}$ 解集 V 的一个极大无关组, 从而 $\mathrm{rank}V=n-r+1$.

证明 记

$$\boldsymbol{T}=\{\boldsymbol{\eta},\boldsymbol{\eta}+\boldsymbol{\xi}_1,\boldsymbol{\eta}+\boldsymbol{\xi}_2,\cdots,\boldsymbol{\eta}+\boldsymbol{\xi}_{n-r}\}$$

显然 $\boldsymbol{T}$ 中的向量都是 $\boldsymbol{Ax}=\boldsymbol{b}$ 的解, 即 $\boldsymbol{T}\subset V$.

下面证明 $\boldsymbol{T}$ 线性无关. 设

$$k_1(\boldsymbol{\eta}+\boldsymbol{\xi}_1)+k_2(\boldsymbol{\eta}+\boldsymbol{\xi}_2)+\cdots+k_{n-r}(\boldsymbol{\eta}+\boldsymbol{\xi}_{n-r})+k_{n-r+1}\boldsymbol{\eta}=\boldsymbol{0}$$

把上式整理为

$$k_1\boldsymbol{\xi}_1+k_2\boldsymbol{\xi}_2+\cdots+k_{n-r}\boldsymbol{\xi}_{n-r}+(k_1+k_2+\cdots+k_{n-r}+k_{n-r+1})\boldsymbol{\eta}=\boldsymbol{0}$$

上式两边左乘 $\boldsymbol{A}$ 得

$$(k_1+k_2+\cdots+k_{n-r}+k_{n-r+1})\boldsymbol{b}=\boldsymbol{0}$$

由 $\boldsymbol{b}\neq\boldsymbol{0}$ 得

$$k_1+k_2+\cdots+k_{n-r}+k_{n-r+1}=0$$

往上代入得

$$k_1\boldsymbol{\xi}_1+k_2\boldsymbol{\xi}_2+\cdots+k_{n-r}\boldsymbol{\xi}_{n-r}=\boldsymbol{0}$$

由 $\boldsymbol{\xi}_1,\boldsymbol{\xi}_2,\cdots,\boldsymbol{\xi}_{n-r}$ 线性无关性得

$$k_1=k_2=\cdots=k_{n-r}=0$$

再往上代入又得 $k_{n-r+1}=0$. 这说明 $\boldsymbol{T}$ 是线性无关的向量组.

下面再证明 V 中的任一向量都可由 $\boldsymbol{T}$ 线性表示.

由于 V 中的任一向量都可写为

$$\boldsymbol{x}=\boldsymbol{\eta}+k_1\boldsymbol{\xi}_1+k_2\boldsymbol{\xi}_2+\cdots+k_{n-r}\boldsymbol{\xi}_{n-r}$$

即

$$\boldsymbol{x}=(1-k_1-k_2-\cdots-k_{n-r})\boldsymbol{\eta}+k_1(\boldsymbol{\eta}+\boldsymbol{\xi}_1)+k_2(\boldsymbol{\eta}+\boldsymbol{\xi}_2)+\cdots+k_{n-r}(\boldsymbol{\eta}+\boldsymbol{\xi}_{n-r})$$

这说明 V 中的任一向量都可由 $\boldsymbol{T}$ 线性表示.

综上,向量组 $\boldsymbol{T}$ 是 $\boldsymbol{Ax}=\boldsymbol{b}$ 解集 V 的一个极大无关组,从而

$$\mathrm{rank}V=n-\mathrm{r}(\boldsymbol{A})+1$$

例 5 证明:$\boldsymbol{A}$ 是 n 阶幂等矩阵(即$\boldsymbol{A}^2=\boldsymbol{A}$)的充要条件是

$$\mathrm{r}(\boldsymbol{A})+\mathrm{r}(\boldsymbol{E}-\boldsymbol{A})=n$$

证明

$$\begin{bmatrix}\boldsymbol{A} & \boldsymbol{O}\\ \boldsymbol{O} & \boldsymbol{E}-\boldsymbol{A}\end{bmatrix}\xrightarrow{[r_1]+[r_2]}\begin{bmatrix}\boldsymbol{A} & \boldsymbol{E}-\boldsymbol{A}\\ \boldsymbol{O} & \boldsymbol{E}-\boldsymbol{A}\end{bmatrix}\xrightarrow{[c_2]+[c_1]}\begin{bmatrix}\boldsymbol{A} & \boldsymbol{E}\\ \boldsymbol{O} & \boldsymbol{E}-\boldsymbol{A}\end{bmatrix}$$

$$\xrightarrow{[r_2]-(\boldsymbol{E}-\boldsymbol{A})[r_1]}\begin{bmatrix}\boldsymbol{A} & \boldsymbol{E}\\ (\boldsymbol{A}^2-\boldsymbol{A}) & \boldsymbol{O}\end{bmatrix}\xrightarrow{[c_1]-[c_2]\boldsymbol{A}}\begin{bmatrix}\boldsymbol{O} & \boldsymbol{E}\\ (\boldsymbol{A}^2-\boldsymbol{A}) & \boldsymbol{O}\end{bmatrix}$$

所以

$$\mathrm{r}\begin{bmatrix}\boldsymbol{A} & \boldsymbol{O}\\ \boldsymbol{O} & \boldsymbol{E}-\boldsymbol{A}\end{bmatrix}=\mathrm{r}\begin{bmatrix}\boldsymbol{O} & \boldsymbol{E}\\ (\boldsymbol{A}^2-\boldsymbol{A}) & \boldsymbol{O}\end{bmatrix}$$

从而

$$\mathrm{r}(\boldsymbol{A})+\mathrm{r}(\boldsymbol{E}-\boldsymbol{A})=\mathrm{r}(\boldsymbol{A}^2-\boldsymbol{A})+n$$

于是

$$\mathrm{r}(\boldsymbol{A})+\mathrm{r}(\boldsymbol{E}-\boldsymbol{A})=n\Leftrightarrow\mathrm{r}(\boldsymbol{A}^2-\boldsymbol{A})=0\Leftrightarrow\boldsymbol{A}^2=\boldsymbol{A}$$

习题四解答

1. 设 $\boldsymbol{\alpha}_1,\boldsymbol{\alpha}_2,\cdots,\boldsymbol{\alpha}_r,\boldsymbol{\beta}$ 都是 n 维向量,$\boldsymbol{\beta}$ 可由 $\boldsymbol{\alpha}_1,\boldsymbol{\alpha}_2,\cdots,\boldsymbol{\alpha}_r$ 线性表示,但 $\boldsymbol{\beta}$ 不

能由$\boldsymbol{\alpha}_1,\boldsymbol{\alpha}_2,\cdots,\boldsymbol{\alpha}_{r-1}$线性表示，证明：$\boldsymbol{\alpha}_r$ 可由$\boldsymbol{\alpha}_1,\boldsymbol{\alpha}_2,\cdots,\boldsymbol{\alpha}_{r-1},\boldsymbol{\beta}$线性表示.

证明 因为$\boldsymbol{\beta}$可由$\boldsymbol{\alpha}_1,\boldsymbol{\alpha}_2,\cdots,\boldsymbol{\alpha}_r$ 线性表示，设

$$\boldsymbol{\beta}=k_1\boldsymbol{\alpha}_1+k_2\boldsymbol{\alpha}_2+\cdots+k_{r-1}\boldsymbol{\alpha}_{r-1}+k_r\boldsymbol{\alpha}_r$$

又因为$\boldsymbol{\beta}$不能由$\boldsymbol{\alpha}_1,\boldsymbol{\alpha}_2,\cdots,\boldsymbol{\alpha}_{r-1}$线性表示，所以$k_r\neq0$，因此

$$\boldsymbol{\alpha}_r=\frac{1}{k_r}\boldsymbol{\beta}-\frac{k_1}{k_r}\boldsymbol{\alpha}_1-\cdots-\frac{k_{r-1}}{k_r}\boldsymbol{\alpha}_{r-1}$$

即$\boldsymbol{\alpha}_r$ 可由$\boldsymbol{\alpha}_1,\boldsymbol{\alpha}_2,\cdots,\boldsymbol{\alpha}_{r-1},\boldsymbol{\beta}$线性表示.

2. 设

$$\boldsymbol{\alpha}_1=\begin{pmatrix}1\\1\\a\end{pmatrix},\boldsymbol{\alpha}_2=\begin{pmatrix}1\\a\\1\end{pmatrix},\boldsymbol{\alpha}_3=\begin{pmatrix}a\\1\\1\end{pmatrix},\boldsymbol{\beta}_1=\begin{pmatrix}1\\1\\a\end{pmatrix},\boldsymbol{\beta}_2=\begin{pmatrix}-2\\a\\4\end{pmatrix},\boldsymbol{\beta}_3=\begin{pmatrix}-2\\a\\a\end{pmatrix}$$

确定常数a，使向量组$\boldsymbol{\alpha}_1,\boldsymbol{\alpha}_2,\boldsymbol{\alpha}_3$ 可由向量组$\boldsymbol{\beta}_1,\boldsymbol{\beta}_2,\boldsymbol{\beta}_3$ 线性表示，但向量组$\boldsymbol{\beta}_1,\boldsymbol{\beta}_2,\boldsymbol{\beta}_3$ 不能由向量组$\boldsymbol{\alpha}_1,\boldsymbol{\alpha}_2,\boldsymbol{\alpha}_3$ 线性表示.

解 记$\boldsymbol{A}=[\boldsymbol{\alpha}_1,\boldsymbol{\alpha}_2,\boldsymbol{\alpha}_3]$，$\boldsymbol{B}=[\boldsymbol{\beta}_1,\boldsymbol{\beta}_2,\boldsymbol{\beta}_3]$，由于$\boldsymbol{\beta}_1,\boldsymbol{\beta}_2,\boldsymbol{\beta}_3$ 不能由$\boldsymbol{\alpha}_1,\boldsymbol{\alpha}_2,\boldsymbol{\alpha}_3$ 线性表示，所以$\mathrm{r}(\boldsymbol{A})<3$，从而

$$|\boldsymbol{A}|=-(a-1)^2(a+2)=0$$

得$a=1$或$a=-2$.

当$a=1$时，$\boldsymbol{\alpha}_1=\boldsymbol{\alpha}_2=\boldsymbol{\alpha}_3=\boldsymbol{\beta}_1$，故$\boldsymbol{\alpha}_1,\boldsymbol{\alpha}_2,\boldsymbol{\alpha}_3$ 可由$\boldsymbol{\beta}_1,\boldsymbol{\beta}_2,\boldsymbol{\beta}_3$ 线性表示，但$\boldsymbol{\beta}_1,\boldsymbol{\beta}_2,\boldsymbol{\beta}_3$ 不能由$\boldsymbol{\alpha}_1,\boldsymbol{\alpha}_2,\boldsymbol{\alpha}_3$ 线性表示. 所以$a=1$符合题意.

当$a=-2$时，由

$$[\boldsymbol{B}\,\vdots\,\boldsymbol{A}]\xrightarrow{r}\left(\begin{array}{ccc:ccc}1&-2&-2&1&1&-2\\0&0&-6&0&3&-3\\0&0&0&0&-3&3\end{array}\right)$$

知$\boldsymbol{\alpha}_1,\boldsymbol{\alpha}_2,\boldsymbol{\alpha}_3$ 不能由$\boldsymbol{\beta}_1,\boldsymbol{\beta}_2,\boldsymbol{\beta}_3$ 线性表示，所以$a=-2$不符合题意.

综上，$a=1$.

3. 设$\boldsymbol{\alpha}_1,\boldsymbol{\alpha}_2,\cdots,\boldsymbol{\alpha}_{m-1}(m\geqslant3)$线性相关，$\boldsymbol{\alpha}_2,\boldsymbol{\alpha}_3,\cdots,\boldsymbol{\alpha}_m$ 线性无关，讨论：

(1) $\boldsymbol{\alpha}_1$ 能否由$\boldsymbol{\alpha}_2,\boldsymbol{\alpha}_3,\cdots,\boldsymbol{\alpha}_{m-1}$线性表示；

(2) $\boldsymbol{\alpha}_m$ 能否由$\boldsymbol{\alpha}_1,\boldsymbol{\alpha}_2,\cdots,\boldsymbol{\alpha}_{m-1}$线性表示.

方法 1 (1) 因为$\boldsymbol{\alpha}_2,\boldsymbol{\alpha}_3,\cdots,\boldsymbol{\alpha}_m$ 线性无关，故$\boldsymbol{\alpha}_2,\boldsymbol{\alpha}_3,\cdots,\boldsymbol{\alpha}_{m-1}$线性无关. 又因为$\boldsymbol{\alpha}_1,\boldsymbol{\alpha}_2,\cdots,\boldsymbol{\alpha}_{m-1}$线性相关，由唯一表示定理知，$\boldsymbol{\alpha}_1$ 可由$\boldsymbol{\alpha}_2,\boldsymbol{\alpha}_3,\cdots,\boldsymbol{\alpha}_{m-1}$唯一表示.

(2) 设$\boldsymbol{\alpha}_m$ 能由$\boldsymbol{\alpha}_1,\boldsymbol{\alpha}_2,\cdots,\boldsymbol{\alpha}_{m-1}$线性表示

$$\boldsymbol{\alpha}_m=\lambda_1\boldsymbol{\alpha}_1+\lambda_2\boldsymbol{\alpha}_2+\cdots+\lambda_{m-1}\boldsymbol{\alpha}_{m-1}$$

由(1)知，$\boldsymbol{\alpha}_1$ 又能由$\boldsymbol{\alpha}_2,\boldsymbol{\alpha}_3,\cdots,\boldsymbol{\alpha}_{m-1}$ 线性表示，故$\boldsymbol{\alpha}_m$ 也能由$\boldsymbol{\alpha}_2,\boldsymbol{\alpha}_3,\cdots,\boldsymbol{\alpha}_{m-1}$线性

表示，从而 $\boldsymbol{\alpha}_2,\boldsymbol{\alpha}_3,\cdots,\boldsymbol{\alpha}_m$ 线性相关，这与假设矛盾. 故 $\boldsymbol{\alpha}_m$ 不能由 $\boldsymbol{\alpha}_1,\boldsymbol{\alpha}_2,\cdots,\boldsymbol{\alpha}_{m-1}$ 线性表示.

方法 2 由假设

$$\mathrm{r}\{\boldsymbol{\alpha}_1,\boldsymbol{\alpha}_2,\cdots,\boldsymbol{\alpha}_{m-1}\}<m-1,\ \mathrm{r}\{\boldsymbol{\alpha}_2,\boldsymbol{\alpha}_3,\cdots,\boldsymbol{\alpha}_m\}=m-1$$

(1) 由

$$m-1=\mathrm{r}\{\boldsymbol{\alpha}_2,\boldsymbol{\alpha}_3,\cdots,\boldsymbol{\alpha}_m\}\leqslant\mathrm{r}\{\boldsymbol{\alpha}_1,\boldsymbol{\alpha}_2,\boldsymbol{\alpha}_3,\cdots,\boldsymbol{\alpha}_m\}\leqslant\mathrm{r}\{\boldsymbol{\alpha}_1,\boldsymbol{\alpha}_3,\cdots,\boldsymbol{\alpha}_{m-1}\}+1\leqslant m-1$$

得

$$\mathrm{r}\{\boldsymbol{\alpha}_2,\boldsymbol{\alpha}_3,\cdots,\boldsymbol{\alpha}_m\}=\mathrm{r}\{\boldsymbol{\alpha}_1,\boldsymbol{\alpha}_2,\boldsymbol{\alpha}_3,\cdots,\boldsymbol{\alpha}_m\}=m-1$$

由唯一表示定理知，$\boldsymbol{\alpha}_1$ 能由 $\boldsymbol{\alpha}_2,\boldsymbol{\alpha}_3,\cdots,\boldsymbol{\alpha}_{m-1}$ 唯一表示.

(2) 由(1)知，$\mathrm{r}\{\boldsymbol{\alpha}_1,\boldsymbol{\alpha}_2,\cdots,\boldsymbol{\alpha}_{m-1},\boldsymbol{\alpha}_m\}=m-1$，而 $\mathrm{r}\{\boldsymbol{\alpha}_1,\boldsymbol{\alpha}_2,\cdots,\boldsymbol{\alpha}_{m-1}\}<m-1$ 故

$$\mathrm{r}\{\boldsymbol{\alpha}_1,\boldsymbol{\alpha}_2,\cdots,\boldsymbol{\alpha}_{m-1}\}\neq\mathrm{r}\{\boldsymbol{\alpha}_1,\boldsymbol{\alpha}_2,\cdots,\boldsymbol{\alpha}_{m-1},\boldsymbol{\alpha}_m\}$$

$\boldsymbol{\alpha}_m$ 不能由 $\boldsymbol{\alpha}_1,\boldsymbol{\alpha}_2,\cdots,\boldsymbol{\alpha}_{m-1}$ 线性表示.

4. 设 $\boldsymbol{A}\in\mathbf{R}^{n\times n}$，$\boldsymbol{\alpha}\in\mathbf{R}^n(\boldsymbol{\alpha}\neq\mathbf{0})$，$\boldsymbol{A}^k\boldsymbol{\alpha}=\mathbf{0}$，$\boldsymbol{A}^{k-1}\boldsymbol{\alpha}\neq\mathbf{0}$，证明：向量组

$$\{\boldsymbol{\alpha},\boldsymbol{A\alpha},\boldsymbol{A}^2\boldsymbol{\alpha},\cdots,\boldsymbol{A}^{k-1}\boldsymbol{\alpha}\}$$

线性无关.

证明 设

$$k_0\boldsymbol{\alpha}+k_1\boldsymbol{A\alpha}+k_2\boldsymbol{A}^2\boldsymbol{\alpha}+\cdots+k_{k-1}\boldsymbol{A}^{k-1}\boldsymbol{\alpha}=\mathbf{0}$$

上式两边左乘 $\boldsymbol{A}^{k-1}$ 得 $k_0\boldsymbol{A}^{k-1}\boldsymbol{\alpha}=\mathbf{0}$，由于 $\boldsymbol{A}^{k-1}\boldsymbol{\alpha}\neq\mathbf{0}$，得 $k_0=0$，因此

$$k_1\boldsymbol{A\alpha}+k_2\boldsymbol{A}^2\boldsymbol{\alpha}+\cdots+k_{k-1}\boldsymbol{A}^{k-1}\boldsymbol{\alpha}=\mathbf{0}$$

上式两边左乘 $\boldsymbol{A}^{k-2}$，类似地可推出 $k_1=0$. 进而再推出 $k_2=\cdots=k_{k-1}=0$，故结论成立.

5. 设 $\boldsymbol{A}\in\mathbf{R}^{n\times n}$，$\boldsymbol{\alpha}_1,\boldsymbol{\alpha}_2,\boldsymbol{\alpha}_3\in\mathbf{R}^n(\boldsymbol{\alpha}_1\neq\mathbf{0})$，如果

$$\boldsymbol{A\alpha}_1=\boldsymbol{\alpha}_1,\ \boldsymbol{A\alpha}_2=\boldsymbol{\alpha}_1+\boldsymbol{\alpha}_2,\ \boldsymbol{A\alpha}_3=\boldsymbol{\alpha}_2+\boldsymbol{\alpha}_3$$

证明：$\boldsymbol{\alpha}_1,\boldsymbol{\alpha}_2,\boldsymbol{\alpha}_3$ 线性无关.

证明 由题设

$$(\boldsymbol{A}-\boldsymbol{E})\boldsymbol{\alpha}_1=\mathbf{0},\ (\boldsymbol{A}-\boldsymbol{E})\boldsymbol{\alpha}_2=\boldsymbol{\alpha}_1,\ (\boldsymbol{A}-\boldsymbol{E})\boldsymbol{\alpha}_3=\boldsymbol{\alpha}_2$$

设

$$k_1\boldsymbol{\alpha}_1+k_2\boldsymbol{\alpha}_2+k_3\boldsymbol{\alpha}_3=\mathbf{0}$$

两边左乘 $\boldsymbol{A}-\boldsymbol{E}$ 得

$$k_2\boldsymbol{\alpha}_1+k_3\boldsymbol{\alpha}_2=\mathbf{0}$$

再左乘 $\boldsymbol{A}-\boldsymbol{E}$ 得

$$k_3\boldsymbol{\alpha}_1=\mathbf{0}$$

由 $\boldsymbol{\alpha}_1\neq\mathbf{0}$ 得 $k_3=0$，往上逐一代入，得 $k_2=0$，$k_1=0$. 故 $\boldsymbol{\alpha}_1,\boldsymbol{\alpha}_2,\boldsymbol{\alpha}_3$ 线性无关.

6. 设向量组 $\boldsymbol{S}:\boldsymbol{\alpha}_1,\boldsymbol{\alpha}_2,\cdots,\boldsymbol{\alpha}_m$ 线性无关，$\boldsymbol{\beta}_1$ 能由 $\boldsymbol{S}$ 线性表示，而 $\boldsymbol{\beta}_2$ 不能由 $\boldsymbol{S}$ 线性表示，证明：

(1) 向量组 $\boldsymbol{\alpha}_1,\boldsymbol{\alpha}_2,\cdots,\boldsymbol{\alpha}_m,\boldsymbol{\beta}_2$ 线性无关；

(2) 对 $\forall k\in\mathbf{R}$，向量组 $\boldsymbol{\alpha}_1,\boldsymbol{\alpha}_2,\cdots,\boldsymbol{\alpha}_m,\boldsymbol{\beta}_2+k\boldsymbol{\beta}_1$ 线性无关.

证明 (1) 由于 $\boldsymbol{\alpha}_1,\boldsymbol{\alpha}_2,\cdots,\boldsymbol{\alpha}_m$ 线性无关,而 $\boldsymbol{\beta}_2$ 不能由 $\boldsymbol{\alpha}_1,\boldsymbol{\alpha}_2,\cdots,\boldsymbol{\alpha}_m$ 线性表示,故 $\boldsymbol{\alpha}_1,\boldsymbol{\alpha}_2,\cdots,\boldsymbol{\alpha}_m,\boldsymbol{\beta}_2$ 线性无关. 否则,由唯一表示定理知,$\boldsymbol{\beta}_2$ 能由 $\boldsymbol{\alpha}_1,\boldsymbol{\alpha}_2,\cdots,\boldsymbol{\alpha}_m$ 唯一表示,与假设矛盾.

(2) 由(1)知

$$\operatorname{rank}[\boldsymbol{\alpha}_1,\boldsymbol{\alpha}_2,\cdots,\boldsymbol{\alpha}_m,\boldsymbol{\beta}_2]=m+1$$

再由 $\boldsymbol{\beta}_1$ 可由 $\boldsymbol{\alpha}_1,\boldsymbol{\alpha}_2,\cdots,\boldsymbol{\alpha}_m$ 线性表示,得

$$[\boldsymbol{\alpha}_1,\boldsymbol{\alpha}_2,\cdots,\boldsymbol{\alpha}_m,\boldsymbol{\beta}_2+k\boldsymbol{\beta}_1]\xrightarrow{c}[\boldsymbol{\alpha}_1,\boldsymbol{\alpha}_2,\cdots,\boldsymbol{\alpha}_m,\boldsymbol{\beta}_2]$$

从而

$$\operatorname{rank}[\boldsymbol{\alpha}_1,\boldsymbol{\alpha}_2,\cdots,\boldsymbol{\alpha}_m,\boldsymbol{\beta}_2+k\boldsymbol{\beta}_1]=\operatorname{rank}[\boldsymbol{\alpha}_1,\boldsymbol{\alpha}_2,\cdots,\boldsymbol{\alpha}_m,\boldsymbol{\beta}_2]=m+1$$

因此,$\boldsymbol{\alpha}_1,\boldsymbol{\alpha}_2,\cdots,\boldsymbol{\alpha}_m,\boldsymbol{\beta}_2+k\boldsymbol{\beta}_1$ 线性无关.

7. 设 $\boldsymbol{\alpha}_1,\boldsymbol{\alpha}_2,\cdots,\boldsymbol{\alpha}_m,\boldsymbol{\beta}\in\mathbf{R}^n(\boldsymbol{\beta}\neq\mathbf{0})$ 且 $\boldsymbol{\beta}^{\mathrm{T}}\boldsymbol{\alpha}_i=\mathbf{0}(i=1,2,\cdots,m)$，证明：

(1) $\boldsymbol{\beta}$ 不能由 $\boldsymbol{\alpha}_1,\boldsymbol{\alpha}_2,\cdots,\boldsymbol{\alpha}_m$ 线性表示；

(2) 如果 $\boldsymbol{\alpha}_1,\boldsymbol{\alpha}_2,\cdots,\boldsymbol{\alpha}_m$ 线性无关，则 $\boldsymbol{\alpha}_1,\boldsymbol{\alpha}_2,\cdots,\boldsymbol{\alpha}_m,\boldsymbol{\beta}$ 也线性无关.

证明 (1) 反证. 设 $\boldsymbol{\beta}$ 可由 $\boldsymbol{\alpha}_1,\boldsymbol{\alpha}_2,\cdots,\boldsymbol{\alpha}_m$ 线性表示为

$$\boldsymbol{\beta}=k_1\boldsymbol{\alpha}_1+k_2\boldsymbol{\alpha}_2+\cdots+k_m\boldsymbol{\alpha}_m$$

两边左乘 $\boldsymbol{\beta}^{\mathrm{T}}$ 得 $\boldsymbol{\beta}^{\mathrm{T}}\boldsymbol{\beta}=\mathbf{0}$,这与 $\boldsymbol{\beta}\neq\mathbf{0}$ 矛盾.

(2) 反证. 如果 $\boldsymbol{\alpha}_1,\boldsymbol{\alpha}_2,\cdots,\boldsymbol{\alpha}_m,\boldsymbol{\beta}$ 线性相关,则由唯一表示定理知,$\boldsymbol{\beta}$ 由 $\boldsymbol{\alpha}_1,\boldsymbol{\alpha}_2,\cdots,\boldsymbol{\alpha}_m$ 唯一表示. 与(1)矛盾.

8. 已知向量组 $\boldsymbol{\alpha}_1,\boldsymbol{\alpha}_2,\boldsymbol{\alpha}_3$ 线性无关，试问常数 m,k 满足什么条件时，向量组

$$\{k\boldsymbol{\alpha}_2-\boldsymbol{\alpha}_1,m\boldsymbol{\alpha}_3-\boldsymbol{\alpha}_2,\boldsymbol{\alpha}_1-\boldsymbol{\alpha}_3\}$$

线性无关.

方法1 设

$$x_1(k\boldsymbol{\alpha}_2-\boldsymbol{\alpha}_1)+x_2(m\boldsymbol{\alpha}_3-\boldsymbol{\alpha}_2)+x_3(\boldsymbol{\alpha}_1-\boldsymbol{\alpha}_3)=\mathbf{0}$$

整理得

$$(x_3-x_1)\boldsymbol{\alpha}_1+(x_1k-x_2)\boldsymbol{\alpha}_2+(x_2m-x_3)\boldsymbol{\alpha}_3=\mathbf{0}$$

由于 $\boldsymbol{\alpha}_1,\boldsymbol{\alpha}_2,\boldsymbol{\alpha}_3$ 线性无关,故

$$\begin{cases}-x_1+\qquad x_3=0\\ kx_1-x_2\qquad=0\\ \qquad mx_2-x_3=0\end{cases}\Leftrightarrow\begin{pmatrix}-1&0&1\\k&-1&0\\0&m&-1\end{pmatrix}\begin{pmatrix}x_1\\x_2\\x_3\end{pmatrix}=\mathbf{0}$$

$\{k\boldsymbol{\alpha}_2-\boldsymbol{\alpha}_1, m\boldsymbol{\alpha}_3-\boldsymbol{\alpha}_2, \boldsymbol{\alpha}_1-\boldsymbol{\alpha}_3\}$线性无关的充要条件是上面方程组只有零解. 即

$$\begin{vmatrix} -1 & 0 & 1 \\ k & -1 & 0 \\ 0 & m & -1 \end{vmatrix} = mk-1 \neq 0 \quad \Leftrightarrow \quad mk \neq 1$$

方法 2 记 $\boldsymbol{\beta}_1=k\boldsymbol{\alpha}_2-\boldsymbol{\alpha}_1, \boldsymbol{\beta}_2=m\boldsymbol{\alpha}_3-\boldsymbol{\alpha}_2, \boldsymbol{\beta}_3=\boldsymbol{\alpha}_1-\boldsymbol{\alpha}_3$. 写成矩阵形式

$$[\boldsymbol{\beta}_1, \boldsymbol{\beta}_2, \boldsymbol{\beta}_3]=[\boldsymbol{\alpha}_1, \boldsymbol{\alpha}_2, \boldsymbol{\alpha}_3]\begin{bmatrix} -1 & 0 & 1 \\ k & -1 & 0 \\ 0 & m & -1 \end{bmatrix}$$

由教材例 4.14 知,

$$\boldsymbol{\beta}_1, \boldsymbol{\beta}_2, \boldsymbol{\beta}_3 \text{ 线性无关} \Leftrightarrow \operatorname{rank}\begin{bmatrix} -1 & 0 & 1 \\ k & -1 & 0 \\ 0 & m & -1 \end{bmatrix}=3 \Leftrightarrow mk \neq 1$$

9. 已知向量组 $\boldsymbol{\alpha}_1, \boldsymbol{\alpha}_2, \cdots, \boldsymbol{\alpha}_m (m \geqslant 2)$线性无关. 设

$$\boldsymbol{\beta}_1=\boldsymbol{\alpha}_1+\boldsymbol{\alpha}_2,\ \boldsymbol{\beta}_2=\boldsymbol{\alpha}_2+\boldsymbol{\alpha}_3, \cdots, \boldsymbol{\beta}_{m-1}=\boldsymbol{\alpha}_{m-1}+\boldsymbol{\alpha}_m,\ \boldsymbol{\beta}_m=\boldsymbol{\alpha}_m+\boldsymbol{\alpha}_1$$

试讨论向量组 $\boldsymbol{\beta}_1, \boldsymbol{\beta}_2, \cdots, \boldsymbol{\beta}_m$ 的线性相关性.

解 把题设写成矩阵形式

$$[\boldsymbol{\beta}_1, \boldsymbol{\beta}_2, \cdots, \boldsymbol{\beta}_m]=[\boldsymbol{\alpha}_1, \boldsymbol{\alpha}_2, \cdots, \boldsymbol{\alpha}_m]\boldsymbol{C}$$

其中

$$\boldsymbol{C}_{m\times m}=\begin{bmatrix} 1 & 0 & \cdots & 0 & 1 \\ 1 & 1 & & & 0 \\ & 1 & \ddots & & \vdots \\ & & \ddots & 1 & 0 \\ & & & 1 & 1 \end{bmatrix}$$

经计算

$$|\boldsymbol{C}|=1+(-1)^{m+1}=\begin{cases} 2, & \text{若 } m \text{ 为奇数} \\ 0, & \text{若 } m \text{ 为偶数} \end{cases}$$

与上一题完全类似,结论是

$$\boldsymbol{\beta}_1, \boldsymbol{\beta}_2, \cdots, \boldsymbol{\beta}_m \text{ 线性无关} \Leftrightarrow |\boldsymbol{C}| \neq 0 \Leftrightarrow m \text{ 为奇数}$$

$$\boldsymbol{\beta}_1, \boldsymbol{\beta}_2, \cdots, \boldsymbol{\beta}_m \text{ 线性相关} \Leftrightarrow |\boldsymbol{C}| = 0 \Leftrightarrow m \text{ 为偶数}$$

10. 设 $\boldsymbol{A}_{m\times n}, \boldsymbol{B}_{n\times p}$是满足 $\boldsymbol{AB}=\boldsymbol{O}$ 的两个非零矩阵,证明:$\boldsymbol{A}$ 的列向量组线性相关,且 $\boldsymbol{B}$ 的行向量组线性相关.

证法 1 $\boldsymbol{B}$ 的列向量都是方程组 $\boldsymbol{Ax}=\boldsymbol{0}$ 的解,又 $\boldsymbol{B}$ 为非零矩阵,说明 $\boldsymbol{Ax}=\boldsymbol{0}$ 存在非零解,所以 $\mathrm{r}(\boldsymbol{A})<n$,从而 $\boldsymbol{A}$ 的列向量组线性相关.

考虑 $B^TA^T=O$,又知 B^T 的列向量组即 B 的行向量组线性相关.

证法 2　由§4.6 例 3 知,

$$r(A)+r(B)\leqslant n$$

又 $r(A)>0,r(B)>0$,所以 $r(A)<n,r(B)<n$,于是 A 的列向量组线性相关,且 B 的行向量组线性相关.

11. 证明:$\operatorname{rank}\begin{bmatrix}A & O\\ O & B\end{bmatrix}=\operatorname{rank}A+\operatorname{rank}B$.

证明　设 $r(A)=p,r(B)=q$,则

$$\left[\begin{array}{c:c}A & O\\ \hdashline O & B\end{array}\right]\rightarrow\left(\begin{array}{cc:cc}E_p & O & & \\ O & O & & \\ \hdashline & & E_q & O\\ & & O & O\end{array}\right)\rightarrow\begin{bmatrix}E_{p+q} & O\\ O & O\end{bmatrix}$$

所以

$$\operatorname{rank}\begin{bmatrix}A & O\\ O & B\end{bmatrix}=\operatorname{rank}\begin{bmatrix}E_{p+q} & O\\ O & O\end{bmatrix}=p+q=\operatorname{rank}A+\operatorname{rank}B$$

12. 设 A^* 是 n 阶方阵 A 的伴随矩阵($n\geqslant 2$),证明:

$$r(A^*)=\begin{cases}n, & r(A)=n\\ 1, & r(A)=n-1\\ 0, & r(A)<n-1\end{cases}$$

证明　见本章综合例题解析例 3.

13. 设 $\operatorname{rank}A_{m\times n}=m$,证明:存在矩阵 $B_{n\times m}$,使 $A_{m\times n}B_{n\times m}=E_m$.

证法 1　由 $m=r(A)\leqslant r([A\ \vdots\ E])\leqslant m$ 得

$$r(A)=r([A\ \vdots\ E])$$

再由§4.6 例 2 知,矩阵方程 $AX=E$ 有解,即存在 B 使 $AB=E$.

证法 2　由题设 $r(A_{m\times n})=m$(此时 $m\leqslant n$),故只用列变换就可将 A 化为标准形,即存在可逆矩阵 Q_n 使得

$$AQ=[E_m\ \vdots\ O]$$

令 $Q=[B_{n\times m}\ \vdots\ Q_1]$,则 $A_{m\times n}B_{n\times m}=E_m$.

14. 证明 **Sylvester 不等式**:

$$r(A)+r(B)-n\leqslant r(A_{m\times n}B_{n\times p})$$

证明　见本章综合例题解析例 2.

15. 设 $\operatorname{rank}P_{m\times n}=n$,证明:$\operatorname{rank}(PA)=\operatorname{rank}A$.

证法 1　见本章综合例题解析例 2 的推论 1.

证法 2　记 $C=PA$,则

$$r(\boldsymbol{C})=r(\boldsymbol{PA})\leqslant r(\boldsymbol{A})$$

再由习题 13(考虑转置),存在矩阵 $\boldsymbol{M}$ 使得 $\boldsymbol{MP}=\boldsymbol{E}$. 在 $\boldsymbol{C}=\boldsymbol{PA}$ 两边左乘 $\boldsymbol{M}$ 得

$$\boldsymbol{MC}=\boldsymbol{A}$$

从而

$$r(\boldsymbol{A})=r(\boldsymbol{MC})\leqslant r(\boldsymbol{C})$$

综上,$r(\boldsymbol{C})=r(\boldsymbol{PA})=r(\boldsymbol{A})$.

16. 设 n 阶矩阵 $\boldsymbol{A}$ 满足 $\boldsymbol{A}^2=\boldsymbol{A}$,证明:$r(\boldsymbol{A})+r(\boldsymbol{A}-\boldsymbol{E})=n$.

证法 1 见本章综合例题解析例 5.

证法 2 由 $\boldsymbol{A}(\boldsymbol{E}-\boldsymbol{A})=\boldsymbol{O}$ 得

$$r(\boldsymbol{A})+r(\boldsymbol{E}-\boldsymbol{A})\leqslant n$$

又

$$n=r(\boldsymbol{E})=r(\boldsymbol{A}+(\boldsymbol{E}-\boldsymbol{A}))\leqslant r(\boldsymbol{A})+r(\boldsymbol{E}-\boldsymbol{A})$$

综上,$r(\boldsymbol{A})+r(\boldsymbol{E}-\boldsymbol{A})=n$.

17. 证明**满秩分解定理**:设 $\mathrm{rank}\boldsymbol{A}_{m\times n}=r$, 则 $\boldsymbol{A}$ 有如下分解

$$\boldsymbol{A}=\boldsymbol{H}_{m\times r}\boldsymbol{L}_{r\times n}$$

其中 $\mathrm{rank}\boldsymbol{H}=\mathrm{rank}\boldsymbol{L}=r$.

证法 1 由等价标准形定理知,存在可逆矩阵 $\boldsymbol{P}_m$ 和 $\boldsymbol{Q}_n$ 使得

$$\boldsymbol{A}=\boldsymbol{P}^{-1}\begin{bmatrix}\boldsymbol{E}_r & \boldsymbol{O}\\ \boldsymbol{O} & \boldsymbol{O}\end{bmatrix}\boldsymbol{Q}^{-1}=\boldsymbol{P}^{-1}\begin{bmatrix}\boldsymbol{E}_r\\ \boldsymbol{O}\end{bmatrix}_{m\times r}[\boldsymbol{E}_r,\boldsymbol{O}]_{r\times n}\boldsymbol{Q}^{-1}$$

令

$$\boldsymbol{H}=\boldsymbol{P}^{-1}\begin{bmatrix}\boldsymbol{E}_r\\ \boldsymbol{O}\end{bmatrix},\boldsymbol{L}=[\boldsymbol{E}_r,\ \boldsymbol{O}]\boldsymbol{Q}^{-1}$$

则 $\boldsymbol{A}=\boldsymbol{H}_{m\times r}\boldsymbol{L}_{r\times n}$,且显然有 $r(\boldsymbol{H})=r(\boldsymbol{L})=r$.

证法 2 不妨设 $\boldsymbol{A}$ 的列向量组的极大无关组为 $\boldsymbol{\alpha}_1,\boldsymbol{\alpha}_2,\cdots,\boldsymbol{\alpha}_r$,并记矩阵

$$\boldsymbol{H}_{m\times r}=[\boldsymbol{\alpha}_1,\boldsymbol{\alpha}_2,\cdots,\boldsymbol{\alpha}_r]$$

则 $\boldsymbol{A}$ 的所有列向量都可由 $\boldsymbol{\alpha}_1,\boldsymbol{\alpha}_2,\cdots,\boldsymbol{\alpha}_r$ 线性表示,即存在矩阵 $\boldsymbol{L}_{r\times n}$ 使得

$$\boldsymbol{A}=\boldsymbol{H}_{m\times r}\boldsymbol{L}_{r\times n}$$

显然 $r(\boldsymbol{H})=r$,又

$$r=r(\boldsymbol{A})=r(\boldsymbol{H}_{m\times r}\boldsymbol{L}_{r\times n})\leqslant r(\boldsymbol{L}_{r\times m})\leqslant r\Rightarrow r(\boldsymbol{L})=r$$

得 $r(\boldsymbol{L})=r$.

18. 证明:$r(\boldsymbol{ABC})\geqslant r(\boldsymbol{AB})+r(\boldsymbol{BC})-r(\boldsymbol{B})$.

证明 设 $r(\boldsymbol{B}_{n\times k})=r$,$\boldsymbol{B}$ 的满秩分解为

$$\boldsymbol{B}=\boldsymbol{MN}$$

由 Sylvester 不等式知

$$\mathrm{r}(\boldsymbol{ABC})=\mathrm{r}[(\boldsymbol{AM})(\boldsymbol{NC})]\geqslant\mathrm{r}(\boldsymbol{AM})+\mathrm{r}(\boldsymbol{NC})-r\geqslant$$
$$\mathrm{r}(\boldsymbol{AMN})+\mathrm{r}(\boldsymbol{MNC})-r=\mathrm{r}(\boldsymbol{AB})+\mathrm{r}(\boldsymbol{BC})-\mathrm{r}(\boldsymbol{B})$$

19. 设 V_1,V_2 都是 $\mathbf{R}^n$ 的子空间，令

$$V_1+V_2=\{\boldsymbol{\alpha}=\boldsymbol{\alpha}_1+\boldsymbol{\alpha}_2\mid\boldsymbol{\alpha}_1\in V_1,\boldsymbol{\alpha}_2\in V_2\},\ V_1\cap V_2=\{\boldsymbol{\alpha}\mid\boldsymbol{\alpha}\in V_1\text{且 }\boldsymbol{\alpha}\in V_2\}$$

证明:V_1+V_2 与 $V_1\cap V_2$ 都是 $\mathbf{R}^n$ 的子空间. 举例说明

$$V_1\cup V_2=\{\boldsymbol{\alpha}\mid\boldsymbol{\alpha}\in V_1\text{或 }\boldsymbol{\alpha}\in V_2\}$$

不是 $\mathbf{R}^n$ 的子空间.

证明　设 $\boldsymbol{\alpha},\boldsymbol{\beta}\in V_1+V_2$,即

$$\boldsymbol{\alpha}=\boldsymbol{\alpha}_1+\boldsymbol{\alpha}_2,\ \boldsymbol{\beta}=\boldsymbol{\beta}_1+\boldsymbol{\beta}_2,\ \boldsymbol{\alpha}_1,\boldsymbol{\beta}_1\in V_1,\ \boldsymbol{\alpha}_2,\boldsymbol{\beta}_2\in V_2$$

于是

$$\boldsymbol{\alpha}+\boldsymbol{\beta}=(\boldsymbol{\alpha}_1+\boldsymbol{\beta}_1)+(\boldsymbol{\alpha}_2+\boldsymbol{\beta}_2)$$

由于 V_1,V_2 都是向量空间,故

$$\boldsymbol{\alpha}_1+\boldsymbol{\beta}_1\in V_1,\ \boldsymbol{\alpha}_2+\boldsymbol{\beta}_2\in V_2$$

所以 $\boldsymbol{\alpha}+\boldsymbol{\beta}\in V_1+V_2$. 这就证明了 V_1+V_2 对加法运算封闭,类似可证 V_1+V_2 对数乘运算也封闭.

类似也可证 $V_1\cap V_2$ 是向量空间.

设 $\boldsymbol{\alpha}_1=\begin{bmatrix}1\\0\end{bmatrix},\boldsymbol{\alpha}_2=\begin{bmatrix}0\\1\end{bmatrix}$,则

$$V_1\cup V_2=\left\{\boldsymbol{\alpha}\mid\boldsymbol{\alpha}=\begin{bmatrix}x\\0\end{bmatrix}\text{ 或 }\boldsymbol{\alpha}=\begin{bmatrix}0\\y\end{bmatrix},x,y\in\mathbf{R}\right\}$$

显然

$$\boldsymbol{\alpha}_1+\boldsymbol{\alpha}_2=\begin{bmatrix}1\\1\end{bmatrix}\notin V_1\cup V_2$$

故 $V_1\cup V_2$ 不是向量空间.

20. 证明**基的扩张定理**(教材定理 4.14):

设 $\boldsymbol{\alpha}_1,\cdots,\boldsymbol{\alpha}_m$ 是 $\mathbf{R}^n$ 的一个线性无关组, $m<n$, 则存在 $n-m$ 个向量 $\boldsymbol{\alpha}_{m+1},\cdots,a_n$, 使得 $\boldsymbol{\alpha}_1,\cdots,\boldsymbol{\alpha}_m,\boldsymbol{\alpha}_{m+1},\cdots,\boldsymbol{\alpha}_n$ 成为 $\mathbf{R}^n$ 的一个基.

证明　由于 $m<n$,故 $\boldsymbol{\alpha}_1,\boldsymbol{\alpha}_2,\cdots,\boldsymbol{\alpha}_m$ 不是 $\mathbf{R}^n$ 的基,从而至少有一个向量 $\boldsymbol{\alpha}_{m+1}$不能由 $\boldsymbol{\alpha}_1,\boldsymbol{\alpha}_2,\cdots,\boldsymbol{\alpha}_m$ 线性表示. 则 $\boldsymbol{\alpha}_1,\boldsymbol{\alpha}_2,\cdots,\boldsymbol{\alpha}_m,\boldsymbol{\alpha}_{m+1}$必线性无关(否则,由唯一表示定理得出矛盾).

如果 $m+1=n$,则证毕. 否则,如果 $m+1<n$,同上可知,存在向量 $\boldsymbol{\alpha}_{m+2}$使得 $\boldsymbol{\alpha}_1,\boldsymbol{\alpha}_2,\cdots,\boldsymbol{\alpha}_m,\boldsymbol{\alpha}_{m+1},\boldsymbol{\alpha}_{m+2}$线性无关. 以此类推,得证.

21. 若矩阵 $\boldsymbol{A}=[a_{ij}]_{n\times n}$满足

$$|a_{ii}| > \sum_{\substack{j=1 \\ j\neq i}}^{n} |a_{ij}| \quad (i=1,2,\cdots,n)$$

则称 $\boldsymbol{A}$ 是**严格对角占优矩阵**. 证明:严格对角占优矩阵必是可逆矩阵.

证明 反证. 假设 $\boldsymbol{A}$ 是不可逆矩阵, 则 $\boldsymbol{Ax}=\boldsymbol{0}$ 有非零解 $\boldsymbol{x}=[x_1,x_2,\cdots,x_n]^{\mathrm{T}}$. 设

$$|x_k| = \max_{1\leqslant i\leqslant n} |x_i| > 0$$

$\boldsymbol{Ax}=\boldsymbol{0}$ 的第 k 个方程

$$a_{k1}x_1 + a_{k2}x_2 + \cdots + a_{kn}x_n = 0$$

即

$$a_{kk}x_k = -\sum_{\substack{j=1 \\ j\neq i}}^{n} a_{kj}x_j$$

两边取绝对值

$$|x_k||a_{kk}| \leqslant \sum_{\substack{j=1 \\ j\neq i}}^{n} |a_{kj}||x_j| \leqslant |x_k| \sum_{\substack{j=1 \\ j\neq i}}^{n} |a_{kj}| \Rightarrow |a_{kk}| \leqslant \sum_{\substack{j=1 \\ j\neq i}}^{n} |a_{kj}|$$

这与假设矛盾. 因此 $\boldsymbol{A}$ 是可逆矩阵.

22. 证明:方程组 $\boldsymbol{A}^{\mathrm{T}}\boldsymbol{Ax}=\boldsymbol{A}^{\mathrm{T}}\boldsymbol{b}$ 一定有解.

证明 只需证方程组系数矩阵的秩与增广矩阵的秩相等. 由 §4.6 例 4 知

$$\mathrm{r}(\boldsymbol{A}) = \mathrm{r}(\boldsymbol{A}^{\mathrm{T}}\boldsymbol{A}) \leqslant \mathrm{r}(\boldsymbol{A}^{\mathrm{T}}\boldsymbol{A}, \boldsymbol{A}^{\mathrm{T}}\boldsymbol{b}) = \mathrm{r}[\boldsymbol{A}^{\mathrm{T}}(\boldsymbol{A},\boldsymbol{b})] \leqslant \mathrm{r}(\boldsymbol{A}^{\mathrm{T}}) = \mathrm{r}(\boldsymbol{A})$$

故

$$\mathrm{r}(\boldsymbol{A}^{\mathrm{T}}\boldsymbol{A}) = \mathrm{r}(\boldsymbol{A}^{\mathrm{T}}\boldsymbol{A}, \boldsymbol{A}^{\mathrm{T}}\boldsymbol{b})$$

从而方程组 $\boldsymbol{A}^{\mathrm{T}}\boldsymbol{Ax}=\boldsymbol{A}^{\mathrm{T}}\boldsymbol{b}$ 一定有解.

23. 设 $\boldsymbol{Ax}=\boldsymbol{0}$ 与 $\boldsymbol{Bx}=\boldsymbol{0}$ 都是 n 元的齐次线性方程组,证明下面三个命题等价:

(1) $\boldsymbol{Ax}=\boldsymbol{0}$ 与 $\boldsymbol{Bx}=\boldsymbol{0}$ 同解;

(2) $\mathrm{rank}\boldsymbol{A} = \mathrm{rank}\boldsymbol{B} = \mathrm{rank}\begin{bmatrix}\boldsymbol{A}\\ \boldsymbol{B}\end{bmatrix}$;

(3) $\boldsymbol{A}$ 的行向量组与 $\boldsymbol{B}$ 的行向量组等价.

证明 记(Ⅰ) $\boldsymbol{Ax}=\boldsymbol{0}$, (Ⅱ) $\boldsymbol{Bx}=\boldsymbol{0}$, (Ⅲ) $\begin{cases}\boldsymbol{Ax}=\boldsymbol{0}\\ \boldsymbol{Bx}=\boldsymbol{0}\end{cases}$.

(1)⇒(2) 由于(Ⅰ)的解都是(Ⅱ)的解,所以(Ⅰ)的解也都是(Ⅲ)的解. 又显然(Ⅲ)的解都是(Ⅰ)的解. 因此,(Ⅰ)与(Ⅲ)同解. 同样的道理,(Ⅱ)与(Ⅲ)也是同解的. 因此它们基础解系所含向量个数相等,即

$$n-\mathrm{r}(\boldsymbol{A})=n-\mathrm{r}(\boldsymbol{B})=n-\mathrm{r}\begin{bmatrix}\boldsymbol{A}\\\boldsymbol{B}\end{bmatrix}$$

于是

$$\mathrm{r}(\boldsymbol{A})=\mathrm{r}(\boldsymbol{B})=\mathrm{r}\begin{bmatrix}\boldsymbol{A}\\\boldsymbol{B}\end{bmatrix}$$

(2)⇒(3) 见§4.4 例 4.

(3)⇒(1) $\boldsymbol{A}$ 的行向量组与 $\boldsymbol{B}$ 的行向量组等价，就是 $\boldsymbol{Ax}=\boldsymbol{0}$ 与 $\boldsymbol{Bx}=\boldsymbol{0}$ 是等价方程组. 所以它们是同解的.

24. 设 $\boldsymbol{A},\boldsymbol{B}$ 均是 n 阶的方阵，证明：$\mathrm{r}(\boldsymbol{AB})=\mathrm{r}(\boldsymbol{B})$ 的充要条件是方程组 $(\boldsymbol{AB})\boldsymbol{x}=\boldsymbol{0}$ 与方程组 $\boldsymbol{Bx}=\boldsymbol{0}$ 同解.

证明 (⇒) 显然 $\boldsymbol{Bx}=\boldsymbol{0}$ 的解必是 $(\boldsymbol{AB})\boldsymbol{x}=\boldsymbol{0}$ 的解. 又 $\mathrm{r}(\boldsymbol{AB})=\mathrm{r}(\boldsymbol{B})$，$\boldsymbol{Bx}=\boldsymbol{0}$ 的基础解系也是 $(\boldsymbol{AB})\boldsymbol{x}=\boldsymbol{0}$ 的基础解系. 所以，方程组 $(\boldsymbol{AB})\boldsymbol{x}=\boldsymbol{0}$ 与方程组 $\boldsymbol{Bx}=\boldsymbol{0}$ 同解.

(⇐) 由 $n-\mathrm{r}(\boldsymbol{B})=n-\mathrm{r}(\boldsymbol{AB})$ 得 $\mathrm{r}(\boldsymbol{B})=\mathrm{r}(\boldsymbol{AB})$.

25. 若 n 阶矩阵 $\boldsymbol{A}=[\boldsymbol{\alpha}_1,\boldsymbol{\alpha}_2,\cdots,\boldsymbol{\alpha}_{n-1},\boldsymbol{\alpha}_n]$ 的前 $n-1$ 个列向量线性相关，后 $n-1$ 个列向量线性无关，$\boldsymbol{\beta}=\boldsymbol{\alpha}_1+\boldsymbol{\alpha}_2+\cdots+\boldsymbol{\alpha}_n$，证明：

(1) 方程组 $\boldsymbol{Ax}=\boldsymbol{\beta}$ 必有无穷多解；

(2) 若 $[k_1,k_2,\cdots,k_n]^{\mathrm{T}}$ 是 $\boldsymbol{Ax}=\boldsymbol{\beta}$ 的任一解，则 $k_n=1$.

证明 (1) 由 $\boldsymbol{\beta}=\boldsymbol{\alpha}_1+\boldsymbol{\alpha}_2+\cdots+\boldsymbol{\alpha}_n$，知 $\boldsymbol{x}=[1,1,\cdots,1]^{\mathrm{T}}$ 是 $\boldsymbol{Ax}=\boldsymbol{\beta}$ 的一个解. 又 $\mathrm{r}(\boldsymbol{A})=n-1$，故 $\boldsymbol{Ax}=\boldsymbol{\beta}$ 有无穷多解.

(2) 由 $\boldsymbol{\alpha}_1,\boldsymbol{\alpha}_2,\cdots,\boldsymbol{\alpha}_{n-1}$ 线性相关，存在不全为零的数 $l_1,l_2,\cdots,l_{n-1}$ 使

$$l_1\boldsymbol{\alpha}_1+l_2\boldsymbol{\alpha}_2+\cdots+l_{n-1}\boldsymbol{\alpha}_{n-1}=\boldsymbol{0}$$

说明 $[l_1,l_2,\cdots,l_{n-1},0]^{\mathrm{T}}$ 是 $\boldsymbol{Ax}=\boldsymbol{0}$ 基础解系. 则 $\boldsymbol{Ax}=\boldsymbol{\beta}$ 的通解为

$$[1,1,\cdots,1]^{\mathrm{T}}+k[l_1,l_2,\cdots,l_{n-1},0]^{\mathrm{T}}=[\times,\cdots,\times,1]^{\mathrm{T}}$$

26. 设线性方程组

$$(\mathrm{I})\begin{cases}a_{11}x_1+a_{12}x_2+\cdots+a_{1n}x_n=b_1\\\cdots\cdots\\a_{m1}x_1+a_{m2}x_2+\cdots+a_{mn}x_n=b_m\end{cases}$$

$$(\mathrm{II})\begin{cases}a_{11}y_1+a_{21}y_2+\cdots+a_{m1}y_m=0\\\cdots\cdots\\a_{1n}y_1+a_{2n}y_2+\cdots+a_{mn}y_m=0\\b_1y_1+b_2y_2+\cdots+b_my_m=1\end{cases}$$

证明：方程组(Ⅰ)有解⇔方程组(Ⅱ)无解.

证明 记方程组(Ⅰ)为 $\boldsymbol{Ax}=\boldsymbol{b}$，则方程组(Ⅱ)可写成

$$\begin{bmatrix} A^T \\ b^T \end{bmatrix} y = \begin{bmatrix} 0 \\ 1 \end{bmatrix}$$

由 $\begin{bmatrix} A^T & 0 \\ b^T & 1 \end{bmatrix} \xrightarrow{[c_1]-[c_2]b^T} \begin{bmatrix} A^T & \mathbf{0} \\ \mathbf{0} & 1 \end{bmatrix}$ 知

$$\mathrm{r}\begin{bmatrix} A^T & \mathbf{0} \\ b^T & 1 \end{bmatrix} = \mathrm{r}\begin{bmatrix} A^T & \mathbf{0} \\ \mathbf{0} & 1 \end{bmatrix} = \mathrm{r}(A^T)+1 = \mathrm{r}(A)+1$$

这样

$$(\text{Ⅱ})\text{无解} \Leftrightarrow \mathrm{r}\begin{bmatrix} A^T & \mathbf{0} \\ b^T & 1 \end{bmatrix} = \mathrm{r}\begin{bmatrix} A^T \\ b^T \end{bmatrix}+1 \Leftrightarrow \mathrm{r}(A)+1 = \mathrm{r}\begin{bmatrix} A^T \\ b^T \end{bmatrix}+1$$

$$\Leftrightarrow \mathrm{r}(A) = \mathrm{r}\begin{bmatrix} A^T \\ b^T \end{bmatrix} \Leftrightarrow \mathrm{r}(A) = \mathrm{r}[A, b] \Leftrightarrow (\text{Ⅰ})\text{有解}$$

27. 设线性方程组

$$(\text{Ⅰ})\begin{cases} a_{11}x_1 + a_{12}x_2 + \cdots + a_{1n}x_n = b_1 \\ \qquad\cdots\cdots \\ a_{m1}x_1 + a_{m2}x_2 + \cdots + a_{mn}x_n = b_m \end{cases}$$

$$(\text{Ⅱ})\begin{cases} a_{11}y_1 + a_{21}y_2 + \cdots + a_{m1}y_m = 0 \\ \qquad\cdots\cdots \\ a_{1n}y_1 + a_{2n}y_2 + \cdots + a_{mn}y_m = 0 \end{cases}$$

$$(\text{Ⅲ})\ b_1y_1 + b_2y_2 + \cdots + b_my_m = 0$$

证明:方程组(Ⅰ)有解⇔方程组(Ⅱ)的解都是方程组(Ⅲ)的解.

证明 记 $A = [a_{ij}]_{m\times n}$,

$$x = [x_1, x_2, \cdots, x_n]^T,\ y = [y_1, y_2, \cdots, y_m]^T,\ b = [b_1, b_2, \cdots, b_m]^T$$

则三个方程可写为

$$(\text{Ⅰ})\ Ax = b,\ (\text{Ⅱ})\ A^Ty = \mathbf{0},\ (\text{Ⅲ})\ b^Ty = 0$$

因此

$$(\text{Ⅰ})\text{有解} \Leftrightarrow \mathrm{r}(A) = \mathrm{r}(A, b) \Leftrightarrow \mathrm{r}(A^T) = \mathrm{r}\begin{bmatrix} A^T \\ b^T \end{bmatrix}$$

$$\Leftrightarrow (\text{Ⅱ})\text{的解都是}(\text{Ⅲ})\text{的解(见§4.4例4)}$$

28. 设齐次线性方程组

$$\begin{cases} x_1 + 2x_2 + x_3 + 2x_4 = 0 \\ \qquad\ \ x_2 + cx_3 + cx_4 = 0 \\ x_1 + cx_2 \qquad\quad + x_4 = 0 \end{cases}$$

解空间的维数是 2,求其一个基础解系.

解　由 $\dim N(\mathbf{A})=n-\mathrm{r}(\mathbf{A})$知,系数矩阵的秩 $\mathrm{r}(\mathbf{A})=4-2=2$.

$$\mathbf{A}=\begin{bmatrix}1&2&1&2\\0&1&c&c\\1&c&0&1\end{bmatrix}\xrightarrow{r}\begin{bmatrix}1&0&1-2c&2-2c\\0&1&c&c\\0&0&(c-1)^2&(c-1)^2\end{bmatrix}$$

由 $\mathrm{r}(\mathbf{A})=2$,得 $c=1$. 原方程组的等价方程组为

$$\begin{cases}x_1=x_3\\x_2=-x_3-x_4\end{cases}$$

取

$$\begin{bmatrix}x_3\\x_4\end{bmatrix}=\begin{bmatrix}1\\0\end{bmatrix},\begin{bmatrix}0\\1\end{bmatrix}$$

得一个基础解系为

$$\boldsymbol{\alpha}_1=[1,-1,1,0]^{\mathrm{T}},\ \boldsymbol{\alpha}_2=[0,-1,0,1]^{\mathrm{T}}$$

29. 设四元齐次线性方程组

$$(\text{Ⅰ})\begin{cases}x_1+x_2=0\\x_2-x_4=0\end{cases}$$

还知道另一齐次线性方程组(Ⅱ)的通解为

$$k_1[0,1,1,0]^{\mathrm{T}}+k_2[-1,2,2,1]^{\mathrm{T}}$$

求方程组(Ⅰ)与(Ⅱ)的公共解.

解法 1　将方程组(Ⅱ)的通解

$$\boldsymbol{x}=k_1[0,1,1,0]^{\mathrm{T}}+k_2[-1,2,2,1]^{\mathrm{T}}=[-k_2,k_1+2k_2,k_1+2k_2,k_2]^{\mathrm{T}}$$

代入方程组(Ⅰ)得到关于 k_1,k_2 的线性方程组

$$\begin{cases}-k_2+k_1+2k_2=0\\k_1+2k_2-k_2=0\end{cases}\Leftrightarrow k_1+k_2=0$$

令 $k_2=k$,则 $k_1=-k$,故方程组(Ⅰ)与方程组(Ⅱ)的公共解为

$$\boldsymbol{x}=k_1[0,1,1,0]^{\mathrm{T}}+k_2[-1,2,2,1]^{\mathrm{T}}=k[-1,1,1,1]^{\mathrm{T}}\quad(k\in\mathbf{R})$$

解法 2　易求方程组(Ⅰ)的基础解系为

$$\boldsymbol{\alpha}_1=[0,0,1,0]^{\mathrm{T}},\ \boldsymbol{\alpha}_2=[-1,1,0,1]^{\mathrm{T}}$$

其通解为

$$\boldsymbol{x}=k_3\boldsymbol{\alpha}_1+k_4\boldsymbol{\alpha}_2$$

令两个方程组的通解相等

$$\boldsymbol{x}=k_1[0,1,1,0]^{\mathrm{T}}+k_2[-1,2,2,1]^{\mathrm{T}}=k_3[0,0,1,0]^{\mathrm{T}}+k_4[-1,1,0,1]^{\mathrm{T}}$$

得关于 k_1,k_2,k_3,k_4 的方程组

$$\begin{cases}-k_2+k_4=0\\k_1+2k_2-k_4=0\\k_1+2k_2-k_3=0\\k_2-k_4=0\end{cases}$$

解之得

$$k_1=-k,\ k_2=k,\ k_3=k,\ k_4=k$$

因此,两个方程组公共解为

$$\boldsymbol{x}=-k[0,1,1,0]^{\mathrm{T}}+k[-1,2,2,1]^{\mathrm{T}}=k[-1,1,1,1]^{\mathrm{T}}$$

30. 设 $\mathbf{A}=[a_{ij}]_{n\times n}$, $|\mathbf{A}|\neq 0$, 证明:$r<n$ 时, 齐次线性方程组

$$\begin{cases}a_{11}x_1+a_{12}x_2+\cdots+a_{1n}x_n=0\\ \cdots\cdots\\ a_{r1}x_1+a_{r2}x_2+\cdots+a_{rn}x_n=0\end{cases}$$

的一个基础解系为

$$\boldsymbol{\xi}_j=[A_{j1},A_{j2},\cdots,A_{jn}]^{\mathrm{T}}\quad(j=r+1,\cdots,n)$$

其中,A_{jk} 为 $\mathbf{A}$ 的(j,k)元的代数余子式$(j,k=1,2,\cdots,n)$.

证明 由行列式展开定理可知

$$a_{i1}A_{j1}+a_{i2}A_{j2}+\cdots+a_{in}A_{jn}=0\quad(i=1,2,\cdots,r;j=r+1,\cdots,n)$$

所以 $\boldsymbol{\xi}_j(j=r+1,\cdots,n)$是上面齐次方程组的解(共 $n-r$ 个).

由$|\mathbf{A}|\neq0\Rightarrow$齐次线性方程组系数矩阵的秩为 r,所以齐次线性方程组基础解系所含向量个数为 $n-r$. 再由$|\mathbf{A}|\neq0\Rightarrow r(\mathbf{A}^*)=n\Rightarrow\mathbf{A}^*$ 的 $n-r$ 个行向量的转置 $\boldsymbol{\xi}_{r+1},\cdots,\boldsymbol{\xi}_n$ 线性无关.

综上可知,$\boldsymbol{\xi}_{r+1},\cdots,\boldsymbol{\xi}_n$ 是齐次线性方程组的一个基础解系.

31. 设 $\mathrm{rank}\mathbf{A}_{m\times n}=r$,$\boldsymbol{\eta}^*$ 是非齐次线性方程组 $\mathbf{A}\boldsymbol{x}=\boldsymbol{b}$ 的一个特解, $\boldsymbol{\xi}_1,\boldsymbol{\xi}_2,\cdots,\boldsymbol{\xi}_{n-r}$是其对应的齐次线性方程组 $\mathbf{A}\boldsymbol{x}=\mathbf{0}$ 的一个基础解系. 证明:

$$\{\boldsymbol{\eta}^*,\boldsymbol{\eta}^*+\boldsymbol{\xi}_1,\boldsymbol{\eta}^*+\boldsymbol{\xi}_2,\cdots,\boldsymbol{\eta}^*+\boldsymbol{\xi}_{n-r}\}$$

是 $\mathbf{A}\boldsymbol{x}=\boldsymbol{b}$ 解集 V 的一个极大无关组, 从而 $\mathrm{rank}V=n-r+1$.

证明 见本章综合例题解析例 4.

32. 已知

$$\boldsymbol{\beta}_1=[b_{11},b_{12},\cdots,b_{1,2n}]^{\mathrm{T}},\boldsymbol{\beta}_2=[b_{21},b_{22},\cdots,b_{2,2n}]^{\mathrm{T}},\cdots,\boldsymbol{\beta}_n=[b_{n1},b_{n2},\cdots,b_{n,2n}]^{\mathrm{T}}$$

是方程组

$$(\mathrm{I})\begin{cases}a_{11}x_1+a_{12}x_2+\cdots+a_{1,2n}x_{2n}=0\\a_{21}x_1+a_{22}x_2+\cdots+a_{2,2n}x_{2n}=0\\ \cdots\cdots\\a_{n1}x_1+a_{n2}x_2+\cdots+a_{n,2n}x_{2n}=0\end{cases}$$

的基础解系．证明：

$\boldsymbol{\alpha}_1=[a_{11},a_{12},\cdots,a_{1,2n}]^{\mathrm{T}},\boldsymbol{\alpha}_2=[a_{21},a_{22},\cdots,a_{2,2n}]^{\mathrm{T}},\cdots,\boldsymbol{\alpha}_n=[a_{n1},a_{n2},\cdots,a_{n,2n}]^{\mathrm{T}}$

是方程组

$$(\mathrm{II})\begin{cases}b_{11}x_1+b_{12}x_2+\cdots+b_{1,2n}x_{2n}=0\\b_{21}x_1+b_{22}x_2+\cdots+b_{2,2n}x_{2n}=0\\\quad\cdots\cdots\\b_{n1}x_1+b_{n2}x_2+\cdots+b_{n,2n}x_{2n}=0\end{cases}$$

的基础解系．

证明 记矩阵

$$\boldsymbol{A}=\begin{bmatrix}\boldsymbol{\alpha}_1^{\mathrm{T}}\\\boldsymbol{\alpha}_2^{\mathrm{T}}\\\vdots\\\boldsymbol{\alpha}_n^{\mathrm{T}}\end{bmatrix},\ \boldsymbol{B}=\begin{bmatrix}\boldsymbol{\beta}_1^{\mathrm{T}}\\\boldsymbol{\beta}_2^{\mathrm{T}}\\\vdots\\\boldsymbol{\beta}_n^{\mathrm{T}}\end{bmatrix}$$

则方程组（Ⅰ）和（Ⅱ）可分别写为

$$(\mathrm{I})\ \boldsymbol{Ax}=\boldsymbol{0}\quad 和\quad (\mathrm{II})\ \boldsymbol{Bx}=\boldsymbol{0}\quad(\boldsymbol{x}\in\boldsymbol{R}^{2n})$$

因为 $\boldsymbol{\beta}_1,\boldsymbol{\beta}_2,\cdots,\boldsymbol{\beta}_n$ 是方程组 $\boldsymbol{Ax}=\boldsymbol{0}$ 的基础解系，所以 $\mathrm{r}(\boldsymbol{A})=2n-n=n$，从而 $\boldsymbol{\alpha}_1,\boldsymbol{\alpha}_2,\cdots,\boldsymbol{\alpha}_n$ 线性无关．而且 $\boldsymbol{\beta}_1,\boldsymbol{\beta}_2,\cdots,\boldsymbol{\beta}_n$ 线性无关，$\mathrm{r}(\boldsymbol{B})=n$．因此，方程组 $\boldsymbol{Bx}=\boldsymbol{0}$ 的基础解系所含解向量的个数为 $2n-\mathrm{r}(\boldsymbol{B})=n$．

由假设

$$\boldsymbol{A}[\boldsymbol{\beta}_1,\boldsymbol{\beta}_2,\cdots,\boldsymbol{\beta}_n]=\boldsymbol{O}\Rightarrow\boldsymbol{A}\boldsymbol{B}^{\mathrm{T}}=\boldsymbol{O}\Rightarrow\boldsymbol{B}\boldsymbol{A}^{\mathrm{T}}=\boldsymbol{O}$$
$$\Rightarrow\boldsymbol{B}[\boldsymbol{\alpha}_1,\boldsymbol{\alpha}_2,\cdots,\boldsymbol{\alpha}_n]=\boldsymbol{O}$$

知 $\boldsymbol{\alpha}_1,\boldsymbol{\alpha}_2,\cdots,\boldsymbol{\alpha}_n$ 是方程组 $\boldsymbol{Bx}=\boldsymbol{0}$ 的 n 个线性无关的解．因此，$\boldsymbol{\alpha}_1,\boldsymbol{\alpha}_2,\cdots,\boldsymbol{\alpha}_n$ 就是方程组 $\boldsymbol{Bx}=\boldsymbol{0}$ 的一个基础解系．

第五章　特征值与特征向量

本章导读

本章主要介绍矩阵特征值与特征向量的概念以及特征值与特征向量的性质.重点讨论矩阵可对角化的充分必要条件.在可对角化的矩阵中,有一类最重要的矩阵,那就是实对称矩阵.关于实对称矩阵对角化的讨论我们安排在第六章中,因为它和二次型有着密切的关系.

本章的理论体系

(1) 特征值与特征向量的定义.

(2) 特征值与特征向量的性质.

(3) 相似矩阵的性质.

(4) 可对角化的充要条件.

本章的学习重点与基本要求

(1) 理解矩阵的特征值和特征向量的概念及性质,会求矩阵的特征值和特征向量.

(2) 理解相似矩阵的概念、性质及矩阵可相似对角化的充分必要条件.

(3) 掌握将矩阵对角化的方法.

§5.1　特征值与特征向量

一、内容提要

1. 特征值和特征向量的概念

设 $\boldsymbol{A}\in\mathbf{C}^{n\times n}$，如存在数 $\lambda_0\in\mathbf{C}$ 和 n 维非零向量 $\boldsymbol{\alpha}\in\mathbf{C}^n$ 满足：

$$\boldsymbol{A}\boldsymbol{\alpha}=\lambda_0\boldsymbol{\alpha}$$

则称数 λ_0 为矩阵 $\boldsymbol{A}$ 的**特征值**，称非零向量 $\boldsymbol{\alpha}$ 为 $\boldsymbol{A}$ 的属于(或对应于)特征值 λ_0

的特征向量. 称

$$f_A(\lambda)=|\lambda E-A|=\begin{vmatrix}\lambda-a_{11} & -a_{12} & \cdots & -a_{1n}\\ -a_{21} & \lambda-a_{22} & \cdots & -a_{2n}\\ \vdots & \vdots & & \vdots\\ -a_{n1} & -a_{n2} & \cdots & \lambda-a_{nn}\end{vmatrix}$$

为 A 的**特征多项式**,称代数方程 $f_A(\lambda)=0$ 为 A 的**特征方程**,称含参数 λ 的矩阵 $\lambda E-A$ 为 A 的**特征矩阵**.

2. 特征值和特征向量的性质

(1) λ_0 是 A 的特征值 $\Leftrightarrow f_A(\lambda_0)=|\lambda_0 E-A|=0$.

(2) α 是 A 的属于特征值 λ_0 的特征向量的充要条件是 α 为齐次线性方程组 $(\lambda_0 E-A)x=0$ 的非零解.

(3) n 阶矩阵在复数域上恰有 n 个特征值(重根按重数计算).

(4) n 阶矩阵 A 为可逆矩阵的充要条件是 A 的特征值全不为 0.

(5) A 与 A^T 有相同的特征值.

(6) 设 A 是可逆矩阵, 如果 λ_0 是 A 的一个特征值($\lambda_0\neq 0$),对应的特征向量为 α, 则 λ_0^{-1} 是 A^{-1} 的一个特征值, 对应的特征向量仍为 α.

(7) 设 $\varphi(z)=a_0+a_1z+\cdots+a_mz^m$ 是一个多项式, 又设 λ_0 是矩阵 A 的一个特征值, 对应的特征向量为 α, 则 $\varphi(\lambda_0)$ 是矩阵多项式 $\varphi(A)=a_0E+a_1A+\cdots+a_mA^m$ 的一个特征值, 对应的特征向量仍为 α.

(8) $f_A(\lambda)=|\lambda E-A|=\lambda^n-\mathrm{tr}(A)\lambda^{n-1}+\cdots+(-1)^n|A|$,其中 $\mathrm{tr}(A)=a_{11}+a_{22}+\cdots+a_{nn}$,称为 A 的**迹**.

(9) 设 n 阶矩阵 $A=[a_{ij}]$的 n 个特征值为 $\lambda_1,\lambda_2,\cdots,\lambda_n$, 则

① $\lambda_1+\lambda_2+\cdots+\lambda_n=a_{11}+a_{22}+\cdots+a_{nn}=\mathrm{tr}(A)$;

② $\lambda_1\lambda_2\cdots\lambda_n=|A|$.

二、典型例题

例 1 分别求下面矩阵的特征值与特征向量:

(1) $A=\begin{bmatrix}\lambda_0 & & \\ & \lambda_0 & \\ & & \lambda_0\end{bmatrix}$; (2) $A=\begin{bmatrix}\lambda_0 & & \\ & \lambda_0 & 1\\ & & \lambda_0\end{bmatrix}$; (3) $A=\begin{bmatrix}\lambda_0 & 1 & \\ & \lambda_0 & 1\\ & & \lambda_0\end{bmatrix}$.

解 (1) 由 $|\lambda E-A|=(\lambda-\lambda_0)^3=0$ 得 A 的 3 个特征值为

$$\lambda_1=\lambda_2=\lambda_3=\lambda_0$$

解齐次线性方程组 $(\lambda_0 E-A)x=0$. 由于 $\lambda_0 E-A=O$,因此,所有向量 $\alpha\in C^3$ 都是

其解. 故属于特征值 λ_0 的所有特征向量为 $\mathbf{0}\neq\boldsymbol{\alpha}\in\mathbf{C}^3$.

(2) 由 $|\lambda\boldsymbol{E}-\boldsymbol{A}|=(\lambda-\lambda_0)^3=0$ 得 $\boldsymbol{A}$ 的 3 个特征值为

$$\lambda_1=\lambda_2=\lambda_3=\lambda_0$$

解齐次线性方程组 $(\lambda_0\boldsymbol{E}-\boldsymbol{A})\boldsymbol{x}=\mathbf{0}$, 即 $x_3=0$, 得基础解系

$$\boldsymbol{\alpha}_1=[1,0,0]^{\mathrm{T}},\ \boldsymbol{\alpha}_2=[0,1,0]^{\mathrm{T}}$$

因此, 属于特征值 λ_0 的所有特征向量为

$$\boldsymbol{\alpha}=k_1\boldsymbol{\alpha}_1+k_2\boldsymbol{\alpha}_2=[k_1,k_2,0]^{\mathrm{T}}\quad(k_1,k_2\text{ 不同时为零})$$

(3) 由 $|\lambda\boldsymbol{E}-\boldsymbol{A}|=(\lambda-\lambda_0)^3=0$ 得 $\boldsymbol{A}$ 的 3 个特征值为

$$\lambda_1=\lambda_2=\lambda_3=\lambda_0$$

解齐次线性方程组 $(\lambda_0\boldsymbol{E}-\boldsymbol{A})\boldsymbol{x}=\mathbf{0}$, 即 $\begin{cases}x_2=0\\x_3=0\end{cases}$, 得基础解系

$$\boldsymbol{\alpha}_1=[1,0,0]^{\mathrm{T}}$$

因此, 属于特征值 λ_0 的所有特征向量为

$$\boldsymbol{\alpha}=k_1\boldsymbol{\alpha}_1=[k_1,0,0]^{\mathrm{T}}\quad(k_1\neq0)$$

注 以上 3 个矩阵的特征值都为 λ_0(三重), 但线性无关的特征向量(1)有 3 个、(2)有 2 个、(3)有 1 个.

例 2 设 λ 是可逆矩阵 $\boldsymbol{A}$ 的特征值, 对应的特征向量为 $\boldsymbol{\alpha}$, 证明: $\dfrac{|\boldsymbol{A}|}{\lambda}$ 是 $\boldsymbol{A}^*$ 的特征值, 对应的特征向量仍为 $\boldsymbol{\alpha}$.

证明 在 $\boldsymbol{A\alpha}=\lambda\boldsymbol{\alpha}$ 两边左乘 $\boldsymbol{A}^*$, 得 $\boldsymbol{A}^*\boldsymbol{A\alpha}=\lambda\boldsymbol{A}^*\boldsymbol{\alpha}$. 由 $\boldsymbol{A}^*\boldsymbol{A}=|\boldsymbol{A}|\boldsymbol{E}$, 又得 $|\boldsymbol{A}|\boldsymbol{\alpha}=\lambda\boldsymbol{A}^*\boldsymbol{\alpha}$.

因为 $\boldsymbol{A}$ 是可逆矩阵, 故 $\lambda\neq0$, 所以 $\boldsymbol{A}^*\boldsymbol{\alpha}=\dfrac{|\boldsymbol{A}|}{\lambda}\boldsymbol{\alpha}$. 由定义得证.

例 3 设 $\boldsymbol{A}^2=\boldsymbol{E}$, 证明: $\boldsymbol{A}$ 的特征值只能是 ±1.

证明 设 λ 为 $\boldsymbol{A}$ 的任一特征值, 则 λ^2-1 为 $\boldsymbol{A}^2-\boldsymbol{E}$ 的特征值. 由题设 $\boldsymbol{A}^2-\boldsymbol{E}=\boldsymbol{O}$ 且零矩阵的特征值全为零. 因此 $\lambda^2-1=0\Rightarrow\lambda=\pm1$.

注 这里 $\boldsymbol{A}$ 的特征值只能是 ±1, 有 3 种情况: (1) 特征值全是 1; (2) 特征值全是 -1; (3) 特征值既有 1 也有 -1, 如 $\boldsymbol{A}$ 是如下矩阵:

$$\begin{bmatrix}1&\\&1\end{bmatrix},\begin{bmatrix}-1&\\&-1\end{bmatrix},\begin{bmatrix}1&\\&-1\end{bmatrix}$$

例 4(本节习题 5) 设 3 阶矩阵 $\boldsymbol{A}$ 的三个特征值为 $\lambda_1=1,\lambda_2=2,\lambda_3=3$, 与之对应的特征向量分别为

$$\boldsymbol{\alpha}_1=[2,1,-1]^{\mathrm{T}},\ \boldsymbol{\alpha}_2=[2,-1,2]^{\mathrm{T}},\ \boldsymbol{\alpha}_3=[3,0,1]^{\mathrm{T}}$$

求矩阵 $\boldsymbol{A}$.

解　由假设

$$\boldsymbol{A}[\boldsymbol{\alpha}_1,\boldsymbol{\alpha}_2,\boldsymbol{\alpha}_3]=[\boldsymbol{\alpha}_1,2\boldsymbol{\alpha}_2,3\boldsymbol{\alpha}_3]$$

易知矩阵$[\boldsymbol{\alpha}_1,\boldsymbol{\alpha}_2,\boldsymbol{\alpha}_3]$可逆,所以

$$\boldsymbol{A}=[\boldsymbol{\alpha}_1,2\boldsymbol{\alpha}_2,3\boldsymbol{\alpha}_3][\boldsymbol{\alpha}_1,\boldsymbol{\alpha}_2,\boldsymbol{\alpha}_3]^{-1}$$

$$=\begin{pmatrix}2&4&9\\1&-2&0\\-1&4&3\end{pmatrix}\begin{pmatrix}1&-4&-3\\1&-5&-3\\-1&6&4\end{pmatrix}=\begin{pmatrix}-3&26&18\\-1&6&3\\0&2&3\end{pmatrix}$$

例 5(本节习题 8)　(1) 证明:一个特征向量只能对应于一个特征值;

(2) 设 λ_1,λ_2 为矩阵 $\boldsymbol{A}$ 的两个不同的特征值，对应的特征向量分别为 $\boldsymbol{\xi}_1$ 和 $\boldsymbol{\xi}_2$，证明:$k_1\boldsymbol{\xi}_1+k_2\boldsymbol{\xi}_2(k_1\neq 0,k_2\neq 0)$不是 $\boldsymbol{A}$ 的特征向量.

证明　(1) 设 $\boldsymbol{A}$ 的对应于特征向量 $\boldsymbol{\alpha}$ 的特征值有 λ_1和 λ_2,即

$$\boldsymbol{A\alpha}=\lambda_1\boldsymbol{\alpha}=\lambda_2\boldsymbol{\alpha}$$

由此推出$(\lambda_1-\lambda_2)\boldsymbol{\alpha}=\boldsymbol{0}$,由于 $\boldsymbol{\alpha}\neq\boldsymbol{0}$,因此 $\lambda_1=\lambda_2$.

(2) (反证)假设 $k_1\boldsymbol{\xi}_1+k_2\boldsymbol{\xi}_2$ 是 $\boldsymbol{A}$ 的特征向量,对应的特征值为 μ,即

$$\boldsymbol{A}(k_1\boldsymbol{\xi}_1+k_2\boldsymbol{\xi}_2)=\mu(k_1\boldsymbol{\xi}_1+k_2\boldsymbol{\xi}_2)$$

由 $\boldsymbol{A\xi}_1=\lambda_1\boldsymbol{\xi}_1,\boldsymbol{A\xi}_2=\lambda_2\boldsymbol{\xi}_2$,得

$$\boldsymbol{A}(k_1\boldsymbol{\xi}_1+k_2\boldsymbol{\xi}_2)=k_1\boldsymbol{A\xi}_1+k_2\boldsymbol{A\xi}_2=k_1\lambda_1\boldsymbol{\xi}_1+k_2\lambda_2\boldsymbol{\xi}_2=\mu(k_1\boldsymbol{\xi}_1+k_2\boldsymbol{\xi}_2)$$

移项得

$$k_1(\lambda_1-\mu)\boldsymbol{\xi}_1+k_2(\lambda_2-\mu)\boldsymbol{\xi}_2=\boldsymbol{0}$$

因 $\boldsymbol{\xi}_1,\boldsymbol{\xi}_2$ 线性无关,所以

$$k_1(\lambda_1-\mu)=k_2(\lambda_2-\mu)=0$$

由 $k_1\neq 0,k_2\neq 0$ 得 $\lambda_1=\lambda_2=\mu$,这与 $\lambda_1\neq\lambda_2$ 矛盾.

§ 5.2　方阵的对角化

一、内容提要

1. 相似矩阵的概念

定义 1　设 $\boldsymbol{A},\boldsymbol{B}$ 都是 n 阶矩阵，如果存在可逆矩阵 $\boldsymbol{P}$，使得

$$\boldsymbol{P}^{-1}\boldsymbol{AP}=\boldsymbol{B}$$

则称 $\boldsymbol{A}$ 与 $\boldsymbol{B}$ **相似**,记为 $\boldsymbol{A}\sim\boldsymbol{B}$. 其中可逆矩阵 $\boldsymbol{P}$ 称为**相似变换矩阵**.

如果方阵 $\boldsymbol{A}$ 能与对角矩阵相似，则称 $\boldsymbol{A}$ **可对角化**. 否则称 $\boldsymbol{A}$ **不可对角化**.

2. 相似矩阵的性质

(1) 相似关系是一种等价关系. 即具有:

自反性：$\boldsymbol{A}\sim\boldsymbol{A}$；

对称性：$\boldsymbol{A}\sim\boldsymbol{B}\Rightarrow\boldsymbol{B}\sim\boldsymbol{A}$；

传递性：$\boldsymbol{A}\sim\boldsymbol{B},\boldsymbol{B}\sim\boldsymbol{C}\Rightarrow\boldsymbol{A}\sim\boldsymbol{C}$.

(2) 设 $\boldsymbol{A}\sim\boldsymbol{B}$，$\varphi(z)=\alpha_0+\alpha_1 z+\cdots+\alpha_m z^m$，则 $\varphi(\boldsymbol{A})\sim\varphi(\boldsymbol{B})$.

(3) 设 $\boldsymbol{A}\sim\boldsymbol{B}$，又 $\boldsymbol{A}$ 可逆，则 $\boldsymbol{B}$ 可逆且 $\boldsymbol{A}^{-1}\sim\boldsymbol{B}^{-1}$.

(4) 设 $\boldsymbol{A}\sim\boldsymbol{B}$，则 $f_{\boldsymbol{A}}(\lambda)=|\lambda\boldsymbol{E}-\boldsymbol{A}|=|\lambda\boldsymbol{E}-\boldsymbol{B}|=f_{\boldsymbol{B}}(\lambda)$.

(5) 设 $\boldsymbol{A}\sim\boldsymbol{B}$，则 $\boldsymbol{A}$ 与 $\boldsymbol{B}$ 的特征值相同.

(6) 设 $\boldsymbol{A}\sim\boldsymbol{B}$，则 $|\boldsymbol{A}|=|\boldsymbol{B}|$.

(7) 设 $\boldsymbol{A}\sim\boldsymbol{B}$，则 $\operatorname{tr}(\boldsymbol{A})=\operatorname{tr}(\boldsymbol{B})$.

3. 矩阵的对角化

定义 2 设 n 阶矩阵 $\boldsymbol{A}$ 的特征多项式为

$$f_{\boldsymbol{A}}(\lambda)=|\lambda\boldsymbol{E}-\boldsymbol{A}|=(\lambda-\lambda_1)^{n_1}(\lambda-\lambda_2)^{n_2}\cdots(\lambda-\lambda_t)^{n_t}$$

其中 $\lambda_1,\lambda_2,\cdots,\lambda_t$ 互不相等($\sum_{i=1}^{t}n_i=n$)，则称 n_i 为特征值 λ_i 的**代数重数**，称

$$s_i=n-\operatorname{rank}(\lambda_i\boldsymbol{E}-\boldsymbol{A})$$

为特征值 λ_i 的**几何重数**.

定理 1 n 阶矩阵 $\boldsymbol{A}$ 可对角化的充要条件是 $\boldsymbol{A}$ 有 n 个线性无关的特征向量.

定理 2 设 $\lambda_1,\lambda_2,\cdots,\lambda_t$ 是矩阵 $\boldsymbol{A}$ 的互不相同的特征值，属于特征值 λ_i 的线性无关的特征向量为

$$\boldsymbol{\alpha}_1^i,\boldsymbol{\alpha}_2^i,\cdots,\boldsymbol{\alpha}_{s_i}^i\quad(i=1,2,\cdots,t)$$

则由所有这些特征向量(共 $s_1+s_2+\cdots+s_t$ 个)拼成的向量组

$$\boldsymbol{\alpha}_1^1,\boldsymbol{\alpha}_2^1,\cdots,\boldsymbol{\alpha}_{s_1}^1,\boldsymbol{\alpha}_1^2,\boldsymbol{\alpha}_2^2,\cdots,\boldsymbol{\alpha}_{s_2}^2,\cdots,\boldsymbol{\alpha}_1^t,\boldsymbol{\alpha}_2^t,\cdots,\boldsymbol{\alpha}_{s_t}^t$$

仍是线性无关的.

定理 3 如果 n 阶矩阵 $\boldsymbol{A}$ 有 n 个不同的特征值，那么 $\boldsymbol{A}$ 必可对角化.

定理 4 设 n 阶矩阵 $\boldsymbol{A}$ 的特征值 λ_i 的代数重数为 n_i，几何重数为 s_i，则

$$1\leqslant s_i\leqslant n_i$$

定理 5 n 阶矩阵 $\boldsymbol{A}$ 可对角化的充要条件是 $\boldsymbol{A}$ 的每个特征值 λ_i 的代数重数等于几何重数.

二、典型例题

例 1 设

$$\boldsymbol{A}=\begin{pmatrix}-2&0&0\\2&a&2\\3&1&1\end{pmatrix},\boldsymbol{B}=\begin{pmatrix}-1&&\\&2&\\&&b\end{pmatrix}$$

已知 $\boldsymbol{A}$ 与 $\boldsymbol{B}$ 相似.

(1) 求 a,b；

(2) 求可逆矩阵 $\boldsymbol{P}$,使 $\boldsymbol{P}^{-1}\boldsymbol{A}\boldsymbol{P}=\boldsymbol{B}$.

解　(1) 分别求得 $\boldsymbol{A}$ 与 $\boldsymbol{B}$ 的特征多项式为

$$f_{\boldsymbol{A}}(\lambda)=|\lambda\boldsymbol{E}-\boldsymbol{A}|=\lambda^3-\mathrm{tr}(\boldsymbol{A})\lambda^2+(-a-4)\lambda-|\boldsymbol{A}|$$

$$f_{\boldsymbol{B}}(\lambda)=|\lambda\boldsymbol{E}-\boldsymbol{B}|=\lambda^3-\mathrm{tr}(\boldsymbol{B})\lambda^2+(b-2)\lambda-|\boldsymbol{B}|$$

由 $f_{\boldsymbol{A}}(\lambda)=f_{\boldsymbol{B}}(\lambda)$,比较多项式的系数得

$$\mathrm{tr}(\boldsymbol{A})=\mathrm{tr}(\boldsymbol{B}),\ -a-4=b-2,\ |\boldsymbol{A}|=|\boldsymbol{B}|$$

即

$$a-b=2,\ -a-4=b-2$$

解得 $a=0,b=-2$.

(2) 由于 $\boldsymbol{A}$ 与 $\boldsymbol{B}$ 相似,所以 $\boldsymbol{A}$ 的特征值与 $\boldsymbol{B}$ 的特征值相同,它们等于 $\boldsymbol{B}$ 的对角元素：

$$\lambda_1=-1,\ \lambda_2=2,\ \lambda_3=-2$$

再求出对应于这些特征值的特征向量分别为

$$\boldsymbol{\alpha}_1=[0,-2,1]^{\mathrm{T}},\ \boldsymbol{\alpha}_2=[0,1,1]^{\mathrm{T}},\ \boldsymbol{\alpha}_3=[1,0,-1]^{\mathrm{T}}$$

令

$$\boldsymbol{P}=(\boldsymbol{\alpha}_1,\boldsymbol{\alpha}_2,\boldsymbol{\alpha}_3)=\begin{pmatrix}0&0&1\\-2&1&0\\1&1&-1\end{pmatrix}$$

则有 $\boldsymbol{P}^{-1}\boldsymbol{A}\boldsymbol{P}=\boldsymbol{B}$.

例 2　问矩阵

$$\boldsymbol{A}=\begin{pmatrix}1&0&0\\0&2&1\\0&0&2\end{pmatrix}$$

是否可对角化.

解　$\boldsymbol{A}$ 是上三角矩阵,易知 $\boldsymbol{A}$ 的不同的特征值为 $\lambda_1=1$(单重),$\lambda_2=2$(二重).对于单重特征值(即代数重数为 1),其几何重数(即对应的线性无关特征向量的个数)永远等于 1.所以不需要考虑单重特征值.对于二重特征值 $\lambda_2=2$,求其几何重数

$$s_2=3-\mathrm{r}(\lambda_2\boldsymbol{E}-\boldsymbol{A})=3-\mathrm{r}\begin{pmatrix}1&&\\&0&-1\\&&0\end{pmatrix}=3-2=1$$

二重特征值 $\lambda_2=2$ 的几何重数不等于 2.所以 $\boldsymbol{A}$ 不可对角化.

例 3 设 n 阶矩阵 $\boldsymbol{A}$ 满足 $\boldsymbol{A}^2-3\boldsymbol{A}+2\boldsymbol{E}=\boldsymbol{O}$，且 $\boldsymbol{A}$ 有两个不同的特征值，证明 $\boldsymbol{A}$ 可对角化.

证明 $\boldsymbol{A}$ 的特征值 λ 满足 $\lambda^2-3\lambda+2\lambda=0$，知 $\lambda=1$ 或 $\lambda=2$. 由假设知，$\boldsymbol{A}$ 的两个不同的特征值是 $\lambda_1=1,\lambda_2=2$. 由

$$\boldsymbol{A}^2-3\boldsymbol{A}+2\boldsymbol{E}=\boldsymbol{O}\Rightarrow(\boldsymbol{E}-\boldsymbol{A})(2\boldsymbol{E}-\boldsymbol{A})=\boldsymbol{O}\Rightarrow \mathrm{r}(\boldsymbol{E}-\boldsymbol{A})+\mathrm{r}(2\boldsymbol{E}-\boldsymbol{A})\leqslant n$$

得

$$(\boldsymbol{A}-\boldsymbol{E})+(2\boldsymbol{E}-\boldsymbol{A})=\boldsymbol{E}\Rightarrow \mathrm{r}(\boldsymbol{A}-\boldsymbol{E})+\mathrm{r}(2\boldsymbol{E}-\boldsymbol{A})\geqslant \mathrm{r}(\boldsymbol{E})=n$$

综上，$\mathrm{r}(\boldsymbol{E}-\boldsymbol{A})+\mathrm{r}(2\boldsymbol{E}-\boldsymbol{A})=n$.

$\lambda_1=1$ 对应的线性无关的特征向量个数为 $n-\mathrm{r}(\boldsymbol{E}-\boldsymbol{A})$，$\lambda_2=2$ 对应的线性无关的特征向量个数为 $n-\mathrm{r}(2\boldsymbol{E}-\boldsymbol{A})$. 因此

$$n-\mathrm{r}(\boldsymbol{E}-\boldsymbol{A})+n-\mathrm{r}(2\boldsymbol{E}-\boldsymbol{A})=n$$

由定理 2 可知，$\boldsymbol{A}$ 有 n 个线性无关的特征向量，从而 $\boldsymbol{A}$ 可对角化.

例 4(本节习题 4) 设

$$\boldsymbol{A}=\begin{bmatrix}1&0&1\\-1&2&1\\0&0&2\end{bmatrix}$$

(1) 求可逆矩阵 $\boldsymbol{P}$，使 $\boldsymbol{P}^{-1}\boldsymbol{A}\boldsymbol{P}$ 为对角矩阵；

(2) 计算 $\boldsymbol{A}^k$；

(3) 设向量 $\boldsymbol{\alpha}_0=[5,3,3]^{\mathrm{T}}$，计算 $\boldsymbol{A}^k\boldsymbol{\alpha}_0$.

解 (1) 按对角化的方法易求得

$$\boldsymbol{P}^{-1}\boldsymbol{A}\boldsymbol{P}=\begin{bmatrix}2&&\\&1&\\&&2\end{bmatrix}=\boldsymbol{D}$$

其中

$$\boldsymbol{P}=[\boldsymbol{\alpha}_1,\boldsymbol{\alpha}_2,\boldsymbol{\alpha}_3]=\begin{bmatrix}1&1&0\\0&1&1\\1&0&0\end{bmatrix},\ \boldsymbol{P}^{-1}=\begin{bmatrix}0&0&1\\1&0&-1\\-1&1&1\end{bmatrix}$$

(2) $\boldsymbol{A}^k=(\boldsymbol{P}\boldsymbol{D}\boldsymbol{P}^{-1})(\boldsymbol{P}\boldsymbol{D}\boldsymbol{P}^{-1})\cdots(\boldsymbol{P}\boldsymbol{D}\boldsymbol{P}^{-1})=\boldsymbol{P}\boldsymbol{D}^k\boldsymbol{P}^{-1}$

$$=\begin{bmatrix}1&1&0\\0&1&1\\1&0&0\end{bmatrix}\begin{bmatrix}1&&\\&2^k&\\&&2^k\end{bmatrix}\begin{bmatrix}0&0&1\\1&0&-1\\-1&1&1\end{bmatrix}=\begin{bmatrix}1&0&2^k-1\\1-2^k&2^k&2^k-1\\0&0&2^k\end{bmatrix}$$

(3) **解法 1** 先按(2)计算 $\boldsymbol{A}^k$，再计算 $\boldsymbol{A}^k\boldsymbol{\alpha}_0$.

$$\boldsymbol{A}^k\boldsymbol{\alpha}_0=[3\times2^k+2,2^k+2,3\times2^k]^{\mathrm{T}}$$

解法 2 先求 $\boldsymbol{\alpha}_0$ 在基 $\boldsymbol{\alpha}_1,\boldsymbol{\alpha}_2,\boldsymbol{\alpha}_3$ 下的分解，然后再求 $\boldsymbol{A}^k\boldsymbol{\alpha}_0$. 解方程组 $\boldsymbol{P}\boldsymbol{x}=$

$\boldsymbol{\alpha}_0$ 得

$$x_1=3,\ x_2=2,\ x_1=1$$

所以

$$\boldsymbol{\alpha}_0=3\boldsymbol{\alpha}_1+2\boldsymbol{\alpha}_2+\boldsymbol{\alpha}_3$$

则

$$\begin{aligned}\boldsymbol{A}^k\boldsymbol{\alpha}_0&=3\boldsymbol{A}^k\boldsymbol{\alpha}_1+2\boldsymbol{A}^k\boldsymbol{\alpha}_2+\boldsymbol{A}^k\boldsymbol{\alpha}_3=3\lambda_1^k\boldsymbol{\alpha}_1+2\lambda_2^k\boldsymbol{\alpha}_2+\lambda_3^k\boldsymbol{\alpha}_3\\&=3\times2^k\boldsymbol{\alpha}_1+2\times1^k\boldsymbol{\alpha}_2+2^k\boldsymbol{\alpha}_3=[3\times2^k+2,2^k+2,3\times2^k]^{\mathrm{T}}\end{aligned}$$

例 5(本节习题 6)　设矩阵

$$\boldsymbol{A}=\begin{pmatrix}3&2&-2\\-k&-1&k\\4&2&-3\end{pmatrix}$$

(1) 确定 k 的值使 $\boldsymbol{A}$ 可对角化；

(2) 当 $\boldsymbol{A}$ 可对角化时，求可逆矩阵 $\boldsymbol{P}$，使 $\boldsymbol{P}^{-1}\boldsymbol{A}\boldsymbol{P}$ 为对角矩阵.

解　(1) 求 $\boldsymbol{A}$ 的特征值. 由

$$|\lambda\boldsymbol{E}-\boldsymbol{A}|=\begin{vmatrix}\lambda-3&-2&2\\k&\lambda+1&-k\\-4&-2&\lambda+3\end{vmatrix}=(\lambda+1)^2(\lambda-1)$$

得 $\boldsymbol{A}$ 的特征值为 $\lambda_1=\lambda_2=-1,\lambda_3=1$. 则

$$\boldsymbol{A}\text{ 可对角化}\Leftrightarrow\operatorname{rank}(\lambda_1\boldsymbol{E}-\boldsymbol{A})=1$$

由

$$\lambda_1\boldsymbol{E}-\boldsymbol{A}=\begin{pmatrix}-4&-2&2\\k&0&-k\\-4&-2&2\end{pmatrix}\to\begin{pmatrix}-4&-2&2\\k&0&-k\\0&0&0\end{pmatrix}$$

知 $\operatorname{rank}(\lambda_1\boldsymbol{E}-\boldsymbol{A})=1\Leftrightarrow k=0$.

(2) 用对角化的方法可求得

$$\boldsymbol{P}=\begin{pmatrix}1&1&1\\-2&0&0\\0&2&1\end{pmatrix},\ \boldsymbol{P}^{-1}\boldsymbol{A}\boldsymbol{P}=\begin{pmatrix}-1&&\\&-1&\\&&1\end{pmatrix}$$

综合例题解析

例 1　设 $\boldsymbol{A},\boldsymbol{B}$ 都是 n 阶方阵且 $\mathrm{r}(\boldsymbol{A})+\mathrm{r}(\boldsymbol{B})<n$，证明：$\boldsymbol{A},\boldsymbol{B}$ 有公共的特征值和特征向量.

证明　由

$$\mathrm{r}\begin{bmatrix}\boldsymbol{A}\\\boldsymbol{B}\end{bmatrix}\leqslant \mathrm{r}(\boldsymbol{A})+\mathrm{r}(\boldsymbol{B})<n$$

知方程组 $\boldsymbol{Ax}=\boldsymbol{0}$ 与 $\boldsymbol{Bx}=\boldsymbol{0}$ 有公共的非零解，记为 $\boldsymbol{\alpha}$. 即

$$\boldsymbol{A\alpha}=\boldsymbol{0}=0\boldsymbol{\alpha},\ \boldsymbol{B\alpha}=\boldsymbol{0}=0\boldsymbol{\alpha}$$

所以 $\boldsymbol{A},\boldsymbol{B}$ 有公共的特征值 $\lambda=0$ 和公共的特征向量 $\boldsymbol{\alpha}$.

例 2 证明：$\boldsymbol{A}$ 是 n 阶幂等矩阵($\boldsymbol{A}^2=\boldsymbol{A}$)的充要条件是

$$\mathrm{r}(\boldsymbol{A})+\mathrm{r}(\boldsymbol{E}-\boldsymbol{A})=n$$

证明 第四章综合例题解析例 5 给出本题的一种证明方法. 第四章习题四解答 16 题又给出了必要性的一种证明方法. 下面的证明再给出充分性的一种证明方法.

不妨设 $0<\mathrm{r}(\boldsymbol{A})=r<n$，由 $\mathrm{r}(\boldsymbol{A})+\mathrm{r}(\boldsymbol{E}-\boldsymbol{A})=n$ 知，$\mathrm{r}(\boldsymbol{A})<n$，$\mathrm{r}(\boldsymbol{E}-\boldsymbol{A})<n$，从而 $|\boldsymbol{A}|=0$，$|\boldsymbol{E}-\boldsymbol{A}|=0$，说明 $\lambda_1=0$，$\lambda_2=1$ 都是 $\boldsymbol{A}$ 的特征值，它们对应的线性无关的特征向量个数为

$$[n-\mathrm{r}(\boldsymbol{A})]+[n-\mathrm{r}(\boldsymbol{E}-\boldsymbol{A})]=n$$

说明 $\boldsymbol{A}$ 的特征值只有 0 和 1，且 $\boldsymbol{A}$ 可对角化. 即存在可逆矩阵 $\boldsymbol{P}$ 使得

$$\boldsymbol{P}^{-1}\boldsymbol{AP}=\begin{bmatrix}\boldsymbol{E}_r & \\ & \boldsymbol{O}\end{bmatrix}\Leftrightarrow \boldsymbol{A}=\boldsymbol{P}\begin{bmatrix}\boldsymbol{E}_r & \\ & \boldsymbol{O}\end{bmatrix}\boldsymbol{P}^{-1}$$

于是

$$\boldsymbol{A}^2=\boldsymbol{P}\begin{bmatrix}\boldsymbol{E}_r & \\ & \boldsymbol{O}\end{bmatrix}\boldsymbol{P}^{-1}\boldsymbol{P}\begin{bmatrix}\boldsymbol{E}_r & \\ & \boldsymbol{O}\end{bmatrix}\boldsymbol{P}^{-1}=\boldsymbol{P}\begin{bmatrix}\boldsymbol{E}_r & \\ & \boldsymbol{O}\end{bmatrix}\boldsymbol{P}^{-1}=\boldsymbol{A}$$

例 3 某君举步上高楼，每跨一次或上一个台阶或上两个台阶，若要上 n 个台阶，问有多少种不同的方式.

解 设登上 n 个台阶的不同方式数为 F_n，则显然

$$F_1=1,\ F_2=2$$

有

$$F_n=F_{n-1}+F_{n-2}\quad (n=3,4,\cdots)$$

这是因为在登上 n 个台阶的所有方式中，跨第一步只有两种可能：

(1) 第一步跨一个台阶，后面登 $n-1$ 个台阶的方式有 F_{n-1} 种；

(2) 第一步跨两个台阶，后面登 $n-2$ 个台阶的方式有 F_{n-2} 种.

再定义 $F_0=1$，则

$$\begin{cases}F_{k+2}=F_{k+1}+F_k\\ F_{k+1}=F_{k+1}\end{cases}\quad (k=0,1,2,\cdots)$$

令

$$\boldsymbol{\alpha}_0=\begin{bmatrix}F_1\\F_0\end{bmatrix}=\begin{bmatrix}1\\1\end{bmatrix},\ \boldsymbol{\alpha}_k=\begin{bmatrix}F_{k+1}\\F_k\end{bmatrix},\boldsymbol{A}=\begin{bmatrix}1&1\\1&0\end{bmatrix}$$

则

$$\boldsymbol{\alpha}_{k+1}=\boldsymbol{A}\boldsymbol{\alpha}_k\quad(k=0,1,2,\cdots)$$

递推得

$$\boldsymbol{\alpha}_k=\boldsymbol{A}^k\boldsymbol{\alpha}_0\quad(k=0,1,2,\cdots)$$

$\boldsymbol{A}$ 的两个特征值为

$$\lambda_1=\frac{1+\sqrt{5}}{2},\ \lambda_2=\frac{1-\sqrt{5}}{2}$$

把 $\boldsymbol{A}$ 对角化

$$\boldsymbol{P}^{-1}\boldsymbol{A}\boldsymbol{P}=\mathrm{diag}(\lambda_1,\lambda_2)$$

其中

$$\boldsymbol{P}=\begin{bmatrix}\lambda_1&\lambda_2\\1&1\end{bmatrix},\ \boldsymbol{P}^{-1}=\frac{1}{\lambda_1-\lambda_2}\begin{bmatrix}1&-\lambda_2\\-1&\lambda_1\end{bmatrix}$$

于是

$$\boldsymbol{A}^k=\boldsymbol{P}\mathrm{diag}(\lambda_1,\lambda_2)\boldsymbol{P}^{-1}=\frac{1}{\lambda_1-\lambda_2}\begin{bmatrix}\lambda_1^{k+1}-\lambda_2^{k+1}&\lambda_1\lambda_2^{k+1}-\lambda_2\lambda_1^{k+1}\\\lambda_1^k-\lambda_2^k&\lambda_1\lambda_2^k-\lambda_2\lambda_1^k\end{bmatrix}$$

从而

$$\begin{bmatrix}F_{k+1}\\F_k\end{bmatrix}=\boldsymbol{\alpha}_k=\boldsymbol{A}^k\begin{bmatrix}1\\1\end{bmatrix}=\frac{1}{\lambda_1-\lambda_2}\begin{bmatrix}\lambda_1^{k+2}-\lambda_2^{k+2}\\\lambda_1^{k+1}-\lambda_2^{k+1}\end{bmatrix}$$

由此得

$$F_n=\frac{\lambda_1^{n+1}-\lambda_2^{n+1}}{\lambda_1-\lambda_2}=\frac{1}{\sqrt{5}}\left[\left(\frac{1+\sqrt{5}}{2}\right)^{n+1}-\left(\frac{1-\sqrt{5}}{2}\right)^{n+1}\right]$$

注　F_n 为整数可能出乎人们的意料，然而这是准确无误的. 经计算 $F_{18}=4\ 181$，$F_{18}/365\approx11.45$. 这就是说，某君上有 18 个台阶的二层楼，他可以在 11.45 年内，每天以不同的方式上楼.

例 4　设 n 阶方阵 $\boldsymbol{A}$ 的 n 个特征值互异，$\boldsymbol{B}$ 是 n 阶可逆矩阵，证明：$\boldsymbol{AB}=\boldsymbol{BA}$ 的充要条件是存在可逆矩阵 $\boldsymbol{P}$，使得 $\boldsymbol{P}^{-1}\boldsymbol{AP}$ 和 $\boldsymbol{P}^{-1}\boldsymbol{BP}$ 都是对角矩阵.

证明　(1) 必要性：由假设 $\boldsymbol{A}$ 可对角化，即存在可逆矩阵 $\boldsymbol{P}$，使得

$$\boldsymbol{P}^{-1}\boldsymbol{AP}=\boldsymbol{D}=\mathrm{diag}(\lambda_1,\lambda_2,\cdots,\lambda_n)$$

这里 $\lambda_1,\lambda_2,\cdots,\lambda_n$ 是 $\boldsymbol{A}$ 的 n 个互异特征值. 从而

$$\boldsymbol{AB}=\boldsymbol{BA}\Rightarrow\boldsymbol{P}^{-1}\boldsymbol{ABP}=\boldsymbol{P}^{-1}\boldsymbol{BAP}\Rightarrow$$
$$(\boldsymbol{P}^{-1}\boldsymbol{AP})(\boldsymbol{P}^{-1}\boldsymbol{BP})=(\boldsymbol{P}^{-1}\boldsymbol{BP})(\boldsymbol{P}^{-1}\boldsymbol{AP})$$

上式说明，$\boldsymbol{P}^{-1}\boldsymbol{BP}$ 与对角元素互异的对角矩阵 $\boldsymbol{D}=\boldsymbol{P}^{-1}\boldsymbol{AP}$ 可交换. 易推得

$\boldsymbol{P}^{-1}\boldsymbol{BP}$ 必为对角矩阵(请读者用比较元素的方法自己完成推导).

(2) 充分性:设

$$\boldsymbol{P}^{-1}\boldsymbol{AP}=\mathrm{diag}(\lambda_1,\lambda_2,\cdots,\lambda_n),\ \boldsymbol{P}^{-1}\boldsymbol{BP}=\mathrm{diag}(\mu_1,\mu_2,\cdots,\mu_n)$$

因此

$$\begin{aligned}\boldsymbol{P}^{-1}\boldsymbol{ABP}&=(\boldsymbol{P}^{-1}\boldsymbol{AP})(\boldsymbol{P}^{-1}\boldsymbol{BP})=\mathrm{diag}(\lambda_1\mu_1,\lambda_2\mu_2,\cdots,\lambda_n\mu_n)\\&=(\boldsymbol{P}^{-1}\boldsymbol{BP})(\boldsymbol{P}^{-1}\boldsymbol{AP})=\boldsymbol{P}^{-1}\boldsymbol{BAP}\end{aligned}$$

于是 $\boldsymbol{AB}=\boldsymbol{BA}$.

习题五解答

1. 设 $\boldsymbol{A}^2-3\boldsymbol{A}+2\boldsymbol{E}=\boldsymbol{O}$,证明:$\boldsymbol{A}$ 的特征值只能是 1 或 2.

证明 设 λ 是 $\boldsymbol{A}$ 的特征值,则 $\varphi(\lambda)=\lambda^2-3\lambda+2$ 是 $\varphi(\boldsymbol{A})=\boldsymbol{A}^2-3\boldsymbol{A}+2\boldsymbol{E}$ 的特征值. 由于 $\varphi(\boldsymbol{A})=\boldsymbol{O}$,故 $\varphi(\boldsymbol{A})$ 的特征值全为零,所以 $\varphi(\lambda)=(\lambda-1)(\lambda-2)=0$. 从而 $\lambda=1$ 或 $\lambda=2$.

2. 设 n 阶矩阵 $\boldsymbol{A}$ 的各行元素之和都等于 1,证明:$\lambda=1$ 为矩阵 $\boldsymbol{A}$ 的特征值.

证明 设 $\boldsymbol{\alpha}=[1,1,\cdots,1]^{\mathrm{T}}$,直接验证 $\boldsymbol{A\alpha}=1\boldsymbol{\alpha}$. 根据定义得证.

3. 证明:$n(n\geqslant 2)$ 阶 Householder 矩阵

$$\boldsymbol{H}=\boldsymbol{E}-2\boldsymbol{uu}^{\mathrm{T}}\quad(\text{其中 } \boldsymbol{u}\in\mathbf{R}^n,\boldsymbol{u}^{\mathrm{T}}\boldsymbol{u}=1)$$

有 $n-1$ 个特征值 1, 有一个特征值 -1.

证明 方程组 $\boldsymbol{u}^{\mathrm{T}}\boldsymbol{x}=0$ 有 $n-1$ 个线性无关的解向量记为 $\boldsymbol{\alpha}_i(i=1,2,\cdots,n-1)$,即

$$\boldsymbol{u}^{\mathrm{T}}\boldsymbol{\alpha}_i=0\quad(i=1,2,\cdots,n-1)$$

于是

$$\boldsymbol{H\alpha}_i=(\boldsymbol{E}-2\boldsymbol{uu}^{\mathrm{T}})\boldsymbol{\alpha}_i=\boldsymbol{\alpha}_i-2\boldsymbol{u}(\boldsymbol{u}^{\mathrm{T}}\boldsymbol{\alpha}_i)=1\boldsymbol{\alpha}_i\quad(i=1,2,\cdots,n-1)$$

根据定义 $\boldsymbol{H}$ 有 $n-1$ 个特征值 1,对应的特征向量为 $\boldsymbol{\alpha}_i(i=1,2,\cdots,n-1)$. 又

$$\boldsymbol{Hu}=(\boldsymbol{E}-2\boldsymbol{uu}^{\mathrm{T}})\boldsymbol{u}=\boldsymbol{u}-2\boldsymbol{u}(\boldsymbol{u}^{\mathrm{T}}\boldsymbol{u})=-\boldsymbol{u}$$

根据定义 $\boldsymbol{H}$ 有特征值 -1,对应的特征向量是 $\boldsymbol{u}$.

4. 设 $\boldsymbol{A}$ 是 $m\times n$ 矩阵, $\boldsymbol{B}$ 是 $n\times m$ 矩阵, 证明:$\boldsymbol{AB}$ 与 $\boldsymbol{BA}$ 有相同的非零特征值. 特别地,如果 $m=n$, 则 $\boldsymbol{AB}$ 与 $\boldsymbol{BA}$ 的特征值完全相同.

证明 设 λ 是 $\boldsymbol{AB}$ 的一个非零特征值,对应的特征向量为 $\boldsymbol{\alpha}$,即

$$(\boldsymbol{AB})\boldsymbol{\alpha}=\lambda\boldsymbol{\alpha}$$

用 $\boldsymbol{B}$ 左乘上式得

$$(\boldsymbol{BA})(\boldsymbol{B\alpha})=\lambda(\boldsymbol{B\alpha})$$

只要再证明 $\boldsymbol{B\alpha}\neq\boldsymbol{0}$,上式说明 λ 也是 $\boldsymbol{BA}$ 的特征值.

如果 $\boldsymbol{B\alpha}=\mathbf{0}$,将其代入式 $(\boldsymbol{AB})\boldsymbol{\alpha}=\lambda\boldsymbol{\alpha}$ 得

$$\begin{cases}\text{左边}=(\boldsymbol{AB})\boldsymbol{\alpha}=\mathbf{0}\\ \text{右边}=\lambda\boldsymbol{\alpha}\neq\mathbf{0}\quad(\lambda\neq 0,\boldsymbol{\alpha}\neq\mathbf{0})\end{cases}$$

左右 $\neq$ 右边,矛盾. 因此 $\boldsymbol{B\alpha}\neq\mathbf{0}$.

同理,$\boldsymbol{BA}$ 的非零特征值也是 $\boldsymbol{AB}$ 的特征值.

5. 设 $\boldsymbol{A}$ 与 $\boldsymbol{B}$ 都是 n 阶矩阵,$\varphi(\lambda)$ 是 $\boldsymbol{B}$ 的特征多项式,证明:$\varphi(\boldsymbol{A})$ 可逆的充要条件是 $\boldsymbol{A}$ 和 $\boldsymbol{B}$ 没有公共的特征值.

证明　设 $\lambda_1,\lambda_2,\cdots,\lambda_n$ 为 $\boldsymbol{B}$ 的特征值,则

$$\varphi(\lambda)=(\lambda-\lambda_1)(\lambda-\lambda_2)\cdots(\lambda-\lambda_n)$$

从而

$$\varphi(\boldsymbol{A})=(\boldsymbol{A}-\lambda_1\boldsymbol{E})(\boldsymbol{A}-\lambda_2\boldsymbol{E})\cdots(\boldsymbol{A}-\lambda_n\boldsymbol{E})$$

于是

$$|\varphi(\boldsymbol{A})|=|\boldsymbol{A}-\lambda_1\boldsymbol{E}|\,|\boldsymbol{A}-\lambda_2\boldsymbol{E}|\cdots|\boldsymbol{A}-\lambda_n\boldsymbol{E}|$$

因此

$$\begin{aligned}|\varphi(\boldsymbol{A})|\neq 0 &\Leftrightarrow |\lambda_i\boldsymbol{E}-\boldsymbol{A}|\neq 0\quad(i=1,2,\cdots,n)\\ &\Leftrightarrow \lambda_1,\lambda_2,\cdots,\lambda_n\ \text{不是}\ \boldsymbol{A}\ \text{的特征值}\Leftrightarrow\boldsymbol{A}\ \text{与}\ \boldsymbol{B}\ \text{没有公共的特征值}\end{aligned}$$

6. 设

$$\boldsymbol{A}=\begin{pmatrix}-2&0&0\\2&a&2\\3&1&1\end{pmatrix},\ \boldsymbol{B}=\begin{pmatrix}-1&&\\&2&\\&&b\end{pmatrix}$$

已知 $\boldsymbol{A}$ 与 $\boldsymbol{B}$ 相似.

(1) 求 a,b;

(2) 求可逆矩阵 $\boldsymbol{P}$,使 $\boldsymbol{P}^{-1}\boldsymbol{AP}=\boldsymbol{B}$.

解　见§5.2 典型例题例 1.

7. 设 $\boldsymbol{A}$ 是 3 阶方阵,$\boldsymbol{x}$ 是 3 维列向量,矩阵 $\boldsymbol{P}=[\boldsymbol{x},\boldsymbol{Ax},\boldsymbol{A}^2\boldsymbol{x}]$ 可逆,且

$$\boldsymbol{A}^3\boldsymbol{x}=3\boldsymbol{Ax}-2\boldsymbol{A}^2\boldsymbol{x}$$

求矩阵 $\boldsymbol{B}=\boldsymbol{P}^{-1}\boldsymbol{AP}$.

解

$$\begin{aligned}\boldsymbol{AP}&=[\boldsymbol{Ax},\boldsymbol{A}^2\boldsymbol{x},\boldsymbol{A}^3\boldsymbol{x}]=[\boldsymbol{Ax},\boldsymbol{A}^2\boldsymbol{x},3\boldsymbol{Ax}-2\boldsymbol{A}^2\boldsymbol{x}]\\&=[\boldsymbol{x},\boldsymbol{Ax},\boldsymbol{A}^2\boldsymbol{x}]\begin{pmatrix}0&0&0\\1&0&3\\0&1&-2\end{pmatrix}=\boldsymbol{P}\begin{pmatrix}0&0&0\\1&0&3\\0&1&-2\end{pmatrix}\end{aligned}$$

于是

$$\boldsymbol{B}=\boldsymbol{P}^{-1}\boldsymbol{AP}=\begin{pmatrix}0&0&0\\1&0&3\\0&1&-2\end{pmatrix}$$

8. 设 $\boldsymbol{A}$ 是3阶矩阵，$\boldsymbol{\alpha}_1,\boldsymbol{\alpha}_2$ 为 $\boldsymbol{A}$ 的分别属于特征值$-1,1$的特征向量，向量 $\boldsymbol{\alpha}_3$ 满足 $\boldsymbol{A\alpha}_3=\boldsymbol{\alpha}_2+\boldsymbol{\alpha}_3$.

(1) 证明：$\boldsymbol{\alpha}_1,\boldsymbol{\alpha}_2,\boldsymbol{\alpha}_3$ 线性无关；

(2) 令 $\boldsymbol{P}=[\boldsymbol{\alpha}_1,\boldsymbol{\alpha}_2,\boldsymbol{\alpha}_3]$，求 $\boldsymbol{P}^{-1}\boldsymbol{AP}$.

解 (1) 设

$$k_1\boldsymbol{\alpha}_1+k_2\boldsymbol{\alpha}_2+k_3\boldsymbol{\alpha}_3=\boldsymbol{0}$$

两边左乘 $\boldsymbol{A}$ 得

$$-k_1\boldsymbol{\alpha}_1+k_2\boldsymbol{\alpha}_2+k_3(\boldsymbol{\alpha}_2+\boldsymbol{\alpha}_3)=\boldsymbol{0}$$

上面两式相减得

$$2k_1\boldsymbol{\alpha}_1-k_3\boldsymbol{\alpha}_2=\boldsymbol{0}$$

由 $\boldsymbol{\alpha}_1,\boldsymbol{\alpha}_2$ 线性无关，所以 $k_1=k_3=0$，代入前面式子得 $k_2=0$. 说明 $\boldsymbol{\alpha}_1,\boldsymbol{\alpha}_2,\boldsymbol{\alpha}_3$ 线性无关.

(2)
$$\begin{aligned}\boldsymbol{AP}&=[\boldsymbol{A\alpha}_1,\boldsymbol{A\alpha}_2,\boldsymbol{A\alpha}_3]=[-\boldsymbol{\alpha}_1,\boldsymbol{\alpha}_2,\boldsymbol{\alpha}_2+\boldsymbol{\alpha}_3]\\&=[\boldsymbol{\alpha}_1,\boldsymbol{\alpha}_2,\boldsymbol{\alpha}_3]\begin{pmatrix}-1&0&0\\0&1&1\\0&0&1\end{pmatrix}=\boldsymbol{P}\begin{pmatrix}-1&0&0\\0&1&1\\0&0&1\end{pmatrix}\end{aligned}$$

因此

$$\boldsymbol{P}^{-1}\boldsymbol{AP}=\begin{pmatrix}-1&0&0\\0&1&1\\0&0&1\end{pmatrix}$$

9. 设 $\boldsymbol{A}=\begin{pmatrix}2&1&2\\1&2&2\\2&2&1\end{pmatrix}$，求 $\varphi(\boldsymbol{A})=\boldsymbol{A}^{10}-6\boldsymbol{A}^9+5\boldsymbol{A}^8$.

解 求得 $\boldsymbol{A}$ 的特征值为 $\lambda_1=-1,\lambda_2=1,\lambda_3=5$ 对应的特征向量分别为

$$\boldsymbol{\alpha}_1=\begin{pmatrix}-1\\-1\\2\end{pmatrix},\ \boldsymbol{\alpha}_2=\begin{pmatrix}-1\\1\\0\end{pmatrix},\ \boldsymbol{\alpha}_3=\begin{pmatrix}1\\1\\1\end{pmatrix}$$

令 $\boldsymbol{P}=[\boldsymbol{\alpha}_1,\boldsymbol{\alpha}_2,\boldsymbol{\alpha}_3]=\begin{pmatrix}-1&-1&1\\-1&1&1\\2&0&1\end{pmatrix}$，则 $\boldsymbol{P}^{-1}=\dfrac{1}{6}\begin{pmatrix}-1&-1&2\\-3&3&0\\2&2&2\end{pmatrix}$

$$\boldsymbol{P}^{-1}\boldsymbol{AP}=\begin{pmatrix}-1&&\\&1&\\&&5\end{pmatrix}=\boldsymbol{D}$$

从而

$$\varphi(\boldsymbol{A})=\boldsymbol{A}^{10}-6\boldsymbol{A}^9+5\boldsymbol{A}^8=\boldsymbol{P}(\boldsymbol{D}^{10}-6\boldsymbol{D}^9+5\boldsymbol{D}^8)\boldsymbol{P}^{-1}$$

$$=\boldsymbol{P}\begin{pmatrix}12 & & \\ & 0 & \\ & & 0\end{pmatrix}\boldsymbol{P}^{-1}=\begin{pmatrix}2 & 2 & -4\\ 2 & 2 & -4\\ -4 & -4 & 8\end{pmatrix}$$

10. 设 $\boldsymbol{\alpha},\boldsymbol{\beta}\in\mathbf{R}^n(n\geqslant 2)$，$\boldsymbol{\alpha}\neq\mathbf{0}$，$\boldsymbol{\beta}\neq\mathbf{0}$，$\boldsymbol{A}=\boldsymbol{\alpha}\boldsymbol{\beta}^{\mathrm{T}}$. 证明：当 $\boldsymbol{\beta}^{\mathrm{T}}\boldsymbol{\alpha}\neq 0$ 时，$\boldsymbol{A}$ 可对角化；当 $\boldsymbol{\beta}^{\mathrm{T}}\boldsymbol{\alpha}=0$ 时，$\boldsymbol{A}$ 不可对角化.

证明　设 $\boldsymbol{\beta}^{\mathrm{T}}\boldsymbol{\alpha}\neq 0$，由

$$\boldsymbol{A}\boldsymbol{\alpha}=(\boldsymbol{\alpha}\boldsymbol{\beta}^{\mathrm{T}})\boldsymbol{\alpha}=(\boldsymbol{\beta}^{\mathrm{T}}\boldsymbol{\alpha})\boldsymbol{\alpha}$$

知 $\boldsymbol{A}$ 有特征值 $\lambda_1=\boldsymbol{\beta}^{\mathrm{T}}\boldsymbol{\alpha}\neq 0$，对应的特征向量 $\boldsymbol{\xi}_1=\boldsymbol{\alpha}$.

再设齐次线性方程组 $\boldsymbol{\beta}^{\mathrm{T}}\boldsymbol{x}=0$ 的 $n-1$ 个线性无关解为 $\boldsymbol{\xi}_2,\cdots,\boldsymbol{\xi}_n$，则

$$\boldsymbol{A}\boldsymbol{\xi}_i=(\boldsymbol{\alpha}\boldsymbol{\beta}^{\mathrm{T}})\boldsymbol{\xi}_i=\boldsymbol{\alpha}(\boldsymbol{\beta}^{\mathrm{T}}\boldsymbol{\xi}_i)=\mathbf{0}=0\,\boldsymbol{\xi}_i$$

说明 $\boldsymbol{A}$ 有特征值 $\lambda_2=\cdots=\lambda_n=0$，对应的特征向量为 $\boldsymbol{\xi}_2,\cdots,\boldsymbol{\xi}_n$.

综上，$\boldsymbol{A}$ 的 n 个特征值为 $\lambda_1=\boldsymbol{\beta}^{\mathrm{T}}\boldsymbol{\alpha}\neq 0$，$\lambda_2=\cdots=\lambda_n=0$，对应的特征向量为 $\boldsymbol{\xi}_1,\boldsymbol{\xi}_2,\cdots,\boldsymbol{\xi}_n$（它们线性无关）. 因此，$\boldsymbol{A}$ 可对角化.

设 $\boldsymbol{\beta}^{\mathrm{T}}\boldsymbol{\alpha}=0$，由

$$\boldsymbol{A}^2=(\boldsymbol{\alpha}\boldsymbol{\beta}^{\mathrm{T}})(\boldsymbol{\alpha}\boldsymbol{\beta}^{\mathrm{T}})=\boldsymbol{\alpha}(\boldsymbol{\beta}^{\mathrm{T}}\boldsymbol{\alpha})\boldsymbol{\beta}^{\mathrm{T}}=\boldsymbol{O}$$

知 $\boldsymbol{A}$ 的特征值全是零. 但属于 $\lambda=0$ 的线性无关的特征向量个数为

$$n-\mathrm{r}(\boldsymbol{A})=n-\mathrm{r}(\boldsymbol{\alpha}\boldsymbol{\beta}^{\mathrm{T}})=n-1<n$$

所以 $\boldsymbol{A}$ 不可对角化.

11. 求解微分方程组

$$\begin{cases}\dfrac{\mathrm{d}x_1}{\mathrm{d}t}=-\dfrac{5}{6}x_1-\dfrac{1}{2}x_2, & x_1(0)=11\\[2mm] \dfrac{\mathrm{d}x_2}{\mathrm{d}t}=-\dfrac{1}{4}x_1-\dfrac{1}{4}x_2, & x_2(0)=0\end{cases}$$

解　写成矩阵形式

$$\frac{\mathrm{d}\boldsymbol{x}}{\mathrm{d}t}=\boldsymbol{A}\boldsymbol{x},\boldsymbol{A}=\begin{bmatrix}-5/6 & -1/2\\ -1/4 & -1/4\end{bmatrix}$$

把 $\boldsymbol{A}$ 对角化

$$\boldsymbol{P}=\begin{bmatrix}3 & 2\\ 1 & -3\end{bmatrix},\ \boldsymbol{P}^{-1}\boldsymbol{A}\boldsymbol{P}=\begin{bmatrix}-1 & \\ & -1/12\end{bmatrix}=\boldsymbol{D}$$

$$\boldsymbol{y}=\boldsymbol{P}^{-1}\boldsymbol{x},\ \frac{\mathrm{d}\boldsymbol{y}}{\mathrm{d}t}=\boldsymbol{D}\boldsymbol{y},\ \boldsymbol{y}(0)=\begin{bmatrix}3\\ 1\end{bmatrix}$$

解得

$$y_1=c_1e^{-t},\ y_2=c_2e^{-\frac{1}{12}t}$$

由初值定出常数 $c_1=3, c_2=1$.

$$x=Py=\begin{bmatrix}3 & 2\\1 & -3\end{bmatrix}\begin{bmatrix}3e^{-t}\\e^{-\frac{1}{12}t}\end{bmatrix}$$

因此

$$\begin{cases}x_1=9e^{-t}+2e^{-t/12}\\x_2=3e^{-t}-3e^{-t/12}\end{cases}$$

12. 在某国，每年有比例为 p 的农村居民移居城镇，有比例为 q 的城镇居民移居农村. 假设该国总人口不变，且上述人口迁移的规律也不变. 把 n 年后的农村人口和城镇人口占总人口的比例依次记为 x_n 和 y_n（$x_n+y_n=1$).

(1) 求关系式 $\begin{bmatrix}x_{n+1}\\y_{n+1}\end{bmatrix}=\boldsymbol{A}\begin{bmatrix}x_n\\y_n\end{bmatrix}$ 中的矩阵 $\boldsymbol{A}$；

(2) 设目前农村人口与城镇人口相等，即 $\begin{bmatrix}x_0\\y_0\end{bmatrix}=\begin{bmatrix}0.5\\0.5\end{bmatrix}$，求 $\begin{bmatrix}x_n\\y_n\end{bmatrix}$.

解 (1)

$$\boldsymbol{A}=\begin{bmatrix}1-p & q\\p & 1-q\end{bmatrix}$$

(2) 由

$$|\lambda \boldsymbol{E}-\boldsymbol{A}|=\begin{vmatrix}(\lambda-1)+p & -q\\-p & (\lambda-1)+q\end{vmatrix}=(\lambda-1)[\lambda-(1-p-q)]$$

得 $\boldsymbol{A}$ 的特征值为

$$\lambda_1=1,\ \lambda_2=1-p-q=r$$

再求得对应的特征向量为

$$\boldsymbol{\alpha}_1=\begin{bmatrix}q\\p\end{bmatrix},\ \boldsymbol{\alpha}_2=\begin{bmatrix}-1\\1\end{bmatrix}$$

令 $\boldsymbol{P}=\begin{bmatrix}q & -1\\p & 1\end{bmatrix}$，则

$$\boldsymbol{P}^{-1}\boldsymbol{A}\boldsymbol{P}=\begin{bmatrix}\lambda_1 & \\ & \lambda_2\end{bmatrix}=\begin{bmatrix}1 & \\ & r\end{bmatrix}$$

于是

$$\boldsymbol{A}=\boldsymbol{P}\begin{bmatrix}1 & \\ & r\end{bmatrix}\boldsymbol{P}^{-1}$$

$$\begin{aligned}\boldsymbol{A}^n&=\boldsymbol{P}\begin{bmatrix}1 & \\ & r^n\end{bmatrix}\boldsymbol{P}^{-1}=\frac{1}{p+q}\begin{bmatrix}q & -1\\p & 1\end{bmatrix}\begin{bmatrix}1 & \\ & r^n\end{bmatrix}\begin{bmatrix}1 & 1\\-p & q\end{bmatrix}\\&=\frac{1}{p+q}\begin{bmatrix}q+pr^n & q-qr^n\\p-pr^n & p+qr^n\end{bmatrix}\end{aligned}$$

因此

$$\begin{bmatrix} x_n \\ y_n \end{bmatrix} = \boldsymbol{A}^n \begin{bmatrix} x_0 \\ y_0 \end{bmatrix} = \frac{1}{p+q} \begin{bmatrix} q+pr^n & q-qr^n \\ p-pr^n & p+qr^n \end{bmatrix} \begin{bmatrix} 0.5 \\ 0.5 \end{bmatrix} = \frac{1}{2(p+q)} \begin{bmatrix} 2q+(p-q)r^n \\ 2p+(q-p)r^n \end{bmatrix}$$

第六章　实对称矩阵与实二次型

本章导读

本章主要介绍四方面的知识:(1) 欧氏空间;(2) 实对称矩阵的对角化;(3) 二次型及其标准形;(4) 正定二次型与正定矩阵.

第四章介绍了向量空间的知识,但我们只定义了向量的线性运算,而没有定义向量长度、向量夹角的概念.如果在向量空间中再定义向量长度、向量夹角的概念,我们称之为欧氏空间.

第五章讨论了一般矩阵的对角化问题,其中最重要的一类矩阵是实对称矩阵,它也是"性质最好"的一类矩阵,主要体现在它可以正交相似对角化.

关于二次型化标准形的问题,重点介绍了用正交变换把二次型化为标准形.它与对称矩阵正交相似对角化是等价的.

关于二次型的分类,根据惯性定理,把二次型分成五大类,其中最重要的一类是正定二次型.本章重点讨论了正定二次型.

本章的理论体系

(1) 正交向量组以及施密特正交化方法.

(2) 正交矩阵以及正交矩阵的性质.

(3) 实对称矩阵的性质以及实对称矩阵的正交相似对角化.

(4) 用正交变换把二次型化为标准形(即主轴定理).

(5) 惯性定理、二次型的分类以及正定二次型的充要条件.

本章的学习重点与基本要求

(1) 了解向量的内积、长度、正交、规范正交基、正交矩阵等概念,掌握施密特正交化方法.

(2) 了解对称矩阵特征值与特征向量的性质,掌握利用正交矩阵将对称矩阵化为对角矩阵的方法.

(3) 熟悉二次型及其矩阵表示,掌握用正交变换将二次型化为标准形的方法，了解配方法化二次型为标准形的方法.

(4) 了解惯性定理以及二次型的分类.

(5) 掌握正定二次型的充要条件，会判别二次型的正定性.

§6.1 欧氏空间

一、内容提要

1. 内积的定义与性质

定义 1 设 $\boldsymbol{\alpha}=[a_1,a_2,\cdots,a_n]^{\mathrm{T}}\in\mathbf{R}^n$，$\boldsymbol{\beta}=[b_1,b_2,\cdots,b_n]^{\mathrm{T}}\in\mathbf{R}^n$，定义 $\boldsymbol{\alpha}$ 与 $\boldsymbol{\beta}$ 的内积为：

$$(\boldsymbol{\alpha},\boldsymbol{\beta})=a_1b_1+a_2b_2+\cdots+a_nb_n=\boldsymbol{\alpha}^{\mathrm{T}}\boldsymbol{\beta}=\boldsymbol{\beta}^{\mathrm{T}}\boldsymbol{\alpha}$$

内积的性质：设 $\boldsymbol{\alpha},\boldsymbol{\beta},\boldsymbol{\gamma}\in\mathbf{R}^n$，$k\in\mathbf{R}$，则

(1) $(\boldsymbol{\alpha},\boldsymbol{\beta})=(\boldsymbol{\beta},\boldsymbol{\alpha})$；

(2) $(\boldsymbol{\alpha}+\boldsymbol{\beta},\boldsymbol{\gamma})=(\boldsymbol{\alpha},\boldsymbol{\gamma})+(\boldsymbol{\beta},\boldsymbol{\gamma})$；

(3) $(k\boldsymbol{\alpha},\boldsymbol{\beta})=k(\boldsymbol{\alpha},\boldsymbol{\beta})$；

(4) $(\boldsymbol{\alpha},\boldsymbol{\alpha})\geqslant 0$，$(\boldsymbol{\alpha},\boldsymbol{\alpha})=0\Leftrightarrow\boldsymbol{\alpha}=\mathbf{0}$.

2. 向量的长度与性质

定义 2 设 $\boldsymbol{\alpha}=[a_1,a_2,\cdots,a_n]^{\mathrm{T}}\in\mathbf{R}^n$，定义向量 $\boldsymbol{\alpha}$ 的长度 $\|\boldsymbol{\alpha}\|$ 为

$$\|\boldsymbol{\alpha}\|=\sqrt{a_1^2+a_2^2+\cdots+a_n^2}=\sqrt{(\boldsymbol{\alpha},\boldsymbol{\alpha})}$$

当 $\|\boldsymbol{\alpha}\|=1$ 时，称 $\boldsymbol{\alpha}$ 为单位向量.

由非零向量 $\boldsymbol{\alpha}$ 可得到单位向量 $\dfrac{\boldsymbol{\alpha}}{\|\boldsymbol{\alpha}\|}$，称此为将 $\boldsymbol{\alpha}$ 单位化.

向量长度的性质：

(1) 非负性 $\|\boldsymbol{\alpha}\|\geqslant 0$，$\|\boldsymbol{\alpha}\|=0\Leftrightarrow\boldsymbol{\alpha}=\mathbf{0}$；

(2) 齐次性 $\|\lambda\boldsymbol{\alpha}\|=|\lambda|\,\|\boldsymbol{\alpha}\|$，$\lambda\in\mathbf{R}$；

(3) 柯西-施瓦茨不等式 $|(\boldsymbol{\alpha},\boldsymbol{\beta})|\leqslant\|\boldsymbol{\alpha}\|\,\|\boldsymbol{\beta}\|$；

(4) 三角不等式 $\|\boldsymbol{\alpha}+\boldsymbol{\beta}\|\leqslant\|\boldsymbol{\alpha}\|+\|\boldsymbol{\beta}\|$.

3. 夹角

两个非零向量的夹角定义为：

$$\theta=\langle\boldsymbol{\alpha},\boldsymbol{\beta}\rangle=\arccos\frac{(\boldsymbol{\alpha},\boldsymbol{\beta})}{\|\boldsymbol{\alpha}\|\,\|\boldsymbol{\beta}\|}\quad(0\leqslant\theta\leqslant\pi)$$

若 $\boldsymbol{\alpha}$ 与 $\boldsymbol{\beta}$ 的内积为零，则称 $\boldsymbol{\alpha}$ 与 $\boldsymbol{\beta}$ **正交**(或垂直)，记为 $\boldsymbol{\alpha}\perp\boldsymbol{\beta}$.

注 规定零向量与任何向量正交.

4. 正交向量

定义 3 一组不含零向量的两两正交的向量组称为**正交向量组**. 若一个正交向量组构成了向量空间 V 的基,又称该正交向量组为 V 的一个**正交基**. 若正交基(正交向量组)中的向量全是单位向量,又称为**标准正交基**(**标准正交向量组**).

定理 1 正交向量组必是线性无关的.

定理 2(施密特正交化方法)

设$\{\boldsymbol{\alpha}_1,\boldsymbol{\alpha}_2,\cdots,\boldsymbol{\alpha}_r\}$是一个线性无关的向量组,令

$$\boldsymbol{\beta}_1=\boldsymbol{\alpha}_1,$$

$$\boldsymbol{\beta}_2=\boldsymbol{\alpha}_2-\frac{(\boldsymbol{\alpha}_2,\boldsymbol{\beta}_1)}{(\boldsymbol{\beta}_1,\boldsymbol{\beta}_1)}\boldsymbol{\beta}_1,$$

……

$$\boldsymbol{\beta}_r=\boldsymbol{\alpha}_r-\frac{(\boldsymbol{\alpha}_r,\boldsymbol{\beta}_1)}{(\boldsymbol{\beta}_1,\boldsymbol{\beta}_1)}\boldsymbol{\beta}_1-\frac{(\boldsymbol{\alpha}_r,\boldsymbol{\beta}_2)}{(\boldsymbol{\beta}_2,\boldsymbol{\beta}_2)}\boldsymbol{\beta}_2-\cdots-\frac{(\boldsymbol{\alpha}_r,\boldsymbol{\beta}_{r-1})}{(\boldsymbol{\beta}_{r-1},\boldsymbol{\beta}_{r-1})}\boldsymbol{\beta}_{r-1},$$

则$\{\boldsymbol{\beta}_1,\boldsymbol{\beta}_2,\cdots,\boldsymbol{\beta}_r\}$是正交向量组,且$\{\boldsymbol{\beta}_1,\boldsymbol{\beta}_2,\cdots,\boldsymbol{\beta}_r\}\cong\{\boldsymbol{\alpha}_1,\boldsymbol{\alpha}_2,\cdots,\boldsymbol{\alpha}_r\}$.

5. 正交矩阵

定义 4 设 $\boldsymbol{Q}$ 是 n 阶的实矩阵,如果 $\boldsymbol{Q}^{\mathrm{T}}\boldsymbol{Q}=\boldsymbol{E}$,则称 $\boldsymbol{Q}$ 是正交矩阵.

若 $\boldsymbol{Q}$ 为正交矩阵,$\boldsymbol{X}$、$\boldsymbol{Y}$ 为 $\mathbf{R}^n$ 中的(列)向量,称线性变换 $\boldsymbol{y}=\boldsymbol{Q}\boldsymbol{x}$ 为正交变换.

定理 3 设 $\boldsymbol{Q}$ 是 n 阶的实矩阵,则下面五个命题等价:

(1) $\boldsymbol{Q}$ 是正交矩阵,即 $\boldsymbol{Q}^{\mathrm{T}}\boldsymbol{Q}=\boldsymbol{E}$;

(2) $\boldsymbol{Q}\boldsymbol{Q}^{\mathrm{T}}=\boldsymbol{E}$;

(3) $\boldsymbol{Q}^{-1}=\boldsymbol{Q}^{\mathrm{T}}$;

(4) $\boldsymbol{Q}$ 的列向量组是标准正交向量组;

(5) $\boldsymbol{Q}$ 的行向量组是标准正交向量组.

正交矩阵的性质:

(1) 正交矩阵的逆矩阵仍是正交矩阵;

(2) 正交矩阵的转置矩阵仍是正交矩阵;

(3) 正交矩阵的乘积仍是正交矩阵;

(4) 正交矩阵的伴随矩阵仍是正交矩阵;

(5) 正交矩阵的行列式等于 1 或 −1.

二、典型例题

例 1 证明:向量 $\boldsymbol{\alpha},\boldsymbol{\beta}$ 的内积 $(\boldsymbol{\alpha},\boldsymbol{\beta})=0$ 的充要条件为对任意的数 λ,都有 $\|\boldsymbol{\alpha}+\lambda\boldsymbol{\beta}\|\geqslant\|\boldsymbol{\alpha}\|$.

证明　(1) 必要性：若$(\boldsymbol{\alpha},\boldsymbol{\beta})=0$，则

$$\begin{aligned}\|\boldsymbol{\alpha}+\lambda\boldsymbol{\beta}\|^2&=(\boldsymbol{\alpha}+\lambda\boldsymbol{\beta},\boldsymbol{\alpha}+\lambda\boldsymbol{\beta})=(\boldsymbol{\alpha},\boldsymbol{\alpha})+2\lambda(\boldsymbol{\alpha},\boldsymbol{\beta})+\lambda^2(\boldsymbol{\beta},\boldsymbol{\beta})\\&=\|\boldsymbol{\alpha}\|^2+2\lambda(\boldsymbol{\alpha},\boldsymbol{\beta})+\lambda^2\ \|\boldsymbol{\beta}\|^2\\&=\|\boldsymbol{\alpha}\|^2+\lambda^2\ \|\boldsymbol{\beta}\|^2\geqslant\|\boldsymbol{\alpha}\|^2\end{aligned}$$

所以$\|\boldsymbol{\alpha}+\lambda\boldsymbol{\beta}\|\geqslant\|\boldsymbol{\alpha}\|$.

(2) 充分性：若对任意λ，都有$\|\boldsymbol{\alpha}+\lambda\boldsymbol{\beta}\|\geqslant\|\boldsymbol{\alpha}\|$，则

$$(\boldsymbol{\alpha}+\lambda\boldsymbol{\beta},\boldsymbol{\alpha}+\lambda\boldsymbol{\beta})\geqslant(\boldsymbol{\alpha},\boldsymbol{\alpha})$$

从而

$$2\lambda(\boldsymbol{\alpha},\boldsymbol{\beta})+\lambda^2(\boldsymbol{\beta},\boldsymbol{\beta})\geqslant 0$$

① 若$\boldsymbol{\beta}=\mathbf{0}$，则$(\boldsymbol{\alpha},\boldsymbol{\beta})=0$；

② 若$\boldsymbol{\beta}\neq\mathbf{0}$，取$\lambda=-\dfrac{(\boldsymbol{\alpha},\boldsymbol{\beta})}{(\boldsymbol{\beta},\boldsymbol{\beta})}$，则$2\lambda(\boldsymbol{\alpha},\boldsymbol{\beta})+\lambda^2(\boldsymbol{\beta},\boldsymbol{\beta})=-\dfrac{(\boldsymbol{\alpha},\boldsymbol{\beta})^2}{(\boldsymbol{\beta},\boldsymbol{\beta})}\geqslant 0$，又$(\boldsymbol{\beta},\boldsymbol{\beta})>0$，$(\boldsymbol{\alpha},\boldsymbol{\beta})^2\geqslant 0$，因此$(\boldsymbol{\alpha},\boldsymbol{\beta})=0$.

例 2　求齐次线性方程组

$$\begin{cases}x_1+x_2\qquad\quad-3x_4-x_5=0\\x_1-x_2+2x_3-\ x_4-x_5=0\\x_1+x_3\qquad\quad-2x_4-x_5=0\end{cases}$$

解空间的一个标准正交基.

解　(1) 求该方程组的一个基础解系(即解空间的一个基).

$$\boldsymbol{A}=\begin{pmatrix}1&1&0&-3&-1\\1&-1&2&-1&-1\\1&0&1&-2&-1\end{pmatrix}\xrightarrow{r}\begin{pmatrix}1&1&0&-3&-1\\0&1&-1&-1&0\\0&0&0&0&0\end{pmatrix}$$

则得与原方程组同解的方程组

$$\begin{cases}x_1+x_2\qquad\quad-3x_4-x_5=0\\\qquad x_2-x_3-\ x_4\qquad\ \ =0\end{cases}$$

令$\begin{pmatrix}x_3\\x_4\\x_5\end{pmatrix}=\begin{pmatrix}1\\0\\0\end{pmatrix},\begin{pmatrix}0\\1\\0\end{pmatrix},\begin{pmatrix}0\\0\\1\end{pmatrix}$，则对应的$\begin{bmatrix}x_1\\x_2\end{bmatrix}=\begin{bmatrix}-1\\1\end{bmatrix},\begin{bmatrix}2\\1\end{bmatrix},\begin{bmatrix}1\\0\end{bmatrix}$，求得基础解系为：

$$\boldsymbol{\alpha}_1=[-1,1,1,0,0]^{\mathrm{T}},\ \boldsymbol{\alpha}_2=[2,1,0,1,0]^{\mathrm{T}},\ \boldsymbol{\alpha}_3=[1,0,0,0,1]^{\mathrm{T}}$$

(2) 将解空间的基$\boldsymbol{\alpha}_1,\boldsymbol{\alpha}_2,\boldsymbol{\alpha}_3$用施密特正交化方法正交化.

$$\boldsymbol{\beta}_1=\boldsymbol{\alpha}_1=[-1,1,1,0,0]^{\mathrm{T}}$$

$$\boldsymbol{\beta}_2=\boldsymbol{\alpha}_2-\frac{(\boldsymbol{\alpha}_2,\boldsymbol{\beta}_1)}{(\boldsymbol{\beta}_1,\boldsymbol{\beta}_1)}\boldsymbol{\beta}_1=\boldsymbol{\alpha}_2+\frac{1}{3}\boldsymbol{\beta}_1=\frac{1}{3}[5,4,1,3,0]^{\mathrm{T}}$$

$$\boldsymbol{\beta}_3=\boldsymbol{\alpha}_3-\frac{(\boldsymbol{\alpha}_3,\boldsymbol{\beta}_1)}{(\boldsymbol{\beta}_1,\boldsymbol{\beta}_1)}\boldsymbol{\beta}-\frac{(\boldsymbol{\alpha}_3,\boldsymbol{\beta}_2)}{(\boldsymbol{\beta}_2,\boldsymbol{\beta}_2)}\boldsymbol{\beta}_2=\frac{1}{17}[3,-1,4,-5,17]^{\mathrm{T}}$$

则$\{\boldsymbol{\beta}_1,\boldsymbol{\beta}_2,\boldsymbol{\beta}_3\}$为解空间的一个正交基.

(3) 把正交基单位化.

$$\boldsymbol{\gamma}_1=\frac{1}{\|\boldsymbol{\beta}_1\|}\boldsymbol{\beta}_1=\frac{1}{\sqrt{3}}[-1,1,1,0,0]^{\mathrm{T}}$$

$$\boldsymbol{\gamma}_2=\frac{1}{\|\boldsymbol{\beta}_2\|}\boldsymbol{\beta}_2=\frac{1}{\sqrt{51}}[5,4,1,3,0]^{\mathrm{T}}$$

$$\boldsymbol{\gamma}_3=\frac{1}{\|\boldsymbol{\beta}_3\|}\boldsymbol{\beta}_3=\frac{1}{\sqrt{740}}[3,-1,4,-5,17]^{\mathrm{T}}$$

则$\{\boldsymbol{\gamma}_1,\boldsymbol{\gamma}_2,\boldsymbol{\gamma}_3\}$为解空间的一个标准正交基.

例 3 已知$\boldsymbol{\alpha}_1,\boldsymbol{\alpha}_2,\cdots,\boldsymbol{\alpha}_n$是$n$维向量空间$V$的基,证明:

(1) 若向量$\boldsymbol{\beta}\in V$与$\boldsymbol{\alpha}_i(i=1,2,\cdots,n)$都正交,则$\boldsymbol{\beta}=\mathbf{0}$;

(2) 若向量$\boldsymbol{\alpha},\boldsymbol{\beta}\in V$满足$(\boldsymbol{\alpha},\boldsymbol{\alpha}_i)=(\boldsymbol{\beta},\boldsymbol{\alpha}_i)(i=1,2,\cdots,n)$,则$\boldsymbol{\alpha}=\boldsymbol{\beta}$.

证明 (1) 设$\boldsymbol{\beta}$在基$\boldsymbol{\alpha}_1,\boldsymbol{\alpha}_2,\cdots,\boldsymbol{\alpha}_n$下的坐标为$(x_1,x_2,\cdots,x_n)$,即

$$\boldsymbol{\beta}=x_1\boldsymbol{\alpha}_1+x_2\boldsymbol{\alpha}_2+\cdots+x_n\boldsymbol{\alpha}_n$$

由已知$(\boldsymbol{\beta},\boldsymbol{\alpha}_i)=0(i=1,2,\cdots,n)$,得

$$(\boldsymbol{\beta},\boldsymbol{\alpha}_i)=(x_1\boldsymbol{\alpha}_1+x_2\boldsymbol{\alpha}_2+\cdots+x_n\boldsymbol{\alpha}_n,\boldsymbol{\alpha}_i)=x_i(\boldsymbol{\alpha}_i,\boldsymbol{\alpha}_i)=\mathbf{0}\quad(i=1,2,\cdots,n)$$

因$(\boldsymbol{\alpha}_i,\boldsymbol{\alpha}_i)\neq 0$,所以$x_i=0(i=1,2,\cdots,n)$,即$\boldsymbol{\beta}=\mathbf{0}$.

(2) 由$(\boldsymbol{\alpha},\boldsymbol{\alpha}_i)=(\boldsymbol{\beta},\boldsymbol{\alpha}_i)\Rightarrow(\boldsymbol{\alpha}-\boldsymbol{\beta},\boldsymbol{\alpha}_i)=0(i=1,2,\cdots,n)$,再由(1)可得$\boldsymbol{\alpha}-\boldsymbol{\beta}=\mathbf{0}$,即$\boldsymbol{\alpha}=\boldsymbol{\beta}$.

例 4 证明:若$\boldsymbol{A}$是正交矩阵,则$\boldsymbol{A}^{\mathrm{T}},\boldsymbol{A}^{-1},\boldsymbol{A}^*$均是正交矩阵.

证明 由$\boldsymbol{A}^{\mathrm{T}}\boldsymbol{A}=\boldsymbol{E}\Rightarrow\boldsymbol{A}\boldsymbol{A}^{\mathrm{T}}=\boldsymbol{E},\boldsymbol{A}^{-1}=\boldsymbol{A}^{\mathrm{T}}$,又

$$(\boldsymbol{A}^{\mathrm{T}})^{\mathrm{T}}\boldsymbol{A}^{\mathrm{T}}=\boldsymbol{A}\boldsymbol{A}^{\mathrm{T}}=E$$

所以$\boldsymbol{A}^{\mathrm{T}},\boldsymbol{A}^{-1}$为正交矩阵.

由$\boldsymbol{A}^{\mathrm{T}}\boldsymbol{A}=\boldsymbol{E}\Rightarrow|\boldsymbol{A}^{\mathrm{T}}||\boldsymbol{A}|=1\Rightarrow|\boldsymbol{A}|^2=\pm1$,因此

$$\boldsymbol{A}^*=\frac{1}{|\boldsymbol{A}|}\boldsymbol{A}^{-1}=\pm\boldsymbol{A}^{-1}$$

由$\boldsymbol{A}^{-1}$是正交矩阵,易知$\boldsymbol{A}^*$为正交矩阵.

例 5 已知$\boldsymbol{\alpha}_1,\boldsymbol{\alpha}_2,\cdots,\boldsymbol{\alpha}_{n-1}\in\mathbf{R}^n$线性无关且与非零向量$\boldsymbol{\beta}_1,\boldsymbol{\beta}_2\in\mathbf{R}^n$都正交,证明:$\boldsymbol{\beta}_1,\boldsymbol{\beta}_2$线性相关.

证法 1 首先证明$\boldsymbol{\alpha}_1,\boldsymbol{\alpha}_2,\cdots,\boldsymbol{\alpha}_{n-1},\boldsymbol{\beta}_1$线性无关.若

$$k_1\boldsymbol{\alpha}_1+k_2\boldsymbol{\alpha}_2+\cdots+k_{n-1}\boldsymbol{\alpha}_{n-1}+k\boldsymbol{\beta}_1=\mathbf{0}$$

两边与$\boldsymbol{\beta}_1$内积,得$k(\boldsymbol{\beta}_1,\boldsymbol{\beta}_1)=\mathbf{0}\Rightarrow k=0$.代入上式

$$k_1\boldsymbol{\alpha}_1+k_2\boldsymbol{\alpha}_2+\cdots+k_{n-1}\boldsymbol{\alpha}_{n-1}=\mathbf{0}$$

由$\boldsymbol{\alpha}_1,\boldsymbol{\alpha}_2,\cdots,\boldsymbol{\alpha}_{n-1}$线性无关,得$k_1=k_2=\cdots=k_{n-1}=0$,所以$\boldsymbol{\alpha}_1,\boldsymbol{\alpha}_2,\cdots,\boldsymbol{\alpha}_{n-1},\boldsymbol{\beta}_1$线

性无关.

其次，$\boldsymbol{\alpha}_1,\boldsymbol{\alpha}_2,\cdots,\boldsymbol{\alpha}_{n-1},\boldsymbol{\beta}_1,\boldsymbol{\beta}_2$ 是 $n+1$ 个 n 维的向量组，故线性相关. 于是 $\boldsymbol{\beta}_2$ 可由 $\boldsymbol{\alpha}_1,\boldsymbol{\alpha}_2,\cdots,\boldsymbol{\alpha}_{n-1},\boldsymbol{\beta}_1$ 线性表示，设

$$\boldsymbol{\beta}_2=k_1\boldsymbol{\alpha}_1+k_2\boldsymbol{\alpha}_2+\cdots+k_{n-1}\boldsymbol{\alpha}_{n-1}+k_n\boldsymbol{\beta}_1$$

从而

$$\boldsymbol{\beta}_2-k_n\boldsymbol{\beta}_1=k_1\boldsymbol{\alpha}_1+k_2\boldsymbol{\alpha}_2+\cdots+k_{n-1}\boldsymbol{\alpha}_{n-1}$$

$$\begin{aligned}\|\boldsymbol{\beta}_2-k_n\boldsymbol{\beta}_1\|^2&=(\boldsymbol{\beta}_2-k_n\boldsymbol{\beta}_1,\boldsymbol{\beta}_2-k_n\boldsymbol{\beta}_1)\\&=(\boldsymbol{\beta}_2-k_n\boldsymbol{\beta}_1,k_1\boldsymbol{\alpha}_1+k_2\boldsymbol{\alpha}_2+\cdots+k_{n-1}\boldsymbol{\alpha}_{n-1})=0\end{aligned}$$

于是 $\boldsymbol{\beta}_2-k_n\boldsymbol{\beta}_1=\mathbf{0}$，说明 $\boldsymbol{\beta}_1,\boldsymbol{\beta}_2$ 线性相关.

证法 2　见§4.6 典型例题例 6.

§6.2　实对称矩阵的对角化

一、内容提要

实对称矩阵具有如下性质：

(1) 实对称矩阵的特征值必为实数；

(2) 实对称矩阵属于不同特征值的特征向量正交；

(3) 实对称矩阵特征值的代数重数与几何重数相等；

(4) 实对称矩阵必可正交相似对角化.

二、典型例题

例 1　把实对称矩阵 $\boldsymbol{A}=\begin{pmatrix}1&-2&2\\-2&-2&4\\2&4&-2\end{pmatrix}$ 正交相似对角化.

解　(1) 求特征值.

$$\begin{aligned}|\lambda\boldsymbol{E}-\boldsymbol{A}|&=\begin{vmatrix}\lambda-1&2&-2\\2&\lambda+2&-4\\-2&-4&\lambda+2\end{vmatrix}=\begin{vmatrix}\lambda-1&0&-2\\2&\lambda-2&-4\\-2&\lambda-2&\lambda+2\end{vmatrix}\\&=\begin{vmatrix}\lambda-1&0&-2\\2&\lambda-2&-4\\-4&0&\lambda+6\end{vmatrix}=(\lambda-2)(\lambda^2+5\lambda-14)\\&=(\lambda-2)^2(\lambda+7)\end{aligned}$$

解 $|\lambda\boldsymbol{E}-\boldsymbol{A}|=0$ 得特征值

$$\lambda_1=\lambda_2=2,\lambda_3=-7$$

(2) 求特征向量.

对特征值 $\lambda_1=\lambda_2=2$,解 $(\lambda_1\boldsymbol{E}-\boldsymbol{A})\boldsymbol{x}=\boldsymbol{0}$,即

$$\begin{pmatrix}1 & 2 & -2\\ 2 & 4 & -4\\ -2 & -4 & 4\end{pmatrix}\begin{pmatrix}x_1\\ x_2\\ x_3\end{pmatrix}=\boldsymbol{0}$$

得基础解系(即属于特征值 $\lambda_1=\lambda_2$ 的线性无关的特征向量)

$$\boldsymbol{\xi}_1=[-2,1,0]^{\mathrm{T}},\ \boldsymbol{\xi}_2=[2,0,1]^{\mathrm{T}}$$

对于特征值 $\lambda_3=-7$,解 $(\lambda_3\boldsymbol{E}-\boldsymbol{A})\boldsymbol{x}=\boldsymbol{0}$,即

$$\begin{pmatrix}-8 & 2 & -2\\ 2 & -5 & -4\\ -2 & -4 & -5\end{pmatrix}\begin{pmatrix}x_1\\ x_2\\ x_3\end{pmatrix}=\boldsymbol{0}$$

得基础解系(即属于特征值 λ_3 的线性无关的特征向量)

$$\boldsymbol{\xi}_3=[1,2,-2]^{\mathrm{T}}$$

(3) 若属于同一特征值的特征向量不正交,则用施密特正交化方法将其正交化再单位化,上面 $\boldsymbol{\xi}_1,\boldsymbol{\xi}_2$ 不正交.令

$$\boldsymbol{\beta}_1=\boldsymbol{\xi}_1=[-2,1,0]^{\mathrm{T}},\ \boldsymbol{\eta}_1=\frac{\boldsymbol{\beta}_1}{\|\boldsymbol{\beta}_1\|}=\left[\frac{2}{\sqrt{5}},0,\frac{1}{\sqrt{5}}\right]^{\mathrm{T}}$$

$$\boldsymbol{\beta}_2=\boldsymbol{\xi}_2-\frac{(\boldsymbol{\xi}_2,\boldsymbol{\beta}_1)}{(\boldsymbol{\beta}_1,\boldsymbol{\beta}_1)}\boldsymbol{\beta}_1=\frac{1}{5}[2,4,5]^{\mathrm{T}},\boldsymbol{\eta}_2=\frac{\boldsymbol{\beta}_2}{\|\boldsymbol{\beta}_2\|}=\left[\frac{2}{3\sqrt{5}},\frac{4}{3\sqrt{5}},\frac{5}{3\sqrt{5}}\right]^{\mathrm{T}}$$

则 $\boldsymbol{\eta}_1,\boldsymbol{\eta}_2$ 是属于特征值 $\lambda_1=\lambda_2=2$ 的单位正交的特征向量.

再令

$$\boldsymbol{\eta}_3=\frac{\boldsymbol{\xi}_3}{\|\boldsymbol{\xi}_3\|}=\left[\frac{1}{3},\frac{2}{3},-\frac{2}{3}\right]^{\mathrm{T}}$$

则 $\boldsymbol{\eta}_3$ 是属于特征值 $\lambda_3=-7$ 的单位特征向量,且 $\boldsymbol{\eta}_1,\boldsymbol{\eta}_2,\boldsymbol{\eta}_3$ 为标准正交的向量组.

(4) 求正交的相似变换矩阵.

$$\boldsymbol{Q}=[\boldsymbol{\eta}_1,\boldsymbol{\eta}_2,\boldsymbol{\eta}_3]=\begin{pmatrix}\frac{2}{\sqrt{5}} & \frac{2}{3\sqrt{5}} & \frac{1}{3}\\ 0 & \frac{4}{3\sqrt{5}} & \frac{2}{3}\\ \frac{1}{\sqrt{5}} & \frac{5}{3\sqrt{5}} & -\frac{2}{3}\end{pmatrix}$$

则 $\boldsymbol{Q}$ 为正交矩阵.且

$$Q^{-1}AQ=Q^{T}AQ=\begin{bmatrix}2 & & \\ & 2 & \\ & & -7\end{bmatrix}$$

例 2　已知 1,1,−1 是 3 阶实对称矩阵 $\boldsymbol{A}$ 的特征值，向量 $\boldsymbol{\xi}_1=[1,1,1]^{T}$，$\boldsymbol{\xi}_2=[2,2,1]^{T}$ 是 $\boldsymbol{A}$ 的对应于特征值 $\lambda_1=\lambda_2=1$ 的特征向量，求矩阵 $\boldsymbol{A}$.

解　由于特征值 $\lambda_3=-1$ 是单重的，所以它对应的线性无关的特征向量只有一个，记为 $\boldsymbol{\alpha}$. 又由于 $\boldsymbol{A}$ 的不同的特征值对应的特征向量必正交，所以

$$\begin{cases}\boldsymbol{\xi}_1^{T}\boldsymbol{\alpha}=0\\ \boldsymbol{\xi}_2^{T}\boldsymbol{\alpha}=0\end{cases}$$

这说明 $\boldsymbol{\alpha}$ 是方程组

$$\begin{cases}\boldsymbol{\xi}_1^{T}\boldsymbol{x}=x_1+x_2+x_3=0\\ \boldsymbol{\xi}_2^{T}\boldsymbol{x}=2x_1+2x_2+x_3=0\end{cases}$$

的基础解系. 解上面方程组得一个基础解系

$$\boldsymbol{\xi}_3=[-1,1,0]^{T}$$

$\boldsymbol{\xi}_3$ 必是 $\boldsymbol{\alpha}$ 的线性组合，故 $\boldsymbol{\xi}_3$ 是属于特征值 $\lambda_3=-1$ 的特征向量. 令

$$\boldsymbol{P}=[\boldsymbol{\xi}_1,\boldsymbol{\xi}_2,\boldsymbol{\xi}_3]=\begin{bmatrix}1 & 2 & -1\\ 1 & 2 & 1\\ 1 & 1 & 0\end{bmatrix}$$

则 $\boldsymbol{P}^{-1}\boldsymbol{AP}=\boldsymbol{D}=\mathrm{diag}(1,1,-1)$. 于是

$$\boldsymbol{A}=\boldsymbol{PDP}^{-1}=\begin{bmatrix}1 & 2 & -1\\ 1 & 2 & 1\\ 1 & 1 & 0\end{bmatrix}\begin{bmatrix}1 & & \\ & 1 & \\ & & 1\end{bmatrix}\begin{bmatrix}1 & 2 & -1\\ 1 & 2 & 1\\ 1 & 1 & 0\end{bmatrix}^{-1}$$

$$=\frac{1}{2}\begin{bmatrix}1 & 2 & -1\\ 1 & 2 & 1\\ 1 & 1 & 0\end{bmatrix}\begin{bmatrix}1 & & \\ & 1 & \\ & & 1\end{bmatrix}\begin{bmatrix}-1 & -1 & 4\\ 1 & 1 & -2\\ 1 & -1 & 0\end{bmatrix}=\begin{bmatrix}0 & 1 & 0\\ 1 & 0 & 0\\ 0 & 0 & 1\end{bmatrix}$$

注　上面矩阵 $\boldsymbol{P}$ 不唯一. 例如：若将 $\boldsymbol{\xi}_1,\boldsymbol{\xi}_2,\boldsymbol{\xi}_3$ 标准正交化，还可求得正交矩阵 $\boldsymbol{Q}$，使 $\boldsymbol{A}=\boldsymbol{QDQ}^{T}$. 但矩阵 $\boldsymbol{A}$ 是唯一的. 这是因为，设 $\boldsymbol{\alpha}_1,\boldsymbol{\alpha}_2,\boldsymbol{\alpha}_3$ 是分别对应于特征值 $\lambda_1,\lambda_2,\lambda_3$ 的线性无关的特征向量，即 $\boldsymbol{A\alpha}_i=\lambda\boldsymbol{\alpha}_i\ (i=1,2,3)$. 令 $\boldsymbol{P}=(\boldsymbol{\alpha}_1,\boldsymbol{\alpha}_2,\boldsymbol{\alpha}_3)$，则

$$\boldsymbol{P}\mathrm{diag}(\lambda_1,\lambda_2,\lambda_3)\boldsymbol{P}^{-1}=[\boldsymbol{\alpha}_1,\boldsymbol{\alpha}_2,\boldsymbol{\alpha}_3]\begin{bmatrix}\lambda_1 & & \\ & \lambda_2 & \\ & & \lambda_3\end{bmatrix}\boldsymbol{P}^{-1}$$

$$=[\lambda_1\boldsymbol{\alpha}_1,\lambda_2\boldsymbol{\alpha}_2,\lambda_3\boldsymbol{\alpha}_3]\boldsymbol{P}^{-1}$$

$$=[\boldsymbol{A\alpha}_1,\boldsymbol{A\alpha}_2,\boldsymbol{A\alpha}_3]\boldsymbol{P}^{-1}$$

$$=\boldsymbol{A}[\boldsymbol{\alpha}_1,\boldsymbol{\alpha}_2,\boldsymbol{\alpha}_3]\boldsymbol{P}^{-1}=\boldsymbol{A}\boldsymbol{P}\boldsymbol{P}^{-1}=\boldsymbol{A}$$

例 3 设 3 阶实对称矩阵 $\boldsymbol{A}$ 的各行元素之和均为 3，向量 $\boldsymbol{\alpha}_1=[-1,2,-1]^{\mathrm{T}}$，$\boldsymbol{\alpha}_2=[0,-1,1]^{\mathrm{T}}$ 是线性方程组 $\boldsymbol{Ax}=\boldsymbol{0}$ 的两个解.

(1) 求 $\boldsymbol{A}$ 的特征值与特征向量；

(2) 求正交矩阵 $\boldsymbol{Q}$ 和对角矩阵 $\boldsymbol{\Lambda}$，使得 $\boldsymbol{Q}^{\mathrm{T}}\boldsymbol{AQ}=\boldsymbol{\Lambda}$.

解 (1) 因为向量 $\boldsymbol{\alpha}_1,\boldsymbol{\alpha}_2$ 是线性方程组 $\boldsymbol{Ax}=\boldsymbol{0}$ 的解，所以

$$\boldsymbol{A}\boldsymbol{\alpha}_1=0\boldsymbol{\alpha}_1,\ \boldsymbol{A}\boldsymbol{\alpha}_2=0\boldsymbol{\alpha}_2$$

知 $\lambda_1=\lambda_2=0$ 是 $\boldsymbol{A}$ 的二重特征值，对应的线性无关的特征向量为 $\boldsymbol{\alpha}_1,\boldsymbol{\alpha}_2$.

由于矩阵 $\boldsymbol{A}$ 的各行元素之和均为 3，有

$$\boldsymbol{A}\begin{pmatrix}1\\1\\1\end{pmatrix}=\begin{pmatrix}3\\3\\3\end{pmatrix}=3\begin{pmatrix}1\\1\\1\end{pmatrix}$$

知 $\lambda_3=3$ 是 $\boldsymbol{A}$ 的一个特征值，对应的特征向量为 $\boldsymbol{\alpha}_3=[1,1,1]^{\mathrm{T}}$.

综上所述，$\boldsymbol{A}$ 的特征值为 0，0，3，属于特征值 0 的全体特征向量为 $k_1\boldsymbol{\alpha}_1+k_2\boldsymbol{\alpha}_2$（$k_1,k_2$ 不全为零），属于特征值 3 的全体特征向量为 $k_3\boldsymbol{\alpha}_3$（$k_3\neq0$）.

(2) 将 $\boldsymbol{\alpha}_1,\boldsymbol{\alpha}_2$ 正交化再单位化，令

$$\boldsymbol{\xi}_1=\boldsymbol{\alpha}_1=[-1,2,-1]^{\mathrm{T}},\ \boldsymbol{\xi}_2=\boldsymbol{\alpha}_2-\frac{(\boldsymbol{\alpha}_2,\boldsymbol{\xi}_1)}{(\boldsymbol{\xi}_1,\boldsymbol{\xi}_1)}\boldsymbol{\xi}_1=\frac{1}{2}[-1,0,1]^{\mathrm{T}}$$

$$\boldsymbol{\beta}_1=\frac{\boldsymbol{\xi}_1}{\|\boldsymbol{\xi}_1\|}=\frac{1}{\sqrt{6}}[-1,2,-1]^{\mathrm{T}},\ \boldsymbol{\beta}_2=\frac{\boldsymbol{\xi}_2}{\|\boldsymbol{\xi}_2\|}=\frac{1}{\sqrt{2}}[-1,0,1]^{\mathrm{T}}$$

$$\boldsymbol{\beta}_3=\frac{\boldsymbol{\xi}_3}{\|\boldsymbol{\xi}_3\|}=\frac{1}{\sqrt{3}}[1,1,1]^{\mathrm{T}}$$

令

$$\boldsymbol{Q}=[\boldsymbol{\beta}_1,\boldsymbol{\beta}_2,\boldsymbol{\beta}_3]=\begin{pmatrix}-\frac{1}{\sqrt{6}} & -\frac{1}{\sqrt{2}} & \frac{1}{\sqrt{3}}\\ \frac{2}{\sqrt{6}} & 0 & \frac{1}{\sqrt{3}}\\ -\frac{1}{\sqrt{6}} & \frac{1}{\sqrt{2}} & \frac{1}{\sqrt{3}}\end{pmatrix}$$

则 $\boldsymbol{Q}$ 为正交矩阵，且 $\boldsymbol{Q}^{\mathrm{T}}\boldsymbol{AQ}=\mathrm{diag}(0,0,3)=\boldsymbol{\Lambda}$.

例 4 设 $\boldsymbol{A}$ 为实对称矩阵，试证：对任意正奇数 k，必有实对称矩阵 $\boldsymbol{B}$，使 $\boldsymbol{B}^k=\boldsymbol{A}$.

证明 设实对称矩阵 $\boldsymbol{A}$ 的特征值为 $\lambda_1,\lambda_2,\cdots,\lambda_n$（$\lambda_i$ 为实数），则存在正交矩阵 $\boldsymbol{P}$ 使

$$\boldsymbol{P}^{\mathrm{T}}\boldsymbol{A}\boldsymbol{P}=\mathrm{diag}(\lambda_1,\lambda_2,\cdots,\lambda_n)\Rightarrow\boldsymbol{A}=\boldsymbol{P}\mathrm{diag}(\lambda_1,\lambda_2,\cdots,\lambda_n)\boldsymbol{P}^{\mathrm{T}}$$

对正奇数 k，令

$$\boldsymbol{B}=\boldsymbol{P}\mathrm{diag}(\sqrt[k]{\lambda_1},\sqrt[k]{\lambda_2},\cdots,\sqrt[k]{\lambda_n})\boldsymbol{P}^{\mathrm{T}}$$

则 $\boldsymbol{B}$ 是对称矩阵，且 $\boldsymbol{B}^k=\boldsymbol{A}$.

例 5(本节习题 3)　设 n 阶实对称矩阵 $\boldsymbol{A}$ 满足 $\boldsymbol{A}^2=\boldsymbol{A}$，证明：存在正交矩阵 $\boldsymbol{T}$，使得

$$\boldsymbol{T}^{-1}\boldsymbol{A}\boldsymbol{T}=\mathrm{diag}(1,1,\cdots,1,0,0,\cdots,0)$$

证明　因为 $\boldsymbol{A}^2=\boldsymbol{A}$，则 $\boldsymbol{A}$ 的特征值 $\lambda=0$ 或 1. 设 $\mathrm{r}(\boldsymbol{A})=r$，则 $\boldsymbol{A}$ 的全部特征值为

$$1,1,\cdots,1,0,\cdots,0\quad(\text{其中有 } r \text{ 个 } 1)$$

因为 $\boldsymbol{A}$ 为实对称矩阵，所以一定存在正交矩阵 $\boldsymbol{T}$，使得

$$\boldsymbol{T}^{-1}\boldsymbol{A}\boldsymbol{T}=\mathrm{diag}(1,1,\cdots,1,0,\cdots,0)$$

§6.3　二次型及其标准形

一、内容提要

定义 5　含有 n 个变量 $x_1,x_2,\cdots,x_n$ 的实系数的二次齐次多项式

$$\begin{aligned}f(x_1,x_2,\cdots,x_n)&=a_{11}x_1^2+2a_{12}x_1x_2+\cdots+2a_{1n}x_1x_n+\\&\quad a_{22}x_2^2+2a_{23}x_2x_3+\cdots+2a_{2n}x_2+\cdots+a_{nn}x_n^2\\&=\sum_{i=1}^{n}\sum_{j=1}^{n}a_{ij}x_ix_j\quad(a_{ij}=a_{ji})\end{aligned}$$

称为一个 n 元的(**实**)**二次型**.

记 $\boldsymbol{x}=[x_1,x_2,\cdots,x_n]^{\mathrm{T}}$，$\boldsymbol{A}=[a_{ij}]_{n\times n}$(其中 $a_{ij}=a_{ji}$，即 $\boldsymbol{A}$ 是实对称矩阵)，则上面二次型可写成

$$f(\boldsymbol{x})=\boldsymbol{x}^{\mathrm{T}}\boldsymbol{A}\boldsymbol{x}$$

这里实对称矩阵 $\boldsymbol{A}$ 称为二次型 f 的**矩阵**. $\boldsymbol{A}$ 的秩称为二次型 f 的**秩**，记为 $\mathrm{r}(f)=\mathrm{r}(\boldsymbol{A})$.

约定　以后书写二次型 $f(\boldsymbol{x})=\boldsymbol{x}^{\mathrm{T}}\boldsymbol{A}\boldsymbol{x}$ 时，矩阵 $\boldsymbol{A}$ 是实对称矩阵.

如果二次型中只有平方项，即

$$f=d_1x_1^2+d_2x_2^2+\cdots+d_nx_n^2$$

则称这种二次型为**标准的二次型**. 标准的二次型 f 的矩阵是对角矩阵

$$\boldsymbol{A}=\mathrm{diag}(d_1,d_2,\cdots,d_n)$$

如果标准的二次型中的系数只取 1 或 −1 或 0，即

$$f=x_1^2+\cdots+x_p^2-x_{p+1}^2-\cdots-x_r^2+0x_{r+1}^2+\cdots+0x_n^2$$

则称这种二次型为**规范的二次型**. 规范的二次型 f 的矩阵是

$$\boldsymbol{A}=\mathrm{diag}(1,\cdots,1,-1,\cdots,-1,0,\cdots,0)$$

如果存在可逆的线性变换 $\boldsymbol{x}=\boldsymbol{C}\boldsymbol{y}$(其中 $\boldsymbol{C}$ 是可逆矩阵)把二次型 $f(\boldsymbol{x})=\boldsymbol{x}^{\mathrm{T}}\boldsymbol{A}\boldsymbol{x}$ 化为标准的(或规范的)二次型,即

$$f(\boldsymbol{x})=\boldsymbol{x}^{\mathrm{T}}\boldsymbol{A}\boldsymbol{x}\xlongequal{\boldsymbol{x}=\boldsymbol{C}\boldsymbol{y}}\boldsymbol{y}^{\mathrm{T}}(\boldsymbol{C}^{\mathrm{T}}\boldsymbol{A}\boldsymbol{C})\boldsymbol{y}=d_1y_1^2+d_2y_2^2+\cdots+d_ny_n^2$$

则上面标准的(或规范的)二次型为 f 的**标准形**(**或规范形**).

定义 6 设 $\boldsymbol{A},\boldsymbol{B}$ 均为 n 阶矩阵,如果可逆矩阵 $\boldsymbol{C}$,使得

$$\boldsymbol{B}=\boldsymbol{C}^{\mathrm{T}}\boldsymbol{A}\boldsymbol{C}$$

则称矩阵 $\boldsymbol{A}$ 与 $\boldsymbol{B}$ **合同**,记作 $\boldsymbol{A}\simeq\boldsymbol{B}$.

合同矩阵的性质:

自反性:$A\simeq A$;

对称性:如果 $A\simeq B$,则 $B\simeq A$;

传递性:如果 $A\simeq B,B\simeq C$,则 $A\simeq C$.

定理 4 二次型 $f(\boldsymbol{x})=\boldsymbol{x}^{\mathrm{T}}\boldsymbol{A}\boldsymbol{x}$ 可化为标准形等价于对称矩阵 $\boldsymbol{A}$ 与对角矩阵 $\boldsymbol{D}$ 合同,即存在可逆矩阵 $\boldsymbol{C}$ 使得

$$\boldsymbol{C}^{\mathrm{T}}\boldsymbol{A}\boldsymbol{C}=\boldsymbol{D}$$

其中 $\boldsymbol{D}$ 为对角矩阵.

定理 5(主轴定理)

对任一二次型 $f=\boldsymbol{x}^{\mathrm{T}}\boldsymbol{A}\boldsymbol{x}$,总存在正交变换 $\boldsymbol{x}=\boldsymbol{Q}\boldsymbol{y}$(其中 $\boldsymbol{Q}$ 为正交矩阵)把 f 化为标准形

$$f=\boldsymbol{y}^{\mathrm{T}}\boldsymbol{\Lambda}\boldsymbol{y}=\lambda_1y_1^2+\lambda_2y_2^2+\cdots+\lambda_ny_n^2$$

其中 $\lambda_i(i=1,2,\cdots,n)$ 为 $\boldsymbol{A}$ 的 n 个特征值.

把二次型 $f=\sum_{i=1}^{n}\sum_{j=1}^{n}a_{ij}x_ix_j$ 用正交变换 $\boldsymbol{x}=\boldsymbol{Q}\boldsymbol{y}$ 化标准形的步骤是:

(1) 写出二次型的矩阵 $\boldsymbol{A}$($\boldsymbol{A}$ 为对称矩阵);

(2) 按§6.2 中的方法把对称矩阵 $\boldsymbol{A}$ 正交相似对角化,即求正交矩阵 $\boldsymbol{Q}$ 使得

$$\boldsymbol{Q}^{-1}\boldsymbol{A}\boldsymbol{Q}=\boldsymbol{Q}^{\mathrm{T}}\boldsymbol{A}\boldsymbol{Q}=\mathrm{diag}(\lambda_1,\lambda_2,\cdots,\lambda_n)$$

(3) 令 $\boldsymbol{x}=\boldsymbol{Q}\boldsymbol{y}$,则

$$f(\boldsymbol{x})=\boldsymbol{x}^{\mathrm{T}}\boldsymbol{A}\boldsymbol{x}=\boldsymbol{y}^{\mathrm{T}}(\boldsymbol{Q}^{\mathrm{T}}\boldsymbol{A}\boldsymbol{Q})\boldsymbol{y}=\lambda_1y_1^2+\lambda_2y_2^2+\cdots+\lambda_ny_n^2$$

二、典型例题

例 1 设矩阵

$$A=\begin{pmatrix}1&1&1&1\\1&1&1&1\\1&1&1&1\\1&1&1&1\end{pmatrix},B=\begin{pmatrix}4&0&0&0\\0&0&0&0\\0&0&0&0\\0&0&0&0\end{pmatrix}$$

则 $\boldsymbol{A}$ 与 $\boldsymbol{B}$ 的关系是(　　).

(A) 合同且相似　　(B) 合同但不相似

(C) 不合同但相似　　(D) 不合同且不相似

解　矩阵 $\boldsymbol{A}$ 为实对称矩阵,故存在正交矩阵 $\boldsymbol{Q}$,使得

$$\boldsymbol{Q}^{-1}\boldsymbol{A}\boldsymbol{Q}=\boldsymbol{Q}^{\mathrm{T}}\boldsymbol{A}\boldsymbol{Q}=\operatorname{diag}(\lambda_1,\lambda_2,\lambda_3,\lambda_4)$$

其中 $\lambda_1,\lambda_2,\lambda_3,\lambda_4$ 为 $\boldsymbol{A}$ 的特征值.上式既是相似关系也是合同关系.由 $\boldsymbol{A}$ 的特征多项式

$$|\lambda\boldsymbol{E}-\boldsymbol{A}|=\lambda^3(\lambda-4)$$

可得 $\boldsymbol{A}$ 的特征值为 $\lambda_1=4,\lambda_2=\lambda_3=\lambda_4=0$,所以(A)正确.

例 2　设 $\boldsymbol{A},\boldsymbol{B}$ 为 n 阶矩阵,下列命题中正确的是(　　).

(A) 若 $\boldsymbol{A}\simeq\boldsymbol{B}$,则 $\boldsymbol{A}\sim\boldsymbol{B}$　　(B) 若 $\boldsymbol{A}\sim\boldsymbol{B}$,则 $\boldsymbol{A}\simeq\boldsymbol{B}$

(C) 若 $\boldsymbol{A}\simeq\boldsymbol{B}$,则 $\boldsymbol{A}\cong\boldsymbol{B}$　　(D) 若 $\boldsymbol{A}\cong\boldsymbol{B}$,则 $\boldsymbol{A}\simeq\boldsymbol{B}$

解　我们已学习过矩阵间的 3 种重要关系:等价、相似与合同.它们的定义如下:

(1) 设 $\boldsymbol{A},\boldsymbol{B}$ 均为 $m\times n$ 矩阵,若存在可逆矩阵 $\boldsymbol{P}$ 和 $\boldsymbol{Q}$,使得 $\boldsymbol{B}=\boldsymbol{PAQ}$,则称 $\boldsymbol{A}$ 与 $\boldsymbol{B}$ 等价,记为 $\boldsymbol{A}\cong\boldsymbol{B}$.

(2) 设 $\boldsymbol{A},\boldsymbol{B}$ 均为 n 矩阵,若存在可逆矩阵 $\boldsymbol{P}$,使得 $\boldsymbol{B}=\boldsymbol{P}^{-1}\boldsymbol{AP}$,则称 $\boldsymbol{A}$ 与 $\boldsymbol{B}$ 相似,记为 $\boldsymbol{A}\sim\boldsymbol{B}$.

(3) 设 $\boldsymbol{A},\boldsymbol{B}$ 均为 n 矩阵,若存在可逆矩阵 $\boldsymbol{P}$,使得 $\boldsymbol{B}=\boldsymbol{P}^{\mathrm{T}}\boldsymbol{AP}$,则称 $\boldsymbol{A}$ 与 $\boldsymbol{B}$ 合同,记为 $\boldsymbol{A}\simeq\boldsymbol{B}$.

由此,(C)正确.

例 3　已知二次型

$$f(x_1,x_2,x_3)=(1-a)x_1^2+(1-a)x_2^2+2x_3^2+2(1+a)x_1x_2$$

的秩为 2.

(1) 求 a 的值;

(2) 求正交变换 $\boldsymbol{x}=\boldsymbol{Q}\boldsymbol{y}$,把 $f(x_1,x_2,x_3)$ 化为标准形;

(3) 求方程 $f(x_1,x_2,x_3)=0$ 的解.

解　(1) 二次型 f 的矩阵

$$\boldsymbol{A}=\begin{pmatrix}1-a&1+a&0\\1+a&1-a&0\\0&0&2\end{pmatrix}$$

因为 $r(\boldsymbol{A})=2$，所以 $|\boldsymbol{A}|=-8a=0$，可得 $a=0$.

(2) 矩阵 $\boldsymbol{A}$ 的特征多项式

$$|\lambda\boldsymbol{E}-\boldsymbol{A}|=\begin{vmatrix}\lambda-1 & -1 & 0\\ -1 & \lambda-1 & 0\\ 0 & 0 & \lambda-2\end{vmatrix}=\lambda(\lambda-2)^2$$

令 $|\lambda E-\boldsymbol{A}|=0$，可得 $\boldsymbol{A}$ 的特征值

$$\lambda_1=0,\ \lambda_2=\lambda_3=2$$

对于 $\lambda_1=0$，解方程组 $(\lambda_1\boldsymbol{E}-\boldsymbol{A})\boldsymbol{x}=\boldsymbol{0}$，可得对应的特征向量

$$\boldsymbol{\alpha}_1=[-1,1,0]^{\mathrm{T}}$$

对于 $\lambda_2=\lambda_3=2$，解方程组 $(\lambda_2\boldsymbol{E}-\boldsymbol{A}\boldsymbol{x})=\boldsymbol{0}$，可得对应的特征向量

$$\boldsymbol{\alpha}_2=[1,1,0]^{\mathrm{T}},\ \boldsymbol{\alpha}_3=[0,0,1]^{\mathrm{T}}$$

注意到 $\boldsymbol{\alpha}_1,\boldsymbol{\alpha}_2,\boldsymbol{\alpha}_3$ 已是正交向量组，再把它们单位化，令

$$\boldsymbol{\beta}_1=\frac{\boldsymbol{\alpha}_1}{\|\boldsymbol{\alpha}_1\|}=\left[-\frac{1}{\sqrt{2}},\frac{1}{\sqrt{2}},0\right]^{\mathrm{T}}$$

$$\boldsymbol{\beta}_2=\frac{\boldsymbol{\alpha}_2}{\|\boldsymbol{\alpha}_2\|}=\left[\frac{1}{\sqrt{2}},\frac{1}{\sqrt{2}},0\right]^{\mathrm{T}}$$

$$\boldsymbol{\beta}_3=\boldsymbol{\alpha}_3=[0,0,1]^{\mathrm{T}}$$

构造正交矩阵

$$\boldsymbol{Q}=[\boldsymbol{\beta}_1,\boldsymbol{\beta}_2,\boldsymbol{\beta}_3]=\begin{pmatrix}-\frac{1}{\sqrt{2}} & \frac{1}{\sqrt{2}} & 0\\ \frac{1}{\sqrt{2}} & \frac{1}{\sqrt{2}} & 0\\ 0 & 0 & 1\end{pmatrix}$$

则用正交变换 $\boldsymbol{x}=\boldsymbol{Q}\boldsymbol{y}$ 可将二次型 f 化为标准形

$$f=2y_2^2+2y_3^2$$

(3) 由于在正交变换 $\boldsymbol{x}=\boldsymbol{Q}\boldsymbol{y}$ 下 $f=2y_2^2+2y_3^2$. 为求解方程 $f(x)=0$，令

$$2y_2^2+2y_3^2=0$$

解得 $\boldsymbol{y}=(c_1,0,0)^{\mathrm{T}}$（$c_1$ 为任意实数），于是 $f(x)=0$ 的解为

$$\boldsymbol{x}=\boldsymbol{Q}\boldsymbol{y}=\frac{c_1}{\sqrt{2}}[-1,1,0]^{\mathrm{T}}=c[-1,1,0]^{\mathrm{T}}\quad（c\text{ 为任意实数}）$$

例 4 已知二次曲面方程 $x^2+ay^2+z^2+2bxy+2xz+2yz=4$ 可通过正交变换

$$\begin{pmatrix}x\\ y\\ z\end{pmatrix}=\boldsymbol{Q}\begin{pmatrix}\xi\\ \eta\\ \zeta\end{pmatrix}$$

化为椭圆柱面 $\eta^2+4\zeta^2=4$. 求 a,b 的值和正交矩阵 $\boldsymbol{Q}$.

解　记二次型 $f(x,y,z)=x^2+ay^2+z^2+2bxy+2xz+2yz$. 其矩阵为

$$\boldsymbol{A}=\begin{pmatrix}1&b&1\\b&a&1\\1&1&1\end{pmatrix}$$

由已知条件，$\boldsymbol{A}$ 与对角矩阵 $\boldsymbol{\Lambda}=\mathrm{diag}(0,1,4)$ 相似. 由 $\mathrm{tr}(\boldsymbol{A})=\mathrm{tr}(\boldsymbol{\Lambda})$，$|\boldsymbol{A}|=|\boldsymbol{\Lambda}|$，即

$$a+2=5,\ (b-1)^2=0$$

解得 $a=3,b=1$，于是矩阵

$$\boldsymbol{A}=\begin{pmatrix}1&1&1\\1&3&1\\1&1&1\end{pmatrix}$$

且 $\boldsymbol{A}$ 的特征值为 $\lambda_1=0,\lambda_2=1,\lambda_3=4$. 进一步可得分别与这些特征值对应的单位特征向量为：

$$\boldsymbol{\beta}_1=\left[\frac{1}{\sqrt{2}},0,\frac{1}{\sqrt{2}}\right]^{\mathrm{T}},\boldsymbol{\beta}_2=\left[\frac{1}{\sqrt{3}},-\frac{1}{\sqrt{3}},\frac{1}{\sqrt{3}}\right]^{\mathrm{T}},\boldsymbol{\beta}_3=\left[\frac{1}{\sqrt{6}},\frac{2}{\sqrt{6}},\frac{1}{\sqrt{6}}\right]^{\mathrm{T}}$$

令

$$\boldsymbol{Q}=[\boldsymbol{\beta}_1,\boldsymbol{\beta}_2,\boldsymbol{\beta}_3]=\begin{pmatrix}\frac{1}{\sqrt{2}}&\frac{1}{\sqrt{3}}&\frac{1}{\sqrt{6}}\\0&-\frac{1}{\sqrt{3}}&\frac{2}{\sqrt{6}}\\\frac{1}{\sqrt{2}}&\frac{1}{\sqrt{3}}&\frac{1}{\sqrt{6}}\end{pmatrix}$$

则 $\boldsymbol{Q}$ 即为所求正交矩阵.

§6.4　正定二次型与正定矩阵

一、内容提要

定理 6(惯性定理)

二次型的各个标准形中正系数的个数与负系数的个数保持不变. 即设有二次型 $f(\boldsymbol{x})=\boldsymbol{x}^{\mathrm{T}}\boldsymbol{A}\boldsymbol{x}$，它的秩为 r，有两个可逆变换

$$\boldsymbol{x}=\boldsymbol{C}\boldsymbol{y}\quad 及\quad \boldsymbol{x}=\boldsymbol{P}\boldsymbol{z}$$

使

$$f=k_1y_1^2+k_2y_2^2+\cdots+k_ry_r^2(k_i\neq 0) \quad 及 \quad f=l_1z_1^2+l_2z_2^2+\cdots+l_rz_r^2(l_i\neq 0)$$

则 $k_1,k_2,\cdots,k_r$ 与 $l_1,l_2,\cdots,l_r$ 中正数的个数相等.

定义 7 二次型的标准形中正系数的个数称为二次型的**正惯性指数**,负系数的个数称为**负惯性指数**.

推论 1 设二次型 $f(\boldsymbol{x})=\boldsymbol{x}^{\mathrm{T}}\boldsymbol{A}\boldsymbol{x}$ 的秩为 r,正惯性指数为 p,则二次型 f 的规范形为

$$f=z_1^2+\cdots+z_p^2-z_{p+1}^2-\cdots-z_r^2$$

这里负惯性指数为 $r-p$. 等价地,

$$\boldsymbol{A}\simeq\begin{pmatrix}E_p & & \\ & -E_{r-p} & \\ & & \boldsymbol{O}\end{pmatrix}$$

定义 8(二次型的分类)

设 n 元二次型 $f=\boldsymbol{x}^{\mathrm{T}}\boldsymbol{A}\boldsymbol{x}$ 的秩为 r,正惯性指数为 p.

(1) 如果 $p=r=n$,则称该二次型为**正定二次型**,矩阵 $\boldsymbol{A}$ 称为**正定矩阵**;

(2) 如果 $p=r<n$,则称该二次型为**半正定二次型**,矩阵 $\boldsymbol{A}$ 称为**半正定矩阵**;

(3) 如果 $p=0,r=n$,则称该二次型为**负定二次型**,矩阵 $\boldsymbol{A}$ 称为**负定矩阵**;

(4) 如果 $p=0,r<n$,则称该二次型为**半负定二次型**,矩阵 $\boldsymbol{A}$ 称为**半负定矩阵**;

(5) 如果 $0<p<r\leqslant n$,则称该二次型为**不定二次型**,矩阵 $\boldsymbol{A}$ 称为**不定矩阵**.

定理 7 设 n 元二次型 $f=\boldsymbol{x}^{\mathrm{T}}\boldsymbol{A}\boldsymbol{x}$,则下面命题等价:

(1) f 为正定二次型;

(2) 矩阵 $\boldsymbol{A}$ 与单位矩阵 $\boldsymbol{E}$ 合同,即存在可逆矩阵 $\boldsymbol{C}$,使得 $\boldsymbol{A}=\boldsymbol{C}^{\mathrm{T}}\boldsymbol{C}$;

(3) 矩阵 $\boldsymbol{A}$ 的所有特征值都大于零;

(4) 对任意的 $\boldsymbol{x}\neq\boldsymbol{0}$,都有 $f(\boldsymbol{x})=\boldsymbol{x}^{\mathrm{T}}\boldsymbol{A}\boldsymbol{x}>0$;

(5) 矩阵 $\boldsymbol{A}$ 的各阶顺序主子式全大于零.

二、典型例题

例 1 下列矩阵中与 $\boldsymbol{A}=\begin{pmatrix}2&1&0\\1&2&0\\0&0&2\end{pmatrix}$ 合同的是( ).

(A) $\begin{pmatrix}1&&\\&-1&\\&&-1\end{pmatrix}$ (B) $\begin{pmatrix}1&&\\&1&\\&&-1\end{pmatrix}$

(C) $\begin{pmatrix}1&&\\&1&\\&&1\end{pmatrix}$　　　　(D) $\begin{pmatrix}-1&&\\&-1&\\&&-1\end{pmatrix}$

解　矩阵 $\boldsymbol{A}$ 的特征多项式为：

$$|\lambda\boldsymbol{E}-\boldsymbol{A}|=\begin{vmatrix}\lambda-2&-1&0\\-1&\lambda-2&0\\0&0&\lambda-2\end{vmatrix}=(\lambda-1)(\lambda-2)(\lambda-3)$$

由此得 $\boldsymbol{A}$ 的特征值 $\lambda_1=1,\lambda_2=2,\lambda_3=3$. 由于 $\boldsymbol{A}$ 的特征值全为正数，故其规范形为 $f=y_1^2+y_2^2+y_3^2$. 因此(C)正确.

例 2　求 $f(x_1,x_2,x_3)=x_1^2+x_2^2+x_3^2+4x_1x_2$ 的规范形，并说明它是哪一类二次型.

解　二次型 f 的矩阵为

$$\boldsymbol{A}=\begin{pmatrix}1&2&0\\2&1&0\\0&0&1\end{pmatrix}$$

其特征值为 $\lambda_1=1,\lambda_2=3,\lambda_3=-1$(两正一负). 故二次型 f 的规范形是

$$f=z_1^2+z_2^2-z_3^2$$

它是不定二次型.

例 3　设二次型 $f(x_1,x_2,x_3)=x_1^2+4x_2^2+4x_3^2+2\lambda x_1x_2-2x_1x_3+4x_2x_3$ 为正定二次型，则 λ 的取值范围是(　　).

(A) $-2<\lambda<1$　　　　(B) $-2<\lambda<2$

(C) $\lambda<-2$　　　　(D) $\lambda>2$

解　二次型 f 的矩阵

$$\boldsymbol{A}=\begin{pmatrix}1&\lambda&-1\\\lambda&4&2\\-1&2&4\end{pmatrix}$$

二次型 f 正定的充分必要条件是 $\boldsymbol{A}$ 的顺序主子式全大于零，即

$$\Delta_1=1>0,\ \Delta_2=\begin{vmatrix}1&\lambda\\\lambda&4\end{vmatrix}=4-\lambda^2>0,\ \Delta_3=|\boldsymbol{A}|=-4(\lambda-1)(\lambda+2)>0$$

解得 $-2<\lambda<1$，故本题应选(A).

例 4　设 $\boldsymbol{A}=[a_{ij}]_{n\times n}$ 为正定矩阵，证明：$a_{ii}>0\ (i=1,2,\cdots,n)$.

证明　$\boldsymbol{A}$ 为正定矩阵，则二次型 $f(\boldsymbol{x})=\boldsymbol{x}^{\mathrm{T}}\boldsymbol{A}\boldsymbol{x}$ 对任意的 $\boldsymbol{x}=[x_1,x_2,x_3]^{\mathrm{T}}\neq\boldsymbol{0}$，都有 $\boldsymbol{x}^{\mathrm{T}}\boldsymbol{A}\boldsymbol{x}>0$. 特别地取 $\boldsymbol{x}=\boldsymbol{e}_i\ (i=1,2,\cdots,n)$，则

$$\boldsymbol{e}_i^{\mathrm{T}}\boldsymbol{A}\boldsymbol{e}_i=a_{ii}>0\quad(i=1,2,\cdots,n)$$

例 5 设 $\boldsymbol{B}$ 为 m 阶实对称正定矩阵，$\boldsymbol{A}$ 为 $m\times n$ 阶实矩阵，试证

(1) 矩阵 $\boldsymbol{A}^{\mathrm{T}}\boldsymbol{B}\boldsymbol{A}$ 是半正定矩阵；

(2) 矩阵 $\boldsymbol{A}^{\mathrm{T}}\boldsymbol{B}\boldsymbol{A}$ 为正定矩阵的充分必要条件是 $\boldsymbol{A}$ 的秩等于 n.

证明 显然 $\boldsymbol{A}^{\mathrm{T}}\boldsymbol{B}\boldsymbol{A}$ 为对称矩阵.

(1) 因为 $\boldsymbol{B}$ 为正定矩阵，所以 $\forall\, \boldsymbol{x}\in\mathbf{R}^n$，

$$\boldsymbol{x}^{\mathrm{T}}(\boldsymbol{A}^{\mathrm{T}}\boldsymbol{B}\boldsymbol{A})\boldsymbol{x}=(\boldsymbol{A}x)^{\mathrm{T}}\boldsymbol{B}(\boldsymbol{A}\boldsymbol{x})\geqslant\boldsymbol{0}$$

故 $\boldsymbol{A}^{\mathrm{T}}\boldsymbol{B}\boldsymbol{A}$ 是半正定矩阵.

(2) $\boldsymbol{A}^{\mathrm{T}}\boldsymbol{B}\boldsymbol{A}$ 为正定矩阵 $\Leftrightarrow\forall\,\boldsymbol{0}\neq\boldsymbol{x}\in\mathbf{R}^n,\boldsymbol{x}^{\mathrm{T}}(\boldsymbol{A}^{\mathrm{T}}\boldsymbol{B}\boldsymbol{A})\boldsymbol{x}=(\boldsymbol{A}\boldsymbol{x})^{\mathrm{T}}\boldsymbol{B}(\boldsymbol{A}\boldsymbol{x})>0$

$\Leftrightarrow\forall\,\boldsymbol{0}\neq\boldsymbol{x}\in\mathbf{R}^n,\boldsymbol{A}\boldsymbol{x}\neq\boldsymbol{0}$（因为 $\boldsymbol{B}$ 正定）

$\Leftrightarrow$ 齐次线性方程组 $\boldsymbol{A}\boldsymbol{x}=\boldsymbol{0}$ 只有零解

$\Leftrightarrow \mathrm{r}(\mathbf{A})=n$

推论 2 设 $\mathbf{A}$ 为 $m\times n$ 阶实矩阵，则

(1) $\mathbf{A}^{\mathrm{T}}\mathbf{A}$ 为半正定矩阵；

(2) $\mathbf{A}^{\mathrm{T}}\mathbf{A}$ 为正定矩阵的充要条件是 $\mathrm{r}(\mathbf{A})=n$.

综合例题解析

例 1(正交三角分解定理) 证明任一可逆矩阵必能分解为一个正交矩阵与一个上三角矩阵的乘积.

证明 设 $\boldsymbol{A}=[\boldsymbol{\alpha}_1,\boldsymbol{\alpha}_2,\cdots,\boldsymbol{\alpha}_n]$ 是可逆矩阵. 因此 $\boldsymbol{\alpha}_1,\boldsymbol{\alpha}_2,\cdots,\boldsymbol{\alpha}_n$ 线性无关，根据施密特正交化方法可得正交的向量组：

$$\boldsymbol{\beta}_1=\boldsymbol{\alpha}_1$$

$$\boldsymbol{\beta}_2=\boldsymbol{\alpha}_2-r_{12}\boldsymbol{\beta}_1$$

$$\cdots\cdots$$

$$\boldsymbol{\beta}_n=\boldsymbol{\alpha}_n-r_{1n}\boldsymbol{\beta}_1-r_{2n}\boldsymbol{\beta}_2-\cdots-r_{n-1,n}\boldsymbol{\beta}_{n-1}$$

由上式把 $\boldsymbol{\alpha}_1,\boldsymbol{\alpha}_2,\cdots,\boldsymbol{\alpha}_n$ 反解出来

$$\boldsymbol{\alpha}_1=\boldsymbol{\beta}_1$$

$$\boldsymbol{\alpha}_2=r_{12}\boldsymbol{\beta}_1+\boldsymbol{\beta}_2$$

$$\cdots\cdots$$

$$\boldsymbol{\alpha}_n=r_{1n}\boldsymbol{\beta}_1+r_{2n}\boldsymbol{\beta}_2+\cdots+r_{n-1,n}\boldsymbol{\beta}_{n-1}+\boldsymbol{\beta}_n$$

即

$$[\boldsymbol{\alpha}_1,\boldsymbol{\alpha}_2,\cdots,\boldsymbol{\alpha}_n]=[\boldsymbol{\beta}_1,\boldsymbol{\beta}_2,\cdots,\boldsymbol{\beta}_n]\begin{pmatrix}1 & r_{12} & \cdots & r_{1n}\\ & 1 & \cdots & r_{2n}\\ & & \ddots & \vdots\\ & & & 1\end{pmatrix}$$

记 $d_i=\|\boldsymbol{\beta}_i\|>0(i=1,2,\cdots,n)$，则把上式改为

$$[\boldsymbol{\alpha}_1,\boldsymbol{\alpha}_2,\cdots,\boldsymbol{\alpha}_n]=\left[\frac{\boldsymbol{\beta}_1}{d_1},\frac{\boldsymbol{\beta}_2}{d_2},\cdots,\frac{\boldsymbol{\beta}_n}{d_n}\right]\begin{pmatrix} d_1 & d_1r_{12} & \cdots & d_1r_{1n} \\ & d_2 & \cdots & d_2r_{2n} \\ & & \ddots & \vdots \\ & & & d_n \end{pmatrix}$$

记上式右边第一个矩阵为 $\boldsymbol{Q}$，第二个矩阵为 $\boldsymbol{R}$，则

$$\boldsymbol{A}=\boldsymbol{QR}$$

其中 $\boldsymbol{Q}$ 是正交矩阵，$\boldsymbol{R}$ 是上三角矩阵且对角元素全为正数.

例 2　设二次型 $f(x_1,x_2,x_3)=x_1^2+x_2^2+x_3^2+2kx_1x_2+2x_1x_3+2lx_2x_3$ 通过正交变换 $\boldsymbol{x}=\boldsymbol{Qy}$ 化成标准形 $f=y_2^2+2y_3^2$，试求常数 k,l 的值.

解　二次型 f 的矩阵

$$\boldsymbol{A}=\begin{pmatrix} 1 & k & 1 \\ k & 1 & l \\ 1 & l & 1 \end{pmatrix}$$

正交变换后的标准形 $f=y_2^2+2y_3^2$ 的矩阵是

$$\boldsymbol{\Lambda}=\begin{pmatrix} 0 & & \\ & 1 & \\ & & 2 \end{pmatrix}$$

则 $\boldsymbol{Q}^{\mathrm{T}}\boldsymbol{AQ}=\boldsymbol{Q}^{-1}\boldsymbol{AQ}=\boldsymbol{\Lambda}$，故 $\boldsymbol{A}$ 与 $\boldsymbol{\Lambda}$ 有相同的特征值，它们是 0，1，2.

求得 $\boldsymbol{A}$ 的特征多项式为

$$f_{\boldsymbol{A}}(\lambda)=|\lambda\boldsymbol{E}-\boldsymbol{A}|=\lambda^3-3\lambda^2+(2-k^2-l^2)\lambda+(k-l)^2$$

由 $f_{\boldsymbol{A}}(0)=0$，得 $k=l$. 再由 $f_{\boldsymbol{A}}(1)=0$，得 $k^2+l^2=0\Rightarrow k=l=0$.

例 3　设 n 元二次型 $f(\boldsymbol{x})=\boldsymbol{x}^{\mathrm{T}}\boldsymbol{Ax}$，$\lambda_{\max}$ 和 $\lambda_{\min}$ 分别表示矩阵 $\boldsymbol{A}$ 的最大和最小特征值. 试证：$\min\limits_{\|\boldsymbol{x}\|=1}f(\boldsymbol{x})=\lambda_{\min}$，$\max\limits_{\|\boldsymbol{x}\|=1}f(\boldsymbol{x})=\lambda_{\max}$.

证明　存在正交变换 $\boldsymbol{x}=\boldsymbol{Py}$，使二次型 $f=\boldsymbol{x}^{\mathrm{T}}\boldsymbol{Ax}$ 化为标准形

$$f(\boldsymbol{x})=\lambda_1y_1^2+\lambda_2y_2^2+\cdots+\lambda_ny_n^2$$

其中 $\lambda_1,\lambda_2,\cdots,\lambda_n$ 是 $\boldsymbol{A}$ 的特征值. 从而

$$f(\boldsymbol{x})=\lambda_1y_1^2+\cdots+\lambda_ny_n^2\leqslant\lambda_{\max}(y_1^2+\cdots+y_n^2)=\lambda_{\max}\|\boldsymbol{y}\|^2$$

由于

$$\|\boldsymbol{x}\|^2=\boldsymbol{x}^{\mathrm{T}}\boldsymbol{x}=(\boldsymbol{Py})^{\mathrm{T}}(\boldsymbol{Py})=\boldsymbol{y}^{\mathrm{T}}(\boldsymbol{P}^{\mathrm{T}}\boldsymbol{P})\boldsymbol{y}=\boldsymbol{y}^{\mathrm{T}}\boldsymbol{y}=\|\boldsymbol{y}\|^2$$

所以当 $\|\boldsymbol{x}\|=1$ 时，$\|\boldsymbol{y}\|=1$. 于是

$$f(\boldsymbol{x})\leqslant\lambda_{\max}$$

取 $\boldsymbol{\alpha}$ 为属于特征值 $\lambda_{\max}$ 的单位特征向量，此时

$$f(\boldsymbol{\alpha})=\boldsymbol{\alpha}^{\mathrm{T}}\boldsymbol{A}\boldsymbol{\alpha}=\lambda_{\max}\boldsymbol{\alpha}^{\mathrm{T}}\boldsymbol{\alpha}=\lambda_{\max}$$

综上，$\max\limits_{\|\boldsymbol{x}\|=1} f(\boldsymbol{x})=\lambda_{\max}$. 同理可证 $\min\limits_{\|\boldsymbol{x}\|=1} f(\boldsymbol{x})=\lambda_{\min}$.

例 4 设 $\boldsymbol{A}$ 为 n 阶实对称矩阵，且

$$\boldsymbol{A}^3-3\boldsymbol{A}^2+5\boldsymbol{A}-3\boldsymbol{E}=\boldsymbol{0}$$

试证 $\boldsymbol{A}$ 为正定矩阵.

证明 设 λ 是 $\boldsymbol{A}$ 的任一个特征值，则

$$\varphi(\lambda)=\lambda^3-3\lambda^2+5\lambda-3=0$$

从而 $\lambda=1$ 或 $\lambda=1\pm\sqrt{2}i$. 因为实对称矩阵的特征值必为实数，所以 $\boldsymbol{A}$ 的特征值全为 1. 故 $\boldsymbol{A}$ 为正定矩阵.

例 5 证明：若 $\boldsymbol{A}$ 是正定矩阵，则存在正定矩阵 $\boldsymbol{B}$ 使得 $\boldsymbol{A}=\boldsymbol{B}^2$.

证明 由 $\boldsymbol{A}$ 是正定矩阵，存在正交矩阵 $\boldsymbol{Q}$ 使得

$$\boldsymbol{A}=\boldsymbol{Q}\mathrm{diag}(\lambda_1,\lambda_2,\cdots,\lambda_n)\boldsymbol{Q}^{\mathrm{T}}$$

这里 $\lambda_1,\lambda_2,\cdots,\lambda_n>0$ 为 $\boldsymbol{A}$ 的特征值. 于是

$$\boldsymbol{A}=[\boldsymbol{Q}\mathrm{diag}(\sqrt{\lambda_1},\cdots,\sqrt{\lambda_n})\boldsymbol{Q}^{\mathrm{T}}][\boldsymbol{Q}\mathrm{diag}(\sqrt{\lambda_1},\cdots,\sqrt{\lambda_n})\boldsymbol{Q}^{\mathrm{T}}]$$

令

$$\boldsymbol{B}=\boldsymbol{Q}\mathrm{diag}(\sqrt{\lambda_1},\cdots,\sqrt{\lambda_n})\boldsymbol{Q}^{\mathrm{T}}$$

则 $\boldsymbol{B}$ 是正定矩阵，且 $\boldsymbol{A}=\boldsymbol{B}^2$.

例 6 设 $\boldsymbol{A},\boldsymbol{B}$ 是同阶正定矩阵，证明：$\boldsymbol{AB}$ 的特征值全大于零.

证明 由 $\boldsymbol{B}$ 正定，存在可逆矩阵 $\boldsymbol{Q}$ 使得

$$\boldsymbol{B}=\boldsymbol{Q}^{\mathrm{T}}\boldsymbol{Q}$$

于是

$$\boldsymbol{AB}=\boldsymbol{AQ}^{\mathrm{T}}\boldsymbol{Q}=\boldsymbol{Q}^{-1}(\boldsymbol{QAQ}^{\mathrm{T}})\boldsymbol{Q}$$

上式说明 $\boldsymbol{AB}$ 与 $\boldsymbol{QAQ}^{\mathrm{T}}$ 相似. 由 $\boldsymbol{A}$ 是正定矩阵，易知 $\boldsymbol{QAQ}^{\mathrm{T}}$ 也是正定矩阵. 故 $\boldsymbol{AB}$ 与 $\boldsymbol{QAQ}^{\mathrm{T}}$ 有相同的特征值，全大于零.

注 这里 $\boldsymbol{AB}$ 不一定是对称矩阵，不能说 $\boldsymbol{AB}$ 是正定矩阵.

例 7(Cholesky 分解定理) 设 $\boldsymbol{A}$ 是正定矩阵，则 $\boldsymbol{A}$ 必有如下分解：

$$\boldsymbol{A}=\boldsymbol{R}^{\mathrm{T}}\boldsymbol{R}$$

其中 $\boldsymbol{R}$ 是对角元素全为正数的上三角矩阵.

证明 由 $\boldsymbol{A}$ 是正定矩阵，则 $\boldsymbol{A}=\boldsymbol{P}^{\mathrm{T}}\boldsymbol{P}$(其中 $\boldsymbol{P}$ 是可逆矩阵). 再由例 2 知，$\boldsymbol{P}$ 有正交三角分解，即 $\boldsymbol{P}=\boldsymbol{QR}$(其中 $\boldsymbol{Q}$ 是正交矩阵，$\boldsymbol{R}$ 是对角元素全为正数的上三角矩阵). 于是

$$\boldsymbol{A}=\boldsymbol{P}^{\mathrm{T}}\boldsymbol{P}=\boldsymbol{R}^{\mathrm{T}}\boldsymbol{Q}^{\mathrm{T}}\boldsymbol{QR}=\boldsymbol{R}^{\mathrm{T}}\boldsymbol{R}$$

例 8(同时合同对角化问题) 设 $\boldsymbol{A},\boldsymbol{B}$ 均为 n 阶实对称矩阵，且 $\boldsymbol{B}$ 是正定矩

阵，试证明：存在可逆矩阵 $\boldsymbol{P}$ 使

$$\boldsymbol{P}^{\mathrm{T}}\boldsymbol{BP}=\boldsymbol{E} \quad 且 \quad \boldsymbol{P}^{\mathrm{T}}\boldsymbol{AP}=\mathrm{diag}(\lambda_1,\lambda_2,\cdots,\lambda_n)$$

其中 $\lambda_i(i=1,2,\cdots,n)$ 满足 $|\lambda_i\boldsymbol{B}-\boldsymbol{A}|=0$.

证明　由于 $\boldsymbol{B}$ 是正定矩阵，故存在可逆矩阵 $\boldsymbol{C}$，使

$$\boldsymbol{C}^{\mathrm{T}}\boldsymbol{BC}=\boldsymbol{E}$$

由于 $\boldsymbol{C}^{\mathrm{T}}\boldsymbol{AC}$ 是对称矩阵，故存在正交矩阵 $\boldsymbol{Q}$，使

$$\boldsymbol{Q}^{\mathrm{T}}\boldsymbol{C}^{\mathrm{T}}\boldsymbol{ACQ}=\mathrm{diag}(\lambda_1,\lambda_2,\cdots,\lambda_n)$$

这里 $\lambda_1,\lambda_2,\cdots,\lambda_n$ 是 $\boldsymbol{C}^{\mathrm{T}}\boldsymbol{AC}$ 的特征值. 令 $\boldsymbol{P}=\boldsymbol{CQ}$，则有

$$\boldsymbol{P}^{\mathrm{T}}\boldsymbol{AP}=\mathrm{diag}(\lambda_1,\lambda_2,\cdots,\lambda_n)$$

和

$$\boldsymbol{P}^{\mathrm{T}}\boldsymbol{BP}=\boldsymbol{Q}^{\mathrm{T}}\boldsymbol{C}^{\mathrm{T}}\boldsymbol{BCQ}=\boldsymbol{Q}^{\mathrm{T}}\boldsymbol{Q}=\boldsymbol{E}$$

且

$$\begin{aligned}|\lambda\boldsymbol{B}-\boldsymbol{A}|&=|\boldsymbol{P}^{-T}|\,|\boldsymbol{P}^{\mathrm{T}}(\lambda\boldsymbol{B}-\boldsymbol{A})\boldsymbol{P}|\,|\boldsymbol{P}^{-1}|\\&=|\boldsymbol{P}^{-1}|^2\,|\lambda(\boldsymbol{P}^{\mathrm{T}}\boldsymbol{BP})-(\boldsymbol{P}^{\mathrm{T}}\boldsymbol{AP})|\\&=|\boldsymbol{P}^{-1}|^2\,|\lambda\boldsymbol{E}-\mathrm{diag}(\lambda_1,\cdots,\lambda_n)|\\&=|\boldsymbol{P}^{-1}|^2(\lambda-\lambda_1)(\lambda-\lambda_2)\cdots(\lambda-\lambda_n)\end{aligned}$$

说明 $\lambda_i(i=1,2,\cdots,n)$ 满足 $|\lambda_i\boldsymbol{B}-\boldsymbol{A}|=0$.

例 9　设 $\boldsymbol{A}$ 是正定矩阵，$\boldsymbol{S}$ 是反对称矩阵，证明：$|\boldsymbol{A}+\boldsymbol{S}|>0$.

证明　对 $\forall\,\boldsymbol{x}\neq\boldsymbol{0}$，由 $\boldsymbol{A}$ 的正定性有 $\boldsymbol{x}^{\mathrm{T}}\boldsymbol{Ax}>0$，由 $\boldsymbol{S}$ 的反对称性易知 $\boldsymbol{x}^{\mathrm{T}}\boldsymbol{Sx}=0$.

首先用反证法证明 $|\boldsymbol{A}+\boldsymbol{S}|\neq0$.

如 $|\boldsymbol{A}+\boldsymbol{S}|=0$，则 $(\boldsymbol{A}+\boldsymbol{S})\boldsymbol{x}=\boldsymbol{0}$ 有非零解 $\boldsymbol{x}$，这样

$$0=x^{\mathrm{T}}(\boldsymbol{A}+\boldsymbol{S})\boldsymbol{x}=\boldsymbol{x}^{\mathrm{T}}\boldsymbol{Ax}+\boldsymbol{x}^{\mathrm{T}}\boldsymbol{Sx}=\boldsymbol{x}^{\mathrm{T}}\boldsymbol{Ax}>0$$

矛盾.

其次用反证法再证明 $|\boldsymbol{A}+\boldsymbol{S}|>0$.

设 $|\boldsymbol{A}+\boldsymbol{S}|<0$，作连续函数 $f(t)=|t\boldsymbol{S}+\boldsymbol{A}|$，则

$$f(0)=|\boldsymbol{A}|>0,\ f(1)=|\boldsymbol{S}+\boldsymbol{A}|<0$$

由连续函数的性质，存在 $0<t_0<1$，使

$$f(t_0)=|t_0\boldsymbol{S}+\boldsymbol{A}|=0$$

因 $t_0\boldsymbol{S}$ 也是反对称矩阵，由第一步知 $|t_0\boldsymbol{S}+\boldsymbol{A}|\neq0$，矛盾.

综上，$|\boldsymbol{A}+\boldsymbol{S}|>0$.

注　下面证法是错误的. 对 $\forall\,\boldsymbol{x}\neq\boldsymbol{0}$，有

$$\boldsymbol{x}^{\mathrm{T}}(\boldsymbol{A}+\boldsymbol{S})\boldsymbol{x}=\boldsymbol{x}^{\mathrm{T}}\boldsymbol{Ax}+\boldsymbol{x}^{\mathrm{T}}\boldsymbol{Sx}=\boldsymbol{x}^{\mathrm{T}}\boldsymbol{Ax}>0$$

得 $\boldsymbol{A}+\boldsymbol{S}$ 正定，从而 $|\boldsymbol{A}+\boldsymbol{S}|>0$. 这是因为 $\boldsymbol{A}+\boldsymbol{S}$ 不是对称矩阵.

习题六解答

1. 在欧氏空间 R^4 中,设 $\boldsymbol{\alpha}=[1,2,2,3]^{\mathrm{T}}$,$\boldsymbol{\beta}=[3,1,5,1]^{\mathrm{T}}$,求:

(1) $(\boldsymbol{\alpha},\boldsymbol{\beta})$;

(2) $\|\boldsymbol{\alpha}\|$,并求将 $\boldsymbol{\alpha}$ 单位化的向量.

解 (1) $(\boldsymbol{\alpha},\boldsymbol{\beta})=1\times3+2\times1+2\times5+3\times1=18$

(2) $\|\boldsymbol{\alpha}\|=\sqrt{1^2+2^2+2^2+3^2}=\sqrt{18}=3\sqrt{2}$

$$\boldsymbol{\alpha}^0=\frac{1}{3\sqrt{2}}[1,2,2,3]^{\mathrm{T}}=\left[\frac{\sqrt{2}}{6},\frac{\sqrt{2}}{3},\frac{\sqrt{2}}{3},\frac{\sqrt{2}}{2}\right]^{\mathrm{T}}$$

2. 在欧氏空间 R^3 中,设

$$\boldsymbol{\alpha}_1=\begin{pmatrix}1\\1\\1\end{pmatrix},\ \boldsymbol{\alpha}_2=\begin{pmatrix}-1\\0\\-1\end{pmatrix},\ \boldsymbol{\alpha}_3=\begin{pmatrix}-1\\2\\3\end{pmatrix}$$

用施密特正交化法将 $\boldsymbol{\alpha}_1,\boldsymbol{\alpha}_2,\boldsymbol{\alpha}_3$ 化为标准正交基.

解 先正交化

$\boldsymbol{\beta}_1=\boldsymbol{\alpha}_1=[1,1,1]^{\mathrm{T}}$

$$\boldsymbol{\beta}_2=\boldsymbol{\alpha}_2-\frac{(\boldsymbol{\alpha}_2,\boldsymbol{\beta}_1)}{(\boldsymbol{\beta}_1,\boldsymbol{\beta}_1)}\boldsymbol{\beta}_1=\begin{pmatrix}-1\\0\\-1\end{pmatrix}+\frac{2}{3}\begin{pmatrix}1\\1\\1\end{pmatrix}=\frac{1}{3}\begin{pmatrix}-1\\2\\-1\end{pmatrix}$$

$$\boldsymbol{\beta}_3=\boldsymbol{\alpha}_3-\frac{(\boldsymbol{\alpha}_3,\boldsymbol{\beta}_1)}{(\boldsymbol{\beta}_1,\boldsymbol{\beta}_1)}\boldsymbol{\beta}_1-\frac{(\boldsymbol{\alpha}_3,\boldsymbol{\beta}_2)}{(\boldsymbol{\beta}_2,\boldsymbol{\beta}_2)}\boldsymbol{\beta}_2=\begin{pmatrix}-1\\2\\3\end{pmatrix}-\frac{4}{3}\begin{pmatrix}1\\1\\1\end{pmatrix}-\frac{1}{3}\begin{pmatrix}-1\\2\\-1\end{pmatrix}=\begin{pmatrix}-2\\0\\2\end{pmatrix}$$

再单位化

$$\boldsymbol{\gamma}_1=\frac{1}{\|\boldsymbol{\beta}_1\|}\boldsymbol{\beta}_1=\frac{1}{\sqrt{3}}\begin{pmatrix}1\\1\\1\end{pmatrix},\ \boldsymbol{\gamma}_2=\frac{1}{\|\boldsymbol{\beta}_2\|}\boldsymbol{\beta}_2=\frac{1}{\sqrt{6}}\begin{pmatrix}-1\\2\\-1\end{pmatrix},\ \boldsymbol{\gamma}_3=\frac{1}{\|\boldsymbol{\beta}_3\|}\boldsymbol{\beta}_3=\frac{1}{\sqrt{2}}\begin{pmatrix}-1\\0\\1\end{pmatrix}$$

则 $\boldsymbol{\gamma}_1,\boldsymbol{\gamma}_2,\boldsymbol{\gamma}_3$ 为所求 R^3 的一组标准正交基.

3. 设 $\boldsymbol{A}$ 是 n 阶实对称矩阵,$\lambda_1,\lambda_2,\cdots,\lambda_n$ 是 $\boldsymbol{A}$ 的 n 个互不相同的特征值,$\boldsymbol{\xi}_1$ 是 $\boldsymbol{A}$ 的对应于 λ_1 的一个单位特征向量,求矩阵 $\boldsymbol{B}=\boldsymbol{A}-\lambda_1\boldsymbol{\xi}_1\boldsymbol{\xi}_1^{\mathrm{T}}$ 的特征值.

解 设与特征值 $\lambda_2,\cdots,\lambda_n$ 对应的特征向量为 $\boldsymbol{\xi}_2,\boldsymbol{\xi}_3,\cdots,\boldsymbol{\xi}_n$. 因为不同特征值对应的特征向量正交,所以

$$\boldsymbol{B}\boldsymbol{\xi}_1=\boldsymbol{A}\boldsymbol{\xi}_1-\lambda_1\boldsymbol{\xi}_1\boldsymbol{\xi}_1^{\mathrm{T}}\boldsymbol{\xi}_1=\lambda_1\boldsymbol{\xi}_1-\lambda_1\boldsymbol{\xi}_1=0\boldsymbol{\xi}_1$$

$$\boldsymbol{B}\boldsymbol{\xi}_i=\boldsymbol{A}\boldsymbol{\xi}_i-\lambda_1\boldsymbol{\xi}_1\boldsymbol{\xi}_1^{\mathrm{T}}\boldsymbol{\xi}_i=\lambda_2\boldsymbol{\xi}_2-0=\lambda_i\boldsymbol{\xi}_i\quad(i=2,3,\cdots,n)$$

所以 $\boldsymbol{B}=\boldsymbol{A}-\lambda_1\boldsymbol{\xi}_1\boldsymbol{\xi}_1^{\mathrm{T}}$ 的特征值为 $0,\lambda_2,\lambda_3,\cdots,\lambda_n$.

4. 已知6,3,3是3阶实对称矩阵 $\boldsymbol{A}$ 的3个特征值,向量$[1,1,1]^{\mathrm{T}}$ 是对应于特征值6的一个特征向量,求矩阵 $\boldsymbol{A}$.

解 记 $\boldsymbol{\alpha}_1=[1,1,1]^{\mathrm{T}}$. 解方程组 $\boldsymbol{\alpha}_1^{\mathrm{T}}\boldsymbol{x}=\boldsymbol{0}$(即 $x_1+x_2+x_3=0$),得基础解系

$$\boldsymbol{\alpha}_2=[-1,1,0]^{\mathrm{T}},\ \boldsymbol{\alpha}_3=[-1,0,1]^{\mathrm{T}}$$

因为 $\boldsymbol{A}$ 是实对称矩阵,所以与特征值 $\lambda=3$(二重)对应的特征向量必有两个线性无关的,且都与 $\boldsymbol{\alpha}_1$ 正交,即它们是方程组 $\boldsymbol{\alpha}_1^{\mathrm{T}}\boldsymbol{x}=\boldsymbol{0}$ 的基础解系,所以 $\boldsymbol{\alpha}_2,\boldsymbol{\alpha}_3$ 也是与特征值 $\lambda=3$(二重)对应的特征向量. 所以

$$\boldsymbol{A}[\boldsymbol{\alpha}_1,\boldsymbol{\alpha}_2,\boldsymbol{\alpha}_3]=[6\boldsymbol{\alpha}_1,3\boldsymbol{\alpha}_2,3\boldsymbol{\alpha}_3]$$

从而

$$\begin{aligned}\boldsymbol{A}&=[6\boldsymbol{\alpha}_1,3\boldsymbol{\alpha}_2,3\boldsymbol{\alpha}_3][\boldsymbol{\alpha}_1,\boldsymbol{\alpha}_2,\boldsymbol{\alpha}_3]^{-1}\\&=\begin{pmatrix}6&-3&-3\\6&3&0\\6&0&3\end{pmatrix}\begin{pmatrix}1&-1&-1\\1&1&0\\1&0&1\end{pmatrix}^{-1}=\begin{pmatrix}4&1&1\\1&4&1\\1&1&4\end{pmatrix}\end{aligned}$$

5. 对下列实对称矩阵 $\boldsymbol{A}$,求正交矩阵 $\boldsymbol{T}$ 和对角矩阵 $\boldsymbol{\Lambda}$,使得 $\boldsymbol{T}^{-1}\boldsymbol{A}\boldsymbol{T}=\boldsymbol{\Lambda}$:

(1) $\begin{pmatrix}1&0&2\\0&1&2\\2&2&-1\end{pmatrix}$; (2) $\begin{pmatrix}-1&-3&3&-3\\-3&-1&-3&3\\3&-3&-1&-3\\-3&3&-3&-1\end{pmatrix}$;

(3) $\begin{bmatrix}2&1\\1&2\end{bmatrix}$; (4) $\begin{pmatrix}0&0&0\\0&1&1\\0&1&1\end{pmatrix}$; (5) $\begin{pmatrix}0&0&4&1\\0&0&1&4\\4&1&0&0\\1&4&0&0\end{pmatrix}$.

解 (1) 由矩阵 $\boldsymbol{A}$ 的特征多项式

$$|\lambda\boldsymbol{E}-\boldsymbol{A}|=(\lambda-1)(\lambda-3)(\lambda+3)$$

得 $\boldsymbol{A}$ 的特征值为 $\lambda_1=3,\lambda_2=1,\lambda_3=-3$.

对于 $\lambda_1=3$,解方程组$(3\boldsymbol{E}-\boldsymbol{A})\boldsymbol{x}=\boldsymbol{0}$,得基础解系:$\boldsymbol{\alpha}_1=[1,1,1]^{\mathrm{T}}$.

对于 $\lambda_2=1$,解方程组$(\boldsymbol{E}-\boldsymbol{A})\boldsymbol{x}=\boldsymbol{0}$,得基础解系:$\boldsymbol{\alpha}_2=[-1,1,0]^{\mathrm{T}}$.

对于 $\lambda_2=-3$,解方程组$(-3\boldsymbol{E}-\boldsymbol{A})\boldsymbol{x}=\boldsymbol{0}$,得基础解系:$\boldsymbol{\alpha}_3=[1,1,-2]^{\mathrm{T}}$.

这里 $\boldsymbol{\alpha}_1,\boldsymbol{\alpha}_2,\boldsymbol{\alpha}_3$ 是正交向量组,把它们单位化:

$$\boldsymbol{\eta}_1=\frac{\boldsymbol{\alpha}_1}{\|\boldsymbol{\alpha}_1\|}=\left[\frac{1}{\sqrt{3}},\frac{1}{\sqrt{3}},\frac{1}{\sqrt{3}}\right]^{\mathrm{T}}$$

$$\boldsymbol{\eta}_2=\frac{\boldsymbol{\alpha}_2}{\|\boldsymbol{\alpha}_2\|}=\left[-\frac{1}{\sqrt{2}},\frac{1}{\sqrt{2}},0\right]^{\mathrm{T}}$$

$$\boldsymbol{\eta}_3=\frac{\boldsymbol{\alpha}_3}{\|\boldsymbol{\alpha}_3\|}=\left[\frac{1}{\sqrt{6}},\frac{1}{\sqrt{6}},-\frac{2}{\sqrt{6}}\right]^{\mathrm{T}}$$

作矩阵

$$\boldsymbol{T}=[\boldsymbol{\eta}_1,\boldsymbol{\eta}_2,\boldsymbol{\eta}_3]=\begin{bmatrix}\frac{1}{\sqrt{3}} & -\frac{1}{\sqrt{2}} & \frac{1}{\sqrt{6}}\\ \frac{1}{\sqrt{3}} & \frac{1}{\sqrt{2}} & \frac{1}{\sqrt{6}}\\ \frac{1}{\sqrt{3}} & 0 & -\frac{2}{\sqrt{6}}\end{bmatrix}$$

则 $\boldsymbol{T}$ 为正交矩阵，且

$$\boldsymbol{T}^{-1}\boldsymbol{A}\boldsymbol{T}=\boldsymbol{T}^{\mathrm{T}}\boldsymbol{A}\boldsymbol{T}=\boldsymbol{\Lambda}=\mathrm{diag}(3,1,-3)$$

(2) 方法同上，得 $\boldsymbol{T}=\begin{bmatrix}\frac{1}{\sqrt{2}} & 0 & \frac{1}{2} & -\frac{1}{2}\\ -\frac{1}{\sqrt{2}} & 0 & -\frac{1}{2} & \frac{1}{2}\\ 0 & \frac{1}{\sqrt{2}} & -\frac{1}{2} & -\frac{1}{2}\\ 0 & \frac{1}{\sqrt{2}} & \frac{1}{2} & \frac{1}{2}\end{bmatrix}$，$\boldsymbol{\Lambda}=\begin{bmatrix}-4 & & & \\ & -4 & & \\ & & -4 & \\ & & & 8\end{bmatrix}$.

(3) 方法同上，得 $\boldsymbol{T}=\begin{bmatrix}-\frac{1}{\sqrt{2}} & \frac{1}{\sqrt{2}}\\ \frac{1}{\sqrt{2}} & \frac{1}{\sqrt{2}}\end{bmatrix}$，$\boldsymbol{\Lambda}=\begin{bmatrix}1 & \\ & 3\end{bmatrix}$.

(4) 由矩阵 $\boldsymbol{A}$ 的特征多项式

$$|\lambda\boldsymbol{E}-\boldsymbol{A}|=\lambda^2(\lambda-2)$$

得 $\boldsymbol{A}$ 的特征值为 $\lambda_1=\lambda_2=0,\lambda_3=2$.

对于 $\lambda_1=\lambda_2=0$，解方程组 $(0\boldsymbol{E}-\boldsymbol{A})\boldsymbol{x}=\boldsymbol{0}$，得基础解系

$$\boldsymbol{\alpha}_1=[1,0,0]^{\mathrm{T}},\ \boldsymbol{\alpha}_2=[0,-1,1]^{\mathrm{T}}$$

对于 $\lambda_3=2$，解方程组 $(2\boldsymbol{E}-\boldsymbol{A})\boldsymbol{x}=\boldsymbol{0}$，得基础解系

$$\boldsymbol{\alpha}_3=[0,1,1]^{\mathrm{T}}$$

将 $\boldsymbol{\alpha}_1,\boldsymbol{\alpha}_2$ 用施密特方法正交化

$$\boldsymbol{\beta}_1=\boldsymbol{\alpha}_1,\ \boldsymbol{\beta}_2=\boldsymbol{\alpha}_2-\frac{(\boldsymbol{\alpha}_2,\boldsymbol{\beta}_1)}{(\boldsymbol{\beta}_1,\boldsymbol{\beta}_1)}\boldsymbol{\beta}_1=[0,-1,1]^{\mathrm{T}}$$

再把 $\boldsymbol{\beta}_1,\boldsymbol{\beta}_2,\boldsymbol{\beta}_3=\boldsymbol{\alpha}_3$ 单位化

$$\boldsymbol{\eta}_1=\frac{\boldsymbol{\beta}_1}{\|\boldsymbol{\beta}_1\|}=[1,0,0]^{\mathrm{T}},\ \boldsymbol{\eta}_2=\frac{\boldsymbol{\beta}_2}{\|\boldsymbol{\beta}_2\|}=\left[0,-\frac{1}{\sqrt{2}},\frac{1}{\sqrt{2}}\right]^{\mathrm{T}},\ \boldsymbol{\eta}_3=\frac{\boldsymbol{\beta}_3}{\|\boldsymbol{\beta}_3\|}=\left[0,\frac{1}{\sqrt{2}},\frac{1}{\sqrt{2}}\right]^{\mathrm{T}}$$

作矩阵

$$\boldsymbol{T}=[\boldsymbol{\eta}_1,\boldsymbol{\eta}_2,\boldsymbol{\eta}_3]=\begin{pmatrix}1&0&0\\0&-\frac{1}{\sqrt{2}}&\frac{1}{\sqrt{2}}\\0&\frac{1}{\sqrt{2}}&\frac{1}{\sqrt{2}}\end{pmatrix}$$

则 $\boldsymbol{T}$ 为正交矩阵,且

$$\boldsymbol{T}^{-1}\boldsymbol{A}\boldsymbol{T}=\boldsymbol{T}^{\mathrm{T}}\boldsymbol{A}\boldsymbol{T}=\boldsymbol{\Lambda}=\mathrm{diag}(0,0,2)$$

(5) 方法同上,得 $\boldsymbol{T}=\frac{1}{2}\begin{pmatrix}1&1&1&1\\-1&-1&1&1\\1&-1&1&-1\\-1&1&1&-1\end{pmatrix}$, $\boldsymbol{\Lambda}=\begin{pmatrix}3&&&\\&-3&&\\&&5&\\&&&-5\end{pmatrix}$

6. (1) 设 $\boldsymbol{A}=\begin{bmatrix}3&-2\\-2&3\end{bmatrix}$,求 $\varphi(\boldsymbol{A})=\boldsymbol{A}^{10}-5\boldsymbol{A}^9$;

(2) 设 $\boldsymbol{A}=\begin{pmatrix}2&1&2\\1&2&2\\2&2&1\end{pmatrix}$,求 $\varphi(\boldsymbol{A})=\boldsymbol{A}^{10}-6\boldsymbol{A}^9+5\boldsymbol{A}^8$.

解 (1) 矩阵 $\boldsymbol{A}$ 的特征值为 $\lambda_1=1,\lambda_2=5$,与它们对应的特征向量分别是 $\boldsymbol{\alpha}_1=[1,1]^{\mathrm{T}},\boldsymbol{\alpha}_2=[-1,1]^{\mathrm{T}}$.

令 $\boldsymbol{P}=[\boldsymbol{\alpha}_1,\boldsymbol{\alpha}_2]=\begin{bmatrix}1&-1\\1&1\end{bmatrix}$,则 $\boldsymbol{A}=\boldsymbol{P}\begin{bmatrix}1&\\&5\end{bmatrix}\boldsymbol{P}^{-1}$,于是

$$\varphi(\boldsymbol{A})=\boldsymbol{A}^{10}-5\boldsymbol{A}^9=\boldsymbol{P}\left(\begin{bmatrix}1&\\&5\end{bmatrix}^{10}-5\begin{bmatrix}1&\\&5\end{bmatrix}^9\right)\boldsymbol{P}^{-1}=\begin{bmatrix}-2&-2\\-2&-2\end{bmatrix}$$

(2) 方法同上,得

$$\varphi(\boldsymbol{A})=\boldsymbol{A}^{10}-6\boldsymbol{A}^9+5\boldsymbol{A}^8=\begin{pmatrix}2&2&-2\\2&2&-4\\-4&-4&8\end{pmatrix}$$

7. 将下列二次型表示成矩阵形式

(1) $f(x_1,x_2,x_3)=x_1^2+\frac{1}{2}x_2^2+\frac{1}{3}x_3^2+4x_1x_2+5x_1x_3+6x_2x_3$;

(2) $f(x_1,x_2,x_3)=2x_1^2+x_1x_2-2x_2x_3$;

(3) $f(x_1,x_2,x_3,x_4)=x_1x_2+3x_1x_3+5x_1x_4+7x_2x_3+9x_2x_4+11x_3x_4$；

(4) $f(x_1,x_2,\cdots,x_n)=\sum_{i=1}^{n-1}(x_i-x_{i+2})^2$.

解 (1) $f(x_1,x_2,x_3)=[x_1,x_2,x_3]\begin{pmatrix}1 & 2 & \frac{5}{2}\\ 2 & \frac{1}{2} & 3\\ \frac{5}{2} & 3 & \frac{1}{3}\end{pmatrix}\begin{pmatrix}x_1\\x_2\\x_3\end{pmatrix}$

(2) $f(x_1,x_2,x_3)=[x_1,x_2,x_3]\begin{pmatrix}2 & \frac{1}{2} & 0\\ \frac{1}{2} & 0 & -1\\ 0 & -1 & 0\end{pmatrix}\begin{pmatrix}x_1\\x_2\\x_3\end{pmatrix}$

(3) $f(x_1,x_2,x_3,x_4)=[x_1,x_2,x_3,x_4]\begin{pmatrix}0 & \frac{1}{2} & \frac{3}{2} & \frac{5}{2}\\ \frac{1}{2} & 0 & \frac{7}{2} & \frac{9}{2}\\ \frac{3}{2} & \frac{7}{2} & 0 & \frac{11}{2}\\ \frac{5}{2} & \frac{9}{2} & \frac{11}{2} & 0\end{pmatrix}\begin{pmatrix}x_1\\x_2\\x_3\\x_4\end{pmatrix}$

(4) $f(x_1,x_2,\cdots,x_n)=[x_1,x_2,\cdots,x_n]\begin{pmatrix}1 & 0 & -1 & & \\ 0 & 1 & 0 & \ddots & \\ -1 & 0 & 1 & \ddots & -1\\ & \ddots & \ddots & \ddots & 0\\ & & -1 & 0 & 1\end{pmatrix}\begin{pmatrix}x_1\\x_2\\\vdots\\x_n\end{pmatrix}$

8. 写出下列对称矩阵对应的二次型

(1) $\boldsymbol{A}=\begin{pmatrix}1 & 4 & 5\\ 4 & 2 & 6\\ 5 & 6 & 3\end{pmatrix}$；　　(2) $\boldsymbol{A}=\begin{pmatrix}1 & -2 & 2 & -3\\ -2 & -1 & 3 & -4\\ 2 & 3 & 1 & 4\\ -3 & -4 & 4 & -1\end{pmatrix}$；

(3) $\boldsymbol{A}=\begin{pmatrix} a & b & 0 & \cdots & 0 & 0 \\ b & a & b & \cdots & 0 & 0 \\ 0 & b & a & \cdots & 0 & 0 \\ \vdots & \vdots & \vdots & & \vdots & \vdots \\ 0 & 0 & 0 & \cdots & a & b \\ 0 & 0 & 0 & \cdots & b & a \end{pmatrix}_{n\times n}$

解 (1) $f(x_1,x_2,x_3)=x_1^2+2x_2^2+3x_3^2+8x_1x_2+10x_1x_3+12x_2x_3$

(2) $f(x_1,x_2,x_3,x_4)=x_1^2-x_2^2+x_3^2-x_4^2-4x_1x_2+4x_1x_3-6x_1x_4+$
$6x_2x_3-8x_2x_4+8x_3x_4$

(3) $f(x_1,x_2,\cdots,x_n)=ax_1^2+ax_2^2+\cdots+ax_n^2+$
$2bx_1x_2+2bx_2x_3+2bx_3x_4+\cdots+2bx_{n-1}x_n$

9. 设一个三元二次型 $f=\boldsymbol{x}^{\mathrm{T}}\boldsymbol{A}\boldsymbol{x}$ 经正交变换化成的标准形为 $f=y_1^2+3y_2^2+y_3^2$. 若属于特征值 $\lambda=3$ 的特征向量为$[1,-1,0]^{\mathrm{T}}$,求原二次型 f.

解 由题设知 $\boldsymbol{A}$ 的特征值为 1,3,1,记 $\boldsymbol{\alpha}_2=[1,-1,0]^{\mathrm{T}}$,解方程组

$$\boldsymbol{\alpha}_2^{\mathrm{T}}\boldsymbol{x}=\boldsymbol{0} \text{ 即 } \boldsymbol{x}_1-\boldsymbol{x}_2=\boldsymbol{0}$$

得基础解系

$$\boldsymbol{\alpha}_1=[1,1,0]^{\mathrm{T}},\boldsymbol{\alpha}_3=[0,0,1]^{\mathrm{T}}$$

则 $\boldsymbol{\alpha}_1,\boldsymbol{\alpha}_3$ 为属于特征值 $\lambda=1$ 的特征向量. 从而

$$\boldsymbol{A}[\boldsymbol{\alpha}_1,\boldsymbol{\alpha}_2,\boldsymbol{\alpha}_3]=[\boldsymbol{\alpha}_1,3\boldsymbol{\alpha}_2,\boldsymbol{\alpha}_3]$$

所以

$$\begin{aligned}\boldsymbol{A}&=[\boldsymbol{\alpha}_1,3\boldsymbol{\alpha}_2,\boldsymbol{\alpha}_3][\boldsymbol{\alpha}_1,\boldsymbol{\alpha}_2,\boldsymbol{\alpha}_3]^{-1}\\&=\begin{pmatrix}1 & 3 & 0\\1 & -3 & 0\\0 & 0 & 1\end{pmatrix}\begin{pmatrix}1 & 1 & 0\\1 & -1 & 0\\0 & 0 & 1\end{pmatrix}^{-1}=\begin{pmatrix}2 & -1 & 0\\-1 & 2 & 0\\0 & 0 & 1\end{pmatrix}\end{aligned}$$

原二次型为

$$f(x_1,x_2,x_3)=2x_1^2+2x_2^2+x_3^2-2x_1x_2$$

10. 已知二次曲面方程 $x^2+ay^2+z^2+2bxy+2xz+2yz=4$ 可经过正交变换化成椭圆柱面方程 $y'^2+4z'^2=4$,求 a,b 的值和所用的正交变换矩阵 $\boldsymbol{P}$.

解 见 §6.3 典型例题例 4.

11. 已知二次型 $f(x_1,x_2,x_3)=2x_1^2+3x_2^2+3x_3^2+2x_1x_2+2ax_2x_3\,(a>0)$ 经正交变换化成标准形 $f=y_1^2+2y_2^2+5y_3^2$,求 a 及所用的正交变换矩阵.

解 二次型 f 的矩阵

$$\boldsymbol{A}=\begin{pmatrix}2 & 1 & 0\\1 & 3 & a\\0 & a & 3\end{pmatrix}$$

由假设 f 通过正交变换 $\boldsymbol{x}=\boldsymbol{Q}\boldsymbol{y}$ 化成标准形 $f=y_1^2+2y_2^2+5y_3^2$，则

$$\boldsymbol{Q}^{-1}\boldsymbol{A}\boldsymbol{Q}=\boldsymbol{Q}^{\mathrm{T}}\boldsymbol{A}\boldsymbol{Q}=\boldsymbol{\Lambda}=\begin{bmatrix}1 & & \\ & 2 & \\ & & 5\end{bmatrix}$$

因而 $|\boldsymbol{A}|=|\boldsymbol{\Lambda}|$，即 $18-2a^2=10$，求得 $a=\pm 2$，又 $a>0$，所以 $a=2$，于是

$$\boldsymbol{A}=\begin{bmatrix}2 & 0 & 0\\ 0 & 3 & 2\\ 0 & 2 & 2\end{bmatrix}$$

$\boldsymbol{A}$ 的特征值 $\lambda_1=1,\lambda_2=2,\lambda_3=5$，又求得与之对应的特征向量分别为

$$\boldsymbol{\alpha}_1=[0,-1,1]^{\mathrm{T}},\ \boldsymbol{\alpha}_2=[1,0,0]^{\mathrm{T}},\ \boldsymbol{\alpha}_3=[0,1,1]^{\mathrm{T}}$$

令

$$\boldsymbol{Q}=\left[\frac{\boldsymbol{\alpha}_1}{\|\boldsymbol{\alpha}_1\|},\frac{\boldsymbol{\alpha}_2}{\|\boldsymbol{\alpha}_3\|},\frac{\boldsymbol{\alpha}_3}{\|\boldsymbol{\alpha}_3\|}\right]=\begin{bmatrix}0 & 1 & 0\\ -\frac{1}{\sqrt{2}} & 0 & \frac{1}{\sqrt{2}}\\ \frac{1}{\sqrt{2}} & 0 & \frac{1}{\sqrt{2}}\end{bmatrix}$$

即为所求的正交变换矩阵.

12. 已知二次型 $f(x_1,x_2,x_3)=5x_1^2+5x_2^2+cx_3^2-2x_1x_2+6x_1x_3-6x_2x_3$ 的秩为 2：

(1) 求 c 及二次型矩阵的特征值；

(2) 指出方程 $f(x_1,x_2,x_3)=1$ 表示何种曲面.

解 (1) 二次型 $f(x_1,x_2,x_3)$ 的矩阵

$$\boldsymbol{A}=\begin{bmatrix}5 & -1 & 3\\ -1 & 5 & -3\\ 3 & -3 & c\end{bmatrix}$$

因为秩为 2，所以 $|\boldsymbol{A}|=0\Rightarrow c=3$.

易求得 $\boldsymbol{A}$ 的特征值为 $\lambda_1=0,\lambda_2=4,\lambda_3=9$.

(2) 二次型 $f(x_1,x_2,x_3)$ 通过正交变换化成标准形为

$$f=4y_2^2+9y_3^2$$

因为正交变换不改变几何图形的形状，所以由 $f(x_1,x_2,x_3)=1$ 得 $4y_2^2+9y_3^2=1$. 它表示表示椭圆柱面.

13. 设矩阵 $\boldsymbol{A}$ 和 $\boldsymbol{B}$ 合同，即存在可逆矩阵 $\boldsymbol{C}$，使得 $\boldsymbol{B}=\boldsymbol{C}^{\mathrm{T}}\boldsymbol{A}\boldsymbol{C}$，问 $\boldsymbol{C}$ 是否唯一.

解 不唯一. 如

$$A=\begin{bmatrix}2&1\\1&2\end{bmatrix},\ B=\begin{bmatrix}1&\\&3\end{bmatrix}$$

取

$$C=\frac{1}{\sqrt{2}}\begin{bmatrix}-1&1\\1&1\end{bmatrix}\quad 或\quad \frac{1}{\sqrt{2}}\begin{bmatrix}1&1\\-1&1\end{bmatrix}$$

都满足 $B=C^{\mathrm{T}}AC$.

14. 求正交线性变换 $x=Py$，化下列实二次型为标准形：

(1) $x_1^2+2x_2^2+3x_3^2-4x_1x_2-4x_2x_3$；

(2) $2x_1x_2+2x_1x_3+2x_2x_3$；

(3) $3x_1^2+3x_3^2+4x_1x_2+8x_1x_3+4x_2x_3$.

解　求解过程略. 答案为：

(1) $P=\frac{1}{3}\begin{pmatrix}-2&-2&1\\2&1&-2\\1&2&2\end{pmatrix}$，$f=-y_1^2+2y_2^2+5y_3^2$；

(2) $P=\begin{pmatrix}\frac{1}{\sqrt{6}}&-\frac{1}{\sqrt{2}}&\frac{1}{\sqrt{3}}\\-\frac{1}{\sqrt{6}}&\frac{1}{\sqrt{2}}&\frac{1}{\sqrt{3}}\\\frac{2}{\sqrt{6}}&0&\frac{1}{\sqrt{3}}\end{pmatrix}$，$f=-y_1^2-y_2^2+2y_3^2$；

(3) $P=\begin{pmatrix}-\frac{1}{\sqrt{2}}&\frac{1}{3\sqrt{2}}&\frac{2}{3}\\0&-\frac{4}{3\sqrt{2}}&\frac{1}{3}\\\frac{1}{\sqrt{2}}&\frac{1}{3\sqrt{2}}&\frac{2}{3}\end{pmatrix}$，$f=-y_1^2-y_2^2+8y_3^2$.

15. 用配方法将下列二次型化为标准形，并求可逆线性变换及二次型的符号差.

(1) $f(x_1,x_2,x_3)=2x_1x_2+4x_1x_3+3x_2x_3$；

(2) $f(x_1,x_2,x_3,x_4)=x_1^2+3x_2^2+4x_4^2+4x_1x_2-2x_1x_4-2x_2x_3-6x_2x_4+2x_3x_4$.

解　(1) 这个二次型缺少平方项，先作一个辅助变换，使其出现平方项，然后再配方.

令

$$\begin{cases} x_1=y_1+y_2 \\ x_2=y_1-y_2, \\ x_3=y_3 \end{cases} \quad 即 \begin{pmatrix} x_1 \\ x_2 \\ x_3 \end{pmatrix}=\begin{pmatrix} 1 & 1 & 0 \\ 1 & -1 & 0 \\ 0 & 0 & 1 \end{pmatrix}\begin{pmatrix} y_1 \\ y_2 \\ y_3 \end{pmatrix}$$

代入原二次型得

$$f(x_1,x_2,x_3)=2x_1x_2+4x_1x_3+3x_2x_3=2y_1^2-2y_2^2+7y_1y_3+y_2y_3$$

$$=2\left(y_1+\frac{7}{4}y_3\right)^2-2\left(y_2-\frac{1}{4}y_3\right)^2-6y_3^2$$

再令

$$\begin{cases} z_1=y_1+\frac{7}{4}y_3 \\ z_2=y_2-\frac{1}{4}y_3 \\ z_3=y_3 \end{cases} \Rightarrow \begin{cases} y_1=z_1-\frac{7}{4}z_3 \\ y_2=z_2+\frac{1}{4}z_3, \\ y_3=z_3 \end{cases} \quad 即 \begin{pmatrix} y_1 \\ y_2 \\ y_3 \end{pmatrix}=\begin{pmatrix} 1 & 0 & -\frac{7}{4} \\ 0 & 1 & \frac{1}{4} \\ 0 & 0 & 1 \end{pmatrix}\begin{pmatrix} z_1 \\ z_2 \\ z_3 \end{pmatrix}$$

将原二次型化为标准形

$$f=2z_1^2-2z_2^2-6z_3^2$$

所用线性变换矩阵为

$$\boldsymbol{C}=\begin{pmatrix} 1 & 1 & 0 \\ 1 & -1 & 0 \\ 0 & 0 & 1 \end{pmatrix}\begin{pmatrix} 1 & 0 & -\frac{7}{4} \\ 0 & 1 & \frac{1}{4} \\ 0 & 0 & 1 \end{pmatrix}=\begin{pmatrix} 1 & 1 & -\frac{3}{2} \\ 1 & -1 & -2 \\ 0 & 0 & 1 \end{pmatrix}$$

(2) $f=x_1^2+3x_2^2+4x_4^2+4x_1x_2-2x_1x_4-2x_2x_3-6x_2x_4+2x_3x_4$

$$=(x_1^2+4x_1x_2-2x_1x_4)+3x_2^2+4x_4^2-2x_2x_3-6x_2x_4+2x_3x_4$$

$$=(x_1+2x_2-x_4)^2-x_2^2+3x_4^2-2x_2x_3-2x_2x_4+2x_3x_4$$

$$=(x_1+2x_2-x_4)^2-(x_2^2+2x_2x_3+2x_2x_4)+3x_4^2+2x_3x_4$$

$$=(x_1+2x_2-x_4)^2-(x_2+x_3+x_4)^2+x_3^2+4x_4^2+4x_3x_4$$

$$=(x_1+2x_2-x_4)^2-(x_2+x_3+x_4)^2+(x_3^2+4x_3x_4+4x_4^2)$$

$$=(x_1+2x_2-x_4)^2-(x_2+x_3+x_4)^2+(x_3+2x_4)^2$$

令

$$\begin{cases} y_1=x_1+2x_2-x_4 \\ y_2=x_2+x_3+x_4 \\ y_3=x_3+2x_4 \\ y_4=x_4 \end{cases}, \quad 即 \begin{pmatrix} y_1 \\ y_2 \\ y_3 \\ y_4 \end{pmatrix}=\begin{pmatrix} 1 & 2 & 0 & -1 \\ 0 & 1 & 1 & 1 \\ 0 & 0 & 1 & 2 \\ 0 & 0 & 0 & 1 \end{pmatrix}\begin{pmatrix} x_1 \\ x_2 \\ x_3 \\ x_4 \end{pmatrix}$$

于是再可逆线性变换

$$\begin{pmatrix}x_1\\x_2\\x_3\\x_4\end{pmatrix}=\begin{pmatrix}1&-2&2&-1\\0&1&-1&1\\0&0&1&-2\\0&0&0&1\end{pmatrix}\begin{pmatrix}y_1\\y_2\\y_3\\y_4\end{pmatrix}$$

原二次型化为下列标准形

$$f=y_1^2-y_2^3+y_3^2$$

16. 设 $\boldsymbol{A}$ 是一个秩为 r 的 n 阶对称矩阵，试证明：$\boldsymbol{A}$ 可表示为 r 个秩为 1 的实对称矩阵之和.

证明　设 $\boldsymbol{A}$ 的非零特征值为 $\lambda_1,\lambda_2,\cdots,\lambda_r$，则存在正交矩阵 $\boldsymbol{P}$ 使得

$$\boldsymbol{A}=\boldsymbol{P}\mathrm{diag}(\lambda_1,\lambda_2,\cdots,\lambda_r,0,\cdots,0)\boldsymbol{P}^{\mathrm{T}}$$

记 $\boldsymbol{P}=[\boldsymbol{\xi}_1,\boldsymbol{\xi}_2,\cdots,\boldsymbol{\xi}_n]$，则上式为

$$\boldsymbol{A}=\lambda_1\boldsymbol{\xi}_1\boldsymbol{\xi}_1^{\mathrm{T}}+\lambda_2\boldsymbol{\xi}_2\boldsymbol{\xi}_2^{\mathrm{T}}+\cdots+\lambda_r\boldsymbol{\xi}_r\boldsymbol{\xi}_r^{\mathrm{T}}$$

显然矩阵 $\lambda_i\boldsymbol{\xi}_i\boldsymbol{\xi}_i^{\mathrm{T}}(i=1,2,\cdots,r)$ 都是对称矩阵且秩都等于 1.

17. 设 $\boldsymbol{A}$ 是一个 n 阶对称矩阵，证明：如果对任意 n 维向量 $\boldsymbol{x}$，有 $\boldsymbol{x}^{\mathrm{T}}\boldsymbol{A}\boldsymbol{x}=0$，那么 $\boldsymbol{A}=\boldsymbol{O}$.

证明　设二次型 $f(\boldsymbol{x})=\boldsymbol{x}^{\mathrm{T}}\boldsymbol{A}\boldsymbol{x}$. 如果对任意 $\boldsymbol{x}\in\mathbf{R}^n$，恒有 $f(\boldsymbol{x})=0$，则 $\boldsymbol{A}$ 为零矩阵.

取 $\boldsymbol{x}=\boldsymbol{e}_i(i=1,2,\cdots,n)$，则 $f(\boldsymbol{e}_i)=\boldsymbol{e}_i^{\mathrm{T}}\boldsymbol{A}\boldsymbol{e}_i=a_{ii}$，由 $f(\boldsymbol{e}_i)=0$ 得

$$a_{ii}=0\quad(i=1,2,\cdots,n)$$

取 $\boldsymbol{x}=\boldsymbol{e}_i+\boldsymbol{e}_j(i,j=1,2,\cdots,n,i\neq j)$，则

$$f(\boldsymbol{e}_i+\boldsymbol{e}_j)=(\boldsymbol{e}_i^{\mathrm{T}}+\boldsymbol{e}_j^{\mathrm{T}})\boldsymbol{A}(\boldsymbol{e}_i+\boldsymbol{e}_j)=a_{ii}+a_{jj}+a_{ij}+a_{ji}=2a_{ij}$$

由 $f(\boldsymbol{e}_i+\boldsymbol{e}_j)=0$ 得

$$a_{ij}=a_{ji}=0\quad(i,j=1,2,\cdots,n,i\neq j)$$

所以 $\boldsymbol{A}=\boldsymbol{O}$.

18. 判断下列二次型是否为正定二次型：

(1) $f(x_1,x_2,x_3)=x_1^2+2x_2^2+4x_3^2+2x_1x_2-4x_2x_3$；

(2) $f(x_1,x_2,x_3)=-5x_1^2-6x_2^2-4x_3^2+4x_1x_2+4x_1x_3$；

(3) $f(x_1,x_2,x_3)=7x_1^2+x_2^2+x_3^2-2x_1x_2-4x_1x_3$.

解　(1) 二次型的矩阵

$$\boldsymbol{A}=\begin{pmatrix}1&1&0\\1&2&-2\\0&-2&4\end{pmatrix}$$

因 $|\boldsymbol{A}|=0$，所以不是正定二次型.

(2) 二次型的矩阵

$$A=\begin{pmatrix}-5&2&2\\2&-6&0\\2&0&-4\end{pmatrix}$$

因为 $a_{11}=-5<0$，所以不是正定二次型.

注 参见§6.4典型例题例4.

(3) 二次型的矩阵

$$A=\begin{pmatrix}7&-1&-2\\-1&1&0\\-2&0&1\end{pmatrix}$$

因为各阶顺序主子式 $\Delta_1=7>0,\Delta_2=6>0,\Delta_3=|A|=2>0$，所以是正定二次型.

19. 问参数 t 满足什么条件时，下列二次型正定：

(1) $f(x_1,x_2,x_3)=x_1^2+2x_2^2+3x_3^2+tx_1x_2+tx_1x_3+x_2x_3$；

(2) $f(x_1,x_2,x_3)=x_1^2+x_2^2+x_3^2-tx_1x_3+t^2x_2x_3$；

(3) $f(x_1,x_2,x_3)=tx_1^2+tx_2^2+tx_3^2+x_1x_2+x_1x_3+x_2x_3$.

解 (1) 二次型的矩阵为

$$A=\begin{pmatrix}1&\frac{t}{2}&\frac{t}{2}\\\frac{t}{2}&2&\frac{1}{2}\\\frac{t}{2}&\frac{1}{2}&3\end{pmatrix}$$

令所有顺序主子式全大于零，得

$$\begin{cases}t^2-8<0\\-t^2+\dfrac{25}{4}>0\end{cases}$$

解得 $-\frac{5}{2}<t<\frac{5}{2}$.

(2) 方法同上，$-\frac{5}{4}<t<\frac{5}{4}$.

(3) 方法同上，$t>-1$.

20. 已知二次型 $f(x_1,x_2,x_3)=2x_1^2+3x_2^2+3x_3^2+2tx_2x_3\ (t>0)$，通过正交变换化为 $f=2y_1^2+y_2^2+5y_3^2$.

(1) 求 t 及所用的正交矩阵；

(2) 证明：在条件 $x_1^2+x_2^2+x_3^2=1$ 下，$f(x_1,x_2,x_3)$ 的最大值为5.

解 (1) 与第 11 题完全类似,可得

$$t=2,\ \boldsymbol{P}=\begin{pmatrix}1 & 0 & 0\\ 0 & -\frac{1}{\sqrt{2}} & \frac{1}{\sqrt{2}}\\ 0 & \frac{1}{\sqrt{2}} & \frac{1}{\sqrt{2}}\end{pmatrix}$$

(2) 由综合例题解析例 4 得证.

21. 设 n 元实二次型 $f=\boldsymbol{x}^{\mathrm{T}}\boldsymbol{A}\boldsymbol{x}$ 的矩阵 $\boldsymbol{A}$ 的特征值 $\lambda_1,\lambda_2,\cdots,\lambda_n$ 满足

$$\lambda_1\leqslant\lambda_2\leqslant\cdots\leqslant\lambda_n$$

证明:对于任意 n 元向量 $\boldsymbol{\alpha}\in\mathbf{R}^n$,有

$$\lambda_1\boldsymbol{\alpha}^{\mathrm{T}}\boldsymbol{\alpha}\leqslant\boldsymbol{\alpha}^{\mathrm{T}}\boldsymbol{A}\boldsymbol{\alpha}\leqslant\lambda_n\boldsymbol{\alpha}^{\mathrm{T}}\boldsymbol{A}\boldsymbol{\alpha}$$

证明 见综合例题解析例 4.

22. 设 $\boldsymbol{A}$ 为 n 阶实方阵,$\boldsymbol{x}$ 是 n 元实的列向量. 如果 $\boldsymbol{A}^{\mathrm{T}}=-\boldsymbol{A}$,证明:$\boldsymbol{x}^{\mathrm{T}}\boldsymbol{A}\boldsymbol{x}=0$.

证明 因为 $\boldsymbol{x}^{\mathrm{T}}\boldsymbol{A}\boldsymbol{x}$ 是一个数,所以 $(\boldsymbol{x}^{\mathrm{T}}\boldsymbol{A}\boldsymbol{x})^{\mathrm{T}}=\boldsymbol{x}^{\mathrm{T}}\boldsymbol{A}\boldsymbol{x}$. 又根据转置运算律

$$(\boldsymbol{x}^{\mathrm{T}}\boldsymbol{A}\boldsymbol{x})^{\mathrm{T}}=\boldsymbol{x}^{\mathrm{T}}\boldsymbol{A}^{\mathrm{T}}\boldsymbol{x}=-\boldsymbol{x}^{\mathrm{T}}\boldsymbol{A}\boldsymbol{x}$$

所以

$$\boldsymbol{x}^{\mathrm{T}}\boldsymbol{A}\boldsymbol{x}=-\boldsymbol{x}^{\mathrm{T}}\boldsymbol{A}\boldsymbol{x}\Rightarrow\boldsymbol{x}^{\mathrm{T}}\boldsymbol{A}\boldsymbol{x}=0$$

23. 设 $\boldsymbol{A}$ 为 n 阶正定矩阵,证明:对于任意正整数 k,$\boldsymbol{A}^k$ 为正定矩阵.

证明 因为 $\boldsymbol{A}$ 为 n 阶正定矩阵,所以 $\boldsymbol{A}$ 的特征值 λ 全大于零,而 $\boldsymbol{A}^k$ 的特征值为 λ^k 也全大于零,因此 $\boldsymbol{A}^k$ 为正定矩阵.

24. 设 $\boldsymbol{A}$ 既是正交矩阵,又是正定矩阵,证明:$\boldsymbol{A}$ 必为单位矩阵.

证法 1 因为 $\boldsymbol{A}^{\mathrm{T}}\boldsymbol{A}=\boldsymbol{E}$,$\boldsymbol{A}^{\mathrm{T}}=\boldsymbol{A}$,所以 $\boldsymbol{A}^2=\boldsymbol{E}$.

$$(\boldsymbol{A}+\boldsymbol{E})(\boldsymbol{A}-\boldsymbol{E})=\boldsymbol{O}$$

又因为 $\boldsymbol{A}$ 是正定矩阵,所以特征根全大于零,$\boldsymbol{A}+\boldsymbol{E}$ 的特征根全大于 1. 因此,$\boldsymbol{A}+\boldsymbol{E}$ 为可逆矩阵. 在上式两边左乘 $(\boldsymbol{A}+\boldsymbol{E})^{-1}$ 便得 $\boldsymbol{A}=\boldsymbol{E}$.

证法 2 由 $\boldsymbol{A}$ 是正定矩阵,故存在正交矩阵 $\boldsymbol{Q}$ 使得

$$\boldsymbol{A}=\boldsymbol{Q}\mathrm{diag}(\lambda_1,\cdots,\lambda_n)\boldsymbol{Q}^{\mathrm{T}}$$

这里 $\lambda_1>0,\cdots,\lambda_n>0$ 为 $\boldsymbol{A}$ 的特征值. 再由 $\boldsymbol{A}^{\mathrm{T}}\boldsymbol{A}=\boldsymbol{E}$,$\boldsymbol{A}^{\mathrm{T}}=\boldsymbol{A}$,得 $\boldsymbol{A}^2=\boldsymbol{E}$. 因此

$$\begin{aligned}\boldsymbol{A}^2=\boldsymbol{Q}\mathrm{diag}(\lambda_1^2,\cdots,\lambda_n^2)\boldsymbol{Q}^{\mathrm{T}}=\boldsymbol{E}&\Rightarrow\mathrm{diag}(\lambda_1^2,\cdots,\lambda_n^2)=\boldsymbol{E}\\&\Rightarrow\lambda_1=\cdots=\lambda_n=1\end{aligned}$$

所以 $\boldsymbol{A}=\boldsymbol{Q}\boldsymbol{E}\boldsymbol{Q}^{\mathrm{T}}=\boldsymbol{E}$.

25. 设 $\boldsymbol{A},\boldsymbol{B}$ 均为 n 阶实对称矩阵,其中 $\boldsymbol{A}$ 正定,证明:当实数 t 充分大时,$t\boldsymbol{A}+\boldsymbol{B}$ 亦正定.

证明 显然 $t\boldsymbol{A}+\boldsymbol{B}$ 为对称矩阵. 设 $\boldsymbol{A}$ 的特征值为 $\lambda_1,\lambda_2,\cdots,\lambda_n$,$\boldsymbol{B}$ 的特征值

为 $\lambda_1',\lambda_2',\cdots,\lambda_n'$，则 $t\boldsymbol{A}+\boldsymbol{B}$ 的特征值为

$$t\lambda_i+\lambda_i' \quad (i=1,2,\cdots,n)$$

又因为 $\lambda_i>0(i=1,2,\cdots,n)$，那么当实数

$$t>\max\left\{-\frac{\lambda_i'}{\lambda_i},-\frac{\lambda_2'}{\lambda_2},\cdots,-\frac{\lambda_n'}{\lambda_n}\right\}$$

时，$t\lambda_i+\lambda_i'>0(i=1,2,\cdots,n)$，$t\boldsymbol{A}+\boldsymbol{B}$ 为正定矩阵.

26. 设 $\boldsymbol{A}$ 为 n 阶实对称矩阵，且 $|\boldsymbol{A}|<0$，试证明：存在非零向量 x_0，使得 $\boldsymbol{x}_0^{\mathrm{T}}\boldsymbol{A}\boldsymbol{x}_0<0$.

证明 因为 $\boldsymbol{A}$ 为 n 阶的实对称矩阵，且 $|\boldsymbol{A}|<0$，所以二次型 $f(\boldsymbol{x})=\boldsymbol{x}^{\mathrm{T}}\boldsymbol{A}\boldsymbol{x}$ 的秩为 n，且不是正定的. 因而矩阵 $\boldsymbol{A}$ 的特征值至少有一个小于零.

设二次型 f 经正交变换 $\boldsymbol{x}=\boldsymbol{P}\boldsymbol{y}$ 化为标准形为

$$f=\lambda_1y_1^2+\lambda_2y_2^2+\cdots+\lambda_ny_n^2$$

其中 $\lambda_1,\lambda_2,\cdots,\lambda_n$ 是 $\boldsymbol{A}$ 的特征值，不妨设 $\lambda_1<0$.

取 $\boldsymbol{y}_0=\boldsymbol{e}_1=[1,0,\cdots,0]^{\mathrm{T}}$，则 $\boldsymbol{x}_0=\boldsymbol{P}\boldsymbol{e}_1\neq\boldsymbol{0}$，有

$$f=\boldsymbol{x}_0^{\mathrm{T}}\boldsymbol{A}\boldsymbol{x}_0=\lambda_1<0$$

27. 设 $\boldsymbol{A}$ 为 n 阶实对称正定矩阵，如果 $\boldsymbol{A}-\boldsymbol{E}$ 正定，证明：$\boldsymbol{E}-\boldsymbol{A}^{-1}$ 亦正定.

证明 设 $\boldsymbol{A}$ 的特征值为 $\lambda_1,\lambda_2,\cdots,\lambda_n$，由 $\boldsymbol{A}$ 正定，$\lambda_i>0(i=1,2,\cdots,n)$.

因 $\boldsymbol{A}-\boldsymbol{E}$ 的特征值为

$$\lambda_i-1 \quad (i=1,2,\cdots,n)$$

且 $\boldsymbol{A}-\boldsymbol{E}$ 正定，所以 $\lambda_i>1(i=1,2,\cdots,n)$，$\dfrac{1}{\lambda_i}<1(i=1,2,\cdots,n)$.

因 $\boldsymbol{E}-\boldsymbol{A}^{-1}$ 的特征值为 $1-\dfrac{1}{\lambda_i}>0(i=1,2,\cdots,n)$，所以 $\boldsymbol{E}-\boldsymbol{A}^{-1}$ 为正定矩阵.

28. 设 $\boldsymbol{\alpha}_1,\boldsymbol{\alpha}_2,\cdots,\boldsymbol{\alpha}_m\in\mathbf{R}^n$，证明矩阵

$$\begin{bmatrix}(\boldsymbol{\alpha}_1,\boldsymbol{\alpha}_1) & (\boldsymbol{\alpha}_1,\boldsymbol{\alpha}_2) & \cdots & (\boldsymbol{\alpha}_1,\boldsymbol{\alpha}_m)\\(\boldsymbol{\alpha}_2,\boldsymbol{\alpha}_1) & (\boldsymbol{\alpha}_2,\boldsymbol{\alpha}_2) & \cdots & (\boldsymbol{\alpha}_2,\boldsymbol{\alpha}_m)\\\vdots & \vdots & & \vdots\\(\boldsymbol{\alpha}_m,\boldsymbol{\alpha}_1) & (\boldsymbol{\alpha}_m,\boldsymbol{\alpha}_2) & \cdots & (\boldsymbol{\alpha}_m,\boldsymbol{\alpha}_m)\end{bmatrix}$$

为正定矩阵的充分必要条件是 $\boldsymbol{\alpha}_1,\boldsymbol{\alpha}_2,\cdots,\boldsymbol{\alpha}_m$ 线性无关.

证明 设 $\boldsymbol{A}=[\boldsymbol{\alpha}_1,\boldsymbol{\alpha}_2,\cdots,\boldsymbol{\alpha}_m]$，则

$$\boldsymbol{A}^{\mathrm{T}}\boldsymbol{A}=\begin{bmatrix}(\boldsymbol{\alpha}_1,\boldsymbol{\alpha}_1) & (\boldsymbol{\alpha}_1,\boldsymbol{\alpha}_2) & \cdots & (\boldsymbol{\alpha}_1,\boldsymbol{\alpha}_m)\\(\boldsymbol{\alpha}_2,\boldsymbol{\alpha}_1) & (\boldsymbol{\alpha}_2,\boldsymbol{\alpha}_2) & \cdots & (\boldsymbol{\alpha}_2,\boldsymbol{\alpha}_m)\\\vdots & \vdots & & \vdots\\(\boldsymbol{\alpha}_m,\boldsymbol{\alpha}_1) & (\boldsymbol{\alpha}_m,\boldsymbol{\alpha}_2) & \cdots & (\boldsymbol{\alpha}_m,\boldsymbol{\alpha}_m)\end{bmatrix}$$

对任意 $\mathbf{0}\neq\boldsymbol{\alpha}\in\mathbf{R}^n$，

$$\begin{aligned}\mathbf{A}^{\mathrm{T}}\mathbf{A}\text{ 正定}&\Leftrightarrow\boldsymbol{\alpha}^{\mathrm{T}}(\mathbf{A}^{\mathrm{T}}\mathbf{A})\boldsymbol{\alpha}=(\mathbf{A}\boldsymbol{\alpha})^{\mathrm{T}}(\mathbf{A}\boldsymbol{\alpha})>0\\&\Leftrightarrow\mathbf{A}\boldsymbol{\alpha}\neq 0\Leftrightarrow\mathbf{A}\boldsymbol{x}=\mathbf{0}\text{ 有唯一零解}\\&\Leftrightarrow\boldsymbol{\alpha}_1,\boldsymbol{\alpha}_2,\cdots,\boldsymbol{\alpha}_m\text{ 线性无关}\end{aligned}$$

29. 将二次方程化为最简形式，并判断曲面类型：

(1) $4x^2-6y^2-6z^2-4yz-4x+4y+4z-5=0$；

(2) $x^2-\frac{4}{3}y^2+\frac{4}{3}z^2-\frac{16}{3}\sqrt{2}yz+4x+\frac{8}{3}\sqrt{6}y+\frac{8}{3}\sqrt{3}z-1=0$；

(3) $4x^2+y^2-z^2+4xy-\frac{1}{\sqrt{5}}x+\frac{2}{\sqrt{5}}y+4z=0$；

(4) $2x^2-\frac{3}{5}y^2+\frac{3}{5}z^2-\frac{8}{5}yz+4x+2\sqrt{5}y-2\sqrt{5}z+10=0$.

解　(1) 记二次型 $f(x,y,z)=4x^2-6y^2-6z^2-4yz$，可求得正交变换

$$\begin{pmatrix}x\\y\\z\end{pmatrix}=\begin{pmatrix}1&0&0\\0&-\frac{1}{\sqrt{2}}&\frac{1}{\sqrt{2}}\\0&\frac{1}{\sqrt{2}}&\frac{1}{\sqrt{2}}\end{pmatrix}\begin{pmatrix}x_1\\y_1\\z_1\end{pmatrix}$$

把二次型化为标准形为

$$f(x,y,z)=4x_1^2-4y_1^2+8z_1^2$$

因此，在上面正交变换下原二次方程化为

$$4x_1^2-4y_1^2-8z_1^2-4x_1+\frac{8}{\sqrt{2}}z_1-5=0$$

配方得

$$\frac{4}{5}\left(x_1-\frac{1}{2}\right)^2-\frac{4}{5}y_1^2-\frac{8}{5}\left(z_1-\frac{1}{2\sqrt{2}}\right)^2=1$$

令 $x_2=x_1-\frac{1}{2},y_2=y_1,z_2=z_1-\frac{1}{2\sqrt{2}}$（平移变换），则

$$\frac{4}{5}x_2^2-\frac{4}{5}y_2^2-\frac{8}{5}z_2^2=1$$

所以，原二次方程表示双叶双曲面.

(2) 方法同上，$(x_1+2)^2+4y_1^2-4(z_1-1)^2=1$，$x_2^2+4y_2^2-4z_2^2=1$，二次方程表示双曲抛物面.

(3) 方法同上，$-(y_1-2)^2+5z_1^2=x_1-4$，$-y_2^2+5z_2^2=x_2$，二次方程表示单叶双曲面.

(4) 方法同上，$2(x_1+1)^2+(y_1+3)^2-(z_1-1)^2=0$，$2x_2^2+y_2^2-z_2^2=0$，二次方程表示锥面.

30. $\boldsymbol{A}$ 为 3 阶实对称矩阵，且满足 $\boldsymbol{A}^3-\boldsymbol{A}^2-\boldsymbol{A}=2\boldsymbol{E}$，二次型 $\boldsymbol{x}^{\mathrm{T}}\boldsymbol{A}\boldsymbol{x}$ 经正交变换可化为标准形，求此标准形的表达式.

解 设 λ 为 $\boldsymbol{A}$ 的特征值，则

$$\lambda^3-\lambda^2-\lambda-2=(\lambda-2)(\lambda^2+\lambda+1)=0$$

上面方程只有一个实根 $\lambda=2$. 由于实对称矩阵特征值全是实数，故 $\boldsymbol{A}$ 的特征值全是 2.

所以 $\boldsymbol{x}^{\mathrm{T}}\boldsymbol{A}\boldsymbol{x}$ 经正交变换 $\boldsymbol{x}=\boldsymbol{Q}\boldsymbol{y}$ 化为标准形为

$$f=2y_1^2+2y_2^2+2y_3^2$$

31. 设实二次型

$$f(x_1,x_2,x_3)=\boldsymbol{x}^{\mathrm{T}}\boldsymbol{A}\boldsymbol{x}=ax_1^2+2x_2^2-2x_3^2+2bx_1x_3 \quad (b>0)$$

其中二次型的矩阵 $\boldsymbol{A}$ 的特征值之和为 1，特征值之积为 -12.

(1) 求 a,b 的值；

(2) 用正交变换将二次型 f 化为标准形，并写出正交变换矩阵.

解 (1) 二次型的矩阵为

$$\boldsymbol{A}=\begin{pmatrix} a & 0 & b \\ 0 & 2 & 0 \\ b & 0 & -2 \end{pmatrix}$$

由题设

$$\lambda_1+\lambda_2+\lambda_3=a+2-2=1,\ \lambda_1\lambda_2\lambda_3=|\boldsymbol{A}|=-2(2a+b^2)=-12$$

解得 $a=1,b=2$($b=-2$ 舍去).

(2) 由 $|\lambda\boldsymbol{E}-\boldsymbol{A}|=(\lambda-2)^2(\lambda+3)$ 得 $\boldsymbol{A}$ 的特征值是

$$\lambda_1=\lambda_2=2,\lambda_3=-3$$

再求出这些特征值对应的特征向量

$$\boldsymbol{\alpha}_1=\begin{pmatrix} 0 \\ 1 \\ 0 \end{pmatrix},\ \boldsymbol{\alpha}_2=\begin{pmatrix} 2 \\ 0 \\ 1 \end{pmatrix},\ \boldsymbol{\alpha}_3=\begin{pmatrix} 1 \\ 0 \\ -2 \end{pmatrix}$$

$\boldsymbol{\alpha}_1,\boldsymbol{\alpha}_2,\boldsymbol{\alpha}_3$ 已经正交. 再单位化

$$\boldsymbol{\beta}_1=\begin{pmatrix} 0 \\ 1 \\ 0 \end{pmatrix},\ \boldsymbol{\beta}_2=\frac{1}{\sqrt{5}}\begin{pmatrix} 2 \\ 0 \\ 1 \end{pmatrix},\ \boldsymbol{\beta}_3=\frac{1}{\sqrt{5}}\begin{pmatrix} 1 \\ 0 \\ -2 \end{pmatrix}$$

令正交变换矩阵

$$Q=[\boldsymbol{\beta}_1,\boldsymbol{\beta}_2,\boldsymbol{\beta}_3]=\begin{bmatrix}0&\frac{2}{\sqrt{5}}&\frac{1}{\sqrt{5}}\\1&0&0\\0&\frac{1}{\sqrt{5}}&-\frac{2}{\sqrt{5}}\end{bmatrix}$$

则经正交变换 $\boldsymbol{x}=\boldsymbol{Q}\boldsymbol{y}$ 二次型 f 化为标准形为

$$f=2y_1^2+2y_2^2-3y_3^2$$

32. 设 $\boldsymbol{A}$ 为 3 阶实对称矩阵，且满足 $\boldsymbol{A}^2+2\boldsymbol{A}=\boldsymbol{0}$，已知 $\mathrm{r}(\boldsymbol{A})=2$.

(1) 求 $\boldsymbol{A}$ 的全部特征值；

(2) 当 k 为何值时，矩阵 $\boldsymbol{A}+k\boldsymbol{E}$ 为正定矩阵？

解　(1) 设 $\boldsymbol{A}$ 的特征值为 λ，则 $\lambda^2+2\lambda=0\Rightarrow\lambda=0$ 或 $\lambda=-2$. 又因为 $\mathrm{r}(\boldsymbol{A})=2$，所以 $\boldsymbol{A}$ 的特征值为 $-2,-2,0$.

(2) 因为 $\boldsymbol{A}+k\boldsymbol{E}$ 的特征值为 $k-2,k-2,k$，而矩阵正定的充要条件是特征值全大于零. 于是当 $k>2$ 时，矩阵 $\boldsymbol{A}+k\boldsymbol{E}$ 为正定矩阵.

33. 设对称矩阵 $\boldsymbol{A}$ 为正定矩阵，证明：存在可逆矩阵 $\boldsymbol{U}$，使得 $\boldsymbol{A}=\boldsymbol{U}^{\mathrm{T}}\boldsymbol{U}$.

证明　按教材中的定义来证明. 设 $\boldsymbol{A}$ 为 n 阶正定矩阵，即对任意的 $\boldsymbol{0}\neq\boldsymbol{x}\in\mathbf{R}^n$，都有 $f(\boldsymbol{x})=\boldsymbol{x}^{\mathrm{T}}\boldsymbol{A}\boldsymbol{x}>0$.

设可逆线性变换 $\boldsymbol{x}=\boldsymbol{C}\boldsymbol{y}$ 把二次型 f 化成规范形是

$$f(\boldsymbol{x})=\boldsymbol{x}^{\mathrm{T}}\boldsymbol{A}\boldsymbol{x}\xlongequal{\boldsymbol{x}=\boldsymbol{C}\boldsymbol{y}}\boldsymbol{y}^{\mathrm{T}}(\boldsymbol{C}^{\mathrm{T}}\boldsymbol{A}\boldsymbol{C})\boldsymbol{y}=d_1y_1^2+d_2y_2^2+\cdots+d_ny_n^2$$

其中 $d_i=1,-1,0$. 下面证明：如果 $\boldsymbol{A}$ 正定，则 $d_i=1(i=1,2,\cdots,n)$.

假设某个 $d_j=-1$ 或 0，取 $\boldsymbol{y}=\boldsymbol{e}_j$(单位坐标向量)，则 $\boldsymbol{x}=\boldsymbol{C}\boldsymbol{y}=\boldsymbol{C}\boldsymbol{e}_j\neq\boldsymbol{0}$. 此时

$$f(\boldsymbol{x})=d_j\leqslant0$$

这与 $\boldsymbol{A}$ 正定矛盾.

以上等价于：如果 $\boldsymbol{A}$ 正定，则存在可逆矩阵 $\boldsymbol{C}$ 使得

$$\boldsymbol{C}^{\mathrm{T}}\boldsymbol{A}\boldsymbol{C}=\boldsymbol{E}\Leftrightarrow\boldsymbol{A}=\boldsymbol{C}^{-\mathrm{T}}\boldsymbol{C}^{-1}$$

令 $U=\boldsymbol{C}^{-1}$ 得证.

34. 已知 $\boldsymbol{A}$ 是 n 阶实对称矩阵，$\lambda_1,\lambda_2,\cdots,\lambda_n$ 是 $\boldsymbol{A}$ 的特征值，$\boldsymbol{\xi}_1,\boldsymbol{\xi}_2,\cdots,\boldsymbol{\xi}_n$ 是 $\boldsymbol{A}$ 的分别对应于 $\lambda_1,\lambda_2,\cdots,\lambda_n$ 的 n 个两两正交的单位特征向量. 证明：

$$\boldsymbol{A}=\lambda_1\boldsymbol{\xi}_1\boldsymbol{\xi}_1^{\mathrm{T}}+\lambda_2\boldsymbol{\xi}_2\boldsymbol{\xi}_2^{\mathrm{T}}+\cdots+\lambda_n\boldsymbol{\xi}_n\boldsymbol{\xi}_n^{\mathrm{T}}$$

证明　同第 16 题类似可证.

35. 设 $\boldsymbol{A}$ 是 3 阶实对称矩阵，秩 $\mathrm{r}(\boldsymbol{A})=2$，若 $\boldsymbol{A}^2=\boldsymbol{A}$，求 $\boldsymbol{A}$ 的特征值.

解　类似第 32 题，$\boldsymbol{A}$ 的特征值为 $1,1,0$.